智能电网技术与装备丛书

电力系统自主可控芯片化继电保护

Independent Controllable Chips Based Protective Relays for Power System

李　鹏　李立涅　杨奇逊　尹项根　曾祥君　习　伟　著

科学出版社

北　京

内 容 简 介

本书立足我国智能电网技术的发展需求，系统介绍电力系统自主可控芯片化继电保护关键技术与应用。全书共8章。第1章阐述继电保护装置的发展、构成及现状；第2章提出基于集成电路的纳米继电器思想，给出纳米继电器的结构、分类及技术特点；第3章介绍继电保护SoC芯片的发展、核心架构、硬件算法、内嵌安全模块、开发环境、验证及测试方法；第4章分析继电保护专用操作系统的需求及开发背景，介绍继电保护嵌入式操作系统及应用；第5章阐明芯片化保护装置系统架构、软硬件平台、外特性、可靠性机制及运维技术；第6章介绍基于嵌入式可信计算、容错与主动免疫的芯片化保护信息安全防护技术；第7章给出芯片化保护装置的通用试验、就地安装试验及可靠性强化试验；第8章介绍芯片化保护组网、安装、运维及工程应用，并给出应用成效与分析。

本书适合从事智能变电站建设、运行、维护的工程技术人员阅读，也可供高等院校相关专业的师生学习、参考。

图书在版编目(CIP)数据

电力系统自主可控芯片化继电保护 = Independent Controllable Chips Based Protective Relays for Power System / 李鹏等著. —北京：科学出版社，2021.12

(智能电网技术与装备丛书)

ISBN 978-7-03-067478-4

Ⅰ. ①电… Ⅱ. ①李… Ⅲ. ①电力系统-芯片-继电保护-研究 Ⅳ. ①TM77

中国版本图书馆CIP数据核字(2020)第256560号

责任编辑：范运年 王楠楠 / 责任校对：王 瑞
责任印制：师艳茹 / 封面设计：蓝正设计

科学出版社 出版
北京东黄城根北街16号
邮政编码: 100717
http://www.sciencep.com

艺堂印刷(天津)有限公司 印刷
科学出版社发行 各地新华书店经销

*

2021年12月第 一 版 开本：720 × 1000 1/16
2021年12月第一次印刷 印张：17 3/4
字数：355 000

定价：168.00元

(如有印装质量问题，我社负责调换)

“智能电网技术与装备丛书”编委会

“智能电网技术与装备丛书”序

国家重点研发计划由原来的国家重点基础研究发展计划(973计划)、国家高技术研究发展计划(863计划)、国家科技支撑计划、国际科技合作与交流专项、产业技术研究与开发基金和公益性行业科研专项等整合而成，是针对事关国计民生的重大社会公益性研究的计划。国家重点研发计划事关产业核心竞争力、整体自主创新能力和国家安全的战略性、基础性、前瞻性重大科学问题、重大共性关键技术和产品，为我国国民经济和社会发展主要领域提供持续性的支撑和引领。

“智能电网技术与装备”重点专项是国家重点研发计划第一批启动的重点专项，是国家创新驱动发展战略的重要组成部分。该专项通过各项目的实施和研究，持续推动智能电网领域技术创新，支撑能源结构清洁化转型和能源消费革命。该专项从基础研究、重大共性关键技术研究到典型应用示范，全链条创新设计、一体化组织实施，实现智能电网关键装备国产化。

“十三五”期间，智能电网专项重点研究大规模可再生能源并网消纳、大电网柔性互联、大规模用户供需互动用电、多能源互补的分布式供能与微网等关键技术，并对智能电网涉及的大规模长寿命低成本储能、高压大功率电力电子器件、先进电工材料以及能源互联网理论等基础理论与材料等开展基础研究，专项还部署了部分重大示范工程。“十三五”期间专项任务部署中基础理论研究项目占24%；共性关键技术项目占54%；应用示范任务项目占22%。

“智能电网技术与装备”重点专项实施总体进展顺利，突破了一批事关产业核心竞争力的重大共性关键技术，研发了一批具有整体自主创新能力的装备，形成了一批应用示范带动和世界领先的技术成果。预期通过专项实施，可显著提升我国智能电网技术和装备的水平。

基于加强推广专项成果的良好愿景，工业和信息化部产业发展促进中心与科学出版社联合策划以智能电网专项优秀科技成果为基础，组织出版“智能电网技术与装备丛书”，丛书为承担重点专项的各位专家和工作人员提供一个展示的平台。出版著作是一个非常艰苦的过程，耗人、耗时，通常是几年磨一剑，在此感谢承担“智能电网技术与装备”重点专项的所有参与人员和为丛书出版做出贡献的作者和工作人员。我们期望将这套丛书做成智能电网领域权威的出版物！

我相信这套丛书的出版，将是我国智能电网领域技术发展的重要标志，不仅能使更多的电力行业从业人员学习和借鉴，也能促使更多的读者了解我国智能电网技术的发展和成就，共同推动我国智能电网领域的进步和发展。

刘建明

2019-8-30

前　言

电力行业是关乎国计民生的基础行业，继电保护是电网安全运行的第一道防线，是保障电网稳定、设备安全的关键技术手段。电力系统的飞速发展不断对继电保护提出新的要求，在继电保护原理不断发展的同时，构成继电保护装置的元件、材料以及保护装置的结构形式和制造工艺也发生了巨大的变革。继电保护装置先后经历了机电式、晶体管式、集成电路式以及微机保护等阶段，每个阶段的更新换代都适应了当时电网发展的要求和方向。在当前智能电网发展的新形势下，继电保护装置又迎来了新挑战，主要包括保护速动性面临瓶颈、核心器件依赖进口、装置结构日趋复杂等。

针对电力系统继电保护发展过程中所存在的上述问题，以提高继电保护装置的可靠性、速动性为根本出发点，以实现核心芯片自主可控为目标，依托国家重点研发计划以及中国南方电网有限责任公司科技项目，南方电网数字电网研究院有限公司牵头组织，联合国内科研、高校、制造、检测、运行等13家单位协同科研攻关及技术研发，旨在建立基于芯片级多核片上系统的软硬件协同新一代继电保护技术架构体系，研究多通道硬件并行数据处理、多核CPU替代多板卡分散功能等芯片集成技术，研制基于单一物理芯片的软硬件协同芯片化保护装置，打造保护装置芯片化新平台，实现保护装置整体可靠性、速动性的提升，突破装置小型化、就地化设计难题，开发电力专用芯片的自研技术平台，发展以自主IP、自主指令集、国产处理器内核和国产操作系统为核心的自主电力系统专用芯片开发生态系统，研制全国产的电力专用多核异构芯片，实现芯片化保护全功能国产替代。在此基础上，开发工业控制芯片安全防护、加密、防篡改等系列技术，进一步提升自主安全可控水平，充分发挥科研成果的技术和经济优势，适应智能电网发展要求，推动继电保护装置更新换代，为保护装置核心器件国产化提供必要的物质基础。

本书在提炼总结国家重点研发计划以及中国南方电网有限责任公司科技项目最新研究成果的基础上编写而成，全书共8章，系统介绍电力系统自主可控芯片化继电保护关键技术与应用。参加本书撰写工作的有中国工程院院士李立浧、杨奇逊；南方电网数字电网研究院有限公司的李鹏、习伟、李肖博、姚浩、蔡田田、于杨；国电南京自动化股份有限公司的兰金波、陈新之、陈从靖、潘可、丁毅；浙江大学的黄凯、蒋小文、郑丹丹、熊东亮、王轲；长园深瑞继保自动化有限公司的徐成斌、刘宏君、陈锐、陈远生、张广嘉；华中科技大学的尹项根、陈卫、江浪；北京四方继保自动化股份有限公司的陈秋荣、石景海、袁海涛、孙博、陈楠、刘涛；长沙理工大学的曾祥君、刘东奇、汤涛、梁皓澜、周宇；南方电网科学研究院有限责任公司的匡晓云；深圳供电局有限公司的吕志宁、邓巍、刘巍、宁柏锋、罗伟峰。全书由李鹏统稿。

本书在写作过程中秉承创新和实用并用原则，参阅了大量技术文献和技术成果，特向其作者表示感谢。同时希望本书的出版对相关研究机构或企业的科技工作者有一定的参考价值，能够对推动我国继电保护的技术进步有所贡献。由于作者写作水平有限，本书完稿后，虽经多番详细审阅，但仍难免有不足之处，恳请广大读者批评指正。

李　鹏

2021 年 5 月

目　　录

第 1 章　继电保护装置概述

1.1　继电保护的概述与要求

1.1.1　继电保护概述

电力系统在运行中可能发生各种故障或处于不正常运行状态，会危及电力系统安全稳定运行，使电能质量下降，造成停电或少供电，甚至毁坏设备，造成人身伤亡。为避免或减少事故的发生，提高电力系统运行的可靠性，应尽可能提高电气设备设计制造水平，保证设计安装质量，加强设备维护和检修，提高业务人员运维水平，尽一切可能采取积极的事故预防措施，减小事故发生的概率。

在电力系统中，除应采取各种积极措施消除或降低发生故障的可能性以外，故障一旦发生，必须依赖继电保护装置迅速且准确地隔离故障区域，以确保电力系统非故障部分继续安全运行，最大限度地保证连续供电和可靠供电，这是保证电力系统安全稳定运行的最有效方法之一。

继电保护技术是电气工程领域的重要分支。要实现系统非正常运行状态的检测，并迅速采取措施使系统尽快恢复到正常状态，显然采用人工干预方式是不现实的，必须采用继电保护装置自动切除予以实现并力求对系统造成的冲击最小。

继电保护技术是一个完整的体系，它主要由电力系统故障分析、继电保护原理及实现、继电保护配置设计、继电保护整定计算、继电保护装置运行与维护等技术构成，其中，继电保护装置是保护功能的具体实现，是保证电力系统安全运行至关重要的一种自动装置。

继电保护装置是指装设于整个电力系统的各个元件之上，当电力系统内指定区域发生故障时，能在极短的时间内(如几十毫秒)断开故障设备，保证其余部分的正常运行，避免大面积停电事故发生的一种反事故自动装置。它的基本任务如下。

(1)当被保护的电力系统元件发生故障时，应该由该元件的继电保护装置自动、迅速、准确地给离故障元件最近的断路器发出跳闸命令，使故障元件及时从电力系统中断开，非故障部分迅速恢复正常运行，最大限度地减少对电力系统元件本身的损坏，降低对电力系统安全供电的影响，并满足电力系统的某些特定要求(如保持电力系统的暂态稳定性等)。

(2)反映电气设备的不正常运行状态。根据不正常运行状态的种类和设备运行维护条件(如有无经常值班人员)发出信号，由值班人员进行处理或自动进行调整，减负荷或将那些继续运行会引起事故的电气设备予以切除。反映不正常运行状态的继电保护装置允许带有一定的延时动作。

由此可见，继电保护装置是电力系统中一种较为特殊的控制装置。它反映电力系统中被保护设备的运行状态：正常、异常或者故障状态。它的输出只有两种状态："是"或者"否"。"是"和"否"的临界点用"不等式"的"判据"来表达，例如，"故障电流幅值是否大于整定阈值?"，大于为"是"，不大于为"否"。这样就可以用判据是否满足来判定电力系统被保护设备是处于故障、异常还是正常运行状态，这样的输出特性称为"继电特性"，有这样输出特性的设备或装置称为"继电器"或"继电装置"，用于保护动作时，就是"继电保护装置"。

继电保护技术是电力系统中不可或缺的一部分，是保障电力终端安全、防止或限制电力系统大面积停电的最基本、最重要、最有效的技术手段。电力系统中的所有一次设备都必须装设继电保护装置，相关电力规程规定：任何电气设备(线路、母线、发电机、变压器等)都不允许在无继电保护的状态下运行。可见，继电保护装置在保障一次设备安全运行方面担任着不可或缺的重要角色。而且国内外实践证明，继电保护装置一旦发生不正确动作，往往会扩大事故，酿成严重后果。

由于最初的继电保护装置是以机电式继电器为主构成的，故称为继电保护装置。尽管现代继电保护装置已发展成以微型计算机为主构成，但其基本功能及特征没有变，故仍沿用此名称。

1.1.2 对电力系统继电保护的基本要求

继电保护装置为了实现它的基本任务，在技术上必须满足选择性、速动性、灵敏性和可靠性四个基本要求。对作用于断路器跳闸的继电保护装置，应同时满足这四个基本要求；对作用于信号，即只反映不正常运行情况的继电保护装置，某些基本要求如速动性可以降低[1]。

1)选择性

继电保护装置的选择性是指故障发生时，继电保护装置应当由最靠近故障点的断路器将故障快速断开，以保证电力系统的其余部分继续安全稳定地运行。如果应当动作的继电保护装置或断路器因故拒绝动作，则应由电源侧上一级的断路器将故障切除，以保证受故障影响的电力系统范围缩到最小，最大限度地保证系统中非故障部分能继续运行。

例如，在如图 1.1 所示的单侧电源网络中，G 为电源，T 为变压器，当线路 L_3 上 K_3 点发生故障时，保护装置 P_4 动作，使断路器 QF_4 断开，其他保护装置和断路器不动作，仅将线路 L_3 从系统中切除，此时电网中的其他线路仍正常供电，停电范围最小，因此继电保护具备选择性。当 K_3 点故障时，若保护装置 P_3 动作，断路器 QF_3 断开，则变电所 C、D 都将停电，这无疑造成了停电范围的扩大，继电保护的这种动作被视为无选择性的。若保护装置 P_4 或断路器 QF_4 故障导致保护拒动，这种情况下保护装置 P_3 的动作又是具有选择性的，此时保护装置 P_3 称为线路 L_3 的后备保护。

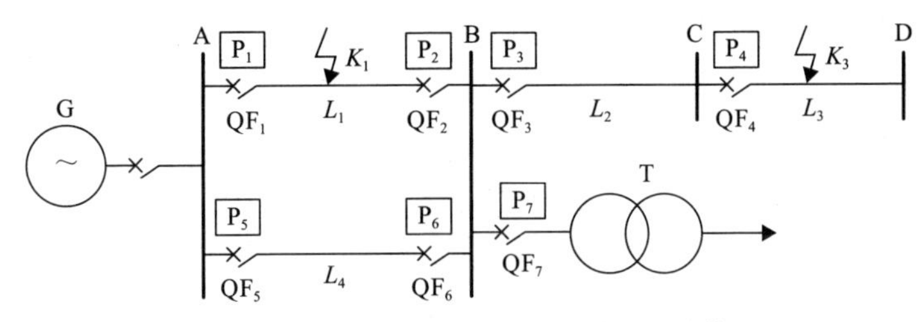

图 1.1　单侧电源网络的保护选择性动作

又如，线路 L_1 上 K_1 点发生故障时，应由保护装置 P_1 和 P_2 同时动作，使断路器 QF_1 和 QF_2 切除故障线路。总之，要求继电保护装置有选择性地动作，是提高电力系统供电可靠性的基本条件。

2) 速动性

电力系统元件发生短路故障时，快速切除故障能减轻故障元件的损坏程度，减小对用户工作的影响，提高电力系统的稳定性。例如，系统发生短路时，电压大为降低，短路点附近用户的电动机转矩因供电电压降低而降低，若迟缓切除短路元件，电动机将因无法拖动生产机械而导致其停止转动，用户的正常生产将受影响；若能快速切除短路元件，系统电压将很快得以恢复，电动机很容易自动启动并迅速恢复正常运行，从而大大减小对用户正常生产的影响。另外，短路时，故障元件本身将通过很大的短路电流，由于电动力和热效应的作用，元件也将遭到严重损坏。短路电流流过元件的时间越长，损坏也越严重，所以快速切除短路故障，便能减轻电气元件的损坏程度，防止短路故障的进一步扩大。再则，快速切除短路元件，使短路点易于去游离，可以提高自动重合闸的成功率。因此，应根据具体情况，对继电保护装置的速动性提出合理要求。

由于速动性和选择性在一般情况下是难以同时满足的，为兼顾两者，一般只能允许继电保护装置经过一定的延时后切除故障。但有时不仅要满足选择性的要求，还要求快速切除故障，如必须快速切除高压输电线路上的故障。对于反映不正常运行情况的继电保护装置，一般不要求快速动作，而应按照选择性的要求，带延时地发出信号。

3) 灵敏性

继电保护装置的灵敏性是指电气设备或线路在被保护范围内发生短路故障或

不正常运行情况时，保护装置的反应能力。能满足灵敏性要求的继电保护装置，在规定或整定的保护范围内出现故障时，不论短路点的位置和短路的性质如何，都能正确反应。

保护装置的灵敏性通常用灵敏系数或灵敏度来衡量。各种保护装置灵敏系数的最小值在《继电保护和安全自动装置技术规程》(GB/T 14285—2006)中都做了具体规定。

4) 可靠性

保护装置的可靠性是指在其保护范围内发生它应该动作的故障时，它不应该拒绝动作；在任何该保护不应该动作的情况下，则不应该误动作，即不拒动不误动。继电保护装置的误动和拒动都会给电力系统造成严重的危害。由于电力系统的结构和负荷性质的不同，误动和拒动的危害程度有所不同，因而提高保护装置可靠性的着重点在各种具体情况下也应有所不同。例如，当系统中有充足的旋转备用容量、输电线路很多、各系统之间以及电源与负荷之间联系很紧密时，若继电保护装置发生误动使某发电机、变压器或输电线路切除，给电力系统造成的影响可能不大；但发电机、变压器或输电线路发生故障时继电保护装置发生拒动，会引起设备的损坏或系统稳定性的破坏，造成巨大的损失，在此情况下，降低继电保护装置拒动的可能性则更为重要。反之，当系统中旋转备用容量很少，以及各系统之间和电源与负荷之间的联系比较薄弱时，继电保护装置发生误动使某发电机、变压器或输电线路切除，会引起负荷供电的中断或系统稳定性的破坏，造成巨大的损失；而当某一保护装置拒动时，其后备保护仍可以切除故障，在这种情况下，降低保护装置误动的可能性则显得更为重要。

以上 4 个基本要求是分析研究继电保护装置性能的基础，它们之间既有矛盾的一面，又有在一定条件下统一的一面。选择性是基础，可靠性是基本条件，在满足灵敏性的条件下应保证继电保护装置的速动性。

1.2 继电保护装置的构成

无论是模拟型还是微机型继电保护装置，都由三部分组成：测量回路、逻辑回路和执行回路。其构成原理框图如图 1.2 所示。

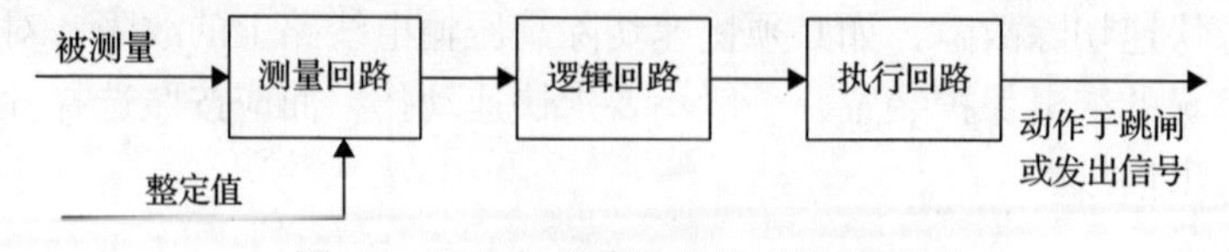

图 1.2 继电保护装置的构成原理框图

1) 测量回路

测量回路的作用是测量与被保护元件有关的物理量的变化，如电流、电压的变化，以确定电力系统是否发生了短路故障或出现不正常运行状态。测量得到的物理量值与整定值进行比较，以确定继电保护装置是否应该启动。

2) 逻辑回路

逻辑回路的作用是根据测量回路输出量的大小、性质、逻辑状态、出现的顺序或它们的组合，使保护装置按一定的逻辑及时序关系工作，最后确定继电保护装置是否应该使断路器跳闸或发出信号，并将有关命令传送到执行回路。

3) 执行回路

执行回路接收逻辑回路的判断结果，然后驱动跳闸回路或信号回路，动作于断路器的跳闸或发出不正常运行信号。

1.2.1　模拟型继电保护装置的基本结构

模拟型继电保护装置是采用各种继电器，如电流继电器、电压继电器、时间继电器、中间继电器、信号继电器等，按照一定的逻辑关系组合来实现的。下面以图 1.3 所示的线路过电流保护为例，简单说明其结构[2]。

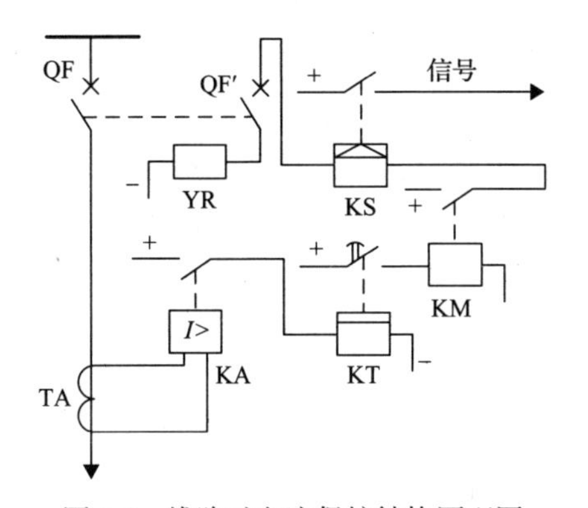

图 1.3　线路过电流保护结构原理图

电流互感器 TA 将线路一次电流变换为二次电流送入电流继电器 KA，当流过 KA 的电流大于其整定阈值时，其输出信号启动时间继电器 KT，经一定延时后，KT 的输出信号启动中间继电器 KM，然后接通断路器的跳闸回路，同时信号继电器 KS 发出保护动作的信号。由于断路器 QF 处于合闸位置时，其触点 QF′ 是闭合的，因此线圈 YR 带电，在电磁力的作用下使脱扣机构释放，断路器在跳闸弹簧力的作用下跳开，故障设备被切除，短路电流消失，电流继电器返回，整套保护装置复归，以备下次保护动作。

1.2.2　微机型继电保护装置的基本结构

微机型继电保护装置由计算机软件算法来分析计算电力系统的故障判定电气量，再通过比对决定是否发出跳闸信号。其硬件装置主要包括 4 个基本部分，如图 1.4 所示。

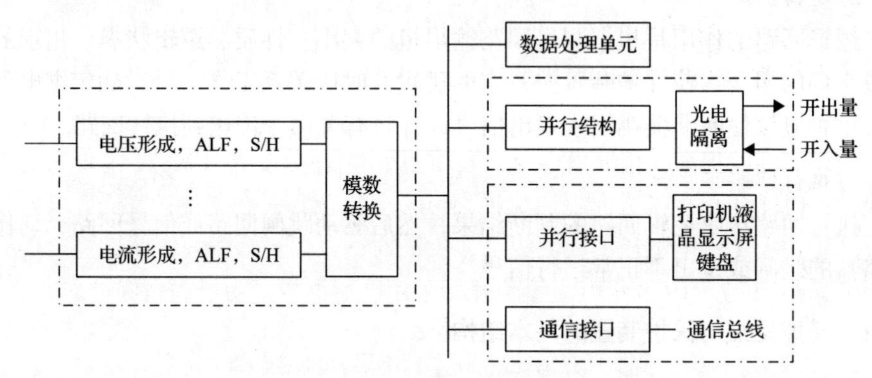

图 1.4　微机型继电保护装置硬件结构图

⑴模拟量数据采集单元：包括电压电流形成和模数转换等模块，电压电流形成模块又包含模拟低通滤波器(analog low pass filter，ALF)、采样保持器(sample/hold, S/H)等，将电压互感器和电流互感器输入的模拟量转换为数字量。

⑵数据处理单元：其基本功能是进行数值及逻辑运算。当实时采样数据送入计算机系统后，计算机根据继电保护程序对采样数据进行实时计算分析，并判断是否发生故障、故障范围类型等，以实现各种继电保护功能。

⑶开关量输入/输出单元：经过并行结构芯片、光电隔离元件和附加电路驱动中间继电器实现跳闸、合闸或信号输出，以及光电隔离后实现开关状态输入等功能。

⑷人机接口单元：采用并行接口接通液晶显示屏、键盘和打印机等设备，用于实现观测、调试、定值等功能。

1.3　继电保护装置的发展历程与发展趋势

1.3.1　继电保护装置的发展历程

电力系统的继电保护技术是随着电力系统的发展而发展的。最早的继电保护是熔断器，当电气设备或供电线路发生短路时，由于短路电流较大，熔断器的熔体被熔断，因而可将故障切除。随着发电设备容量增大和供电范围的扩大，在许多情况下，单纯用熔断器不能满足选择性和灵敏性的要求，于是出现了专门作用于断路器的过电流继电器。19 世纪 90 年代出现了装设于断路器上并直接作用于断路器的一次式的电磁型过电流继电器。20 世纪初，随着电力系统的发展，继电器才开始广泛用于电力系统的保护。这个时期可认为是继电保护技术发展的开端[3]。

1) 机电式继电器

20 世纪初，随着供电容量的增加和供电范围的扩大以及电压的提高，柱上油断路器直接动作式的过电流保护的灵敏性和选择性都不能满足要求。1901 年出现了利用感应型电流继电器构成的过电流保护。随着电力系统的进一步发展和对用户供电可靠性的提高，相继出现了许多新型继电保护技术，1908 年出现了电流差动保护，1911 年出现了方向电流保护，1920 年又出现了距离保护。随着电力系统的进一步扩大，输电电压的持续提高，人们对继电保护动作的快速性提出了更高的要求，在 1927～1928 年电力系统开始采用高频保护。为了提高保护的灵敏度，电力系统先后采用了反映相序分量的继电保护，如零序电流保护、零序和负序分量的高频保护等。此时，继电保护装置主要由电磁型、感应型继电器完成保护功能[2]。

采用电磁型和感应型继电保护，基本上满足了 100MW 以下中小型发电机组和 220kV 以下电网对继电保护的要求。这种保护装置工作比较可靠且无须外加工作电源，抗干扰性能较好，使用寿命较长。

机电式继电保护装置由具有机械转动部件带触点开、合的机电式继电器组成，存在体积大、功耗大、动作速度慢、机械转动部分和触点易磨损或粘连、调试维护复杂等缺点，难以满足超高压、大容量电力系统对继电保护快速性和灵敏性等方面的要求。

2) 晶体管式继电保护装置

在 20 世纪 50 年代初期由于半导体晶体管的发展，开始出现了晶体管式继电保护装置，又称为电子式静态保护装置。同期，我国开始研制晶体管型、整流型继电器和保护装置，取得了显著的成果，并逐步以此取代了电磁型、感应型继电器。

20 世纪 50、60 年代相继出现 200MW、600MW 及更大功率发电机组和 330kV、500kV 及以上电压的超高压远距离输电线路，因此，大功率发电机组和超高压输电线路的继电保护成为继电保护技术发展的重要课题。20 世纪 70 年代初期，我国研究的 330kV 晶体管型高压输电线路成套继电保护装置投入运行，200MW 和 300MW 大容量发电机组晶体管型和整流型成套继电保护装置也在国产机组中应用，随后 500kV 超高压输电线路和 600MW 大容量发电机组成套保护装置的研制也取得了成果。晶体管式继电保护装置体积小、功耗低、无机械转动部分、无触点，能够满足电力系统朝高电压、大容量方向发展的需要。

晶体管式继电保护装置的核心部分是晶体管电子电路，它主要由晶体三极管、二极管、电阻、电容、电感等构成，晶体管等元件易损坏而引发保护误动作，同时，晶体管式继电保护装置也存在抗干扰性能差、可靠性待提升等问题。

3）集成电路继电保护装置

20 世纪 70 年代中期，集成电路技术得到了快速发展，它将数百个或更多的晶体管集成到一个半导体芯片上，体积更小，可靠性更高，因此人们便开始研究基于集成运算放大电路的集成电路继电保护装置。20 世纪 80 年代后期我国研制了集成电路继电保护装置，如成套发电机、变压器保护等，均由多个线性运算放大器电路与互补金属氧化物半导体器件（complementary metal oxide semiconductor，CMOS）电路构成。

集成电路继电保护装置用线性元件组成的各种典型电路，为得到优良特性的测量元件创造了条件。以 CMOS 电路构成的逻辑电路，动作状态明确，集成电路比分立元件的可靠性要高上几个数量级。另外，集成电路继电保护装置的 CMOS 电路具有天然的抗干扰能力，同时具备装设自诊断与报警系统、自带调试插件等优点。因此，集成电路继电保护装置较晶体管式保护装置故障率更低、可靠性更高、动作速度更快。

4）微机继电保护装置

随着电子计算机技术的发展，特别是微型计算机和微处理器的应用，计算机继电保护的研究已取得了显著的成果。国内在微机继电保护方面的研究工作起步较晚，但进展却很快。1984 年华北电力学院杨奇逊教授主持研制的第一套微机距离保护样机在河北马头电厂经过试运后，通过了产品鉴定。这标志着我国微机继电保护工作进入了重要的发展阶段。1986 年，全国第一台微机高压线路保护装置研制成功，并在辽宁省辽阳供电局投入试运行。1987 年，河北省电力局在石家庄、保定、定州之间的两条双回线上全部采用了微机继电保护。随后，在电力系统继电保护领域许多专家、技术人员的共同努力下，微机继电保护很快进入了推广和应用阶段。

微机继电保护具有巨大的计算、分析和逻辑判断能力，有存储记忆功能，因而可以实现复杂的保护算法；微机继电保护可靠性高，功能强大，具有自检、故障录波、事件顺序记录、调度通信等功能。

1.3.2　继电保护装置的现状及发展趋势

中国电网发展飞速，呈现出新态势、新特征，如新能源并网容量的持续增加、分布式电源的大量接入、电网电力电子化特征的日趋明显等。传统继电保护装置在选择性、速动性、灵敏性、可靠性上已经难以满足电网发展要求。面对电力系统发展的新形势，继电保护装置又迎来了新挑战，主要体现在以下三个方面。

1) 基础元件响应时间难以提升

由于现有保护装置内部功能模块基于硬件板卡划分，内部的信息交互环节过多且总线带宽受限，信息传递效率难以提高。另外，保护装置动作时间取决于软件计算模块，依赖于串行程序执行，严重制约保护装置的速动性，保护装置动作时间存在提升瓶颈，难以满足新型电力系统故障灵敏响应与快速保护需求。因此，有必要研究提升响应时间和速动性的保护装置基础元件。

2) 自主可控电力专用芯片缺乏

我国继电保护装置普遍采用国外通用芯片，主要知识产权长期受制于人，存在原生安全痛点，同时，以通用主控芯片为核心的继电保护装置难以发挥芯片的整体性能。另外，大量终端设备及多元用户接入电网，逐步形成了开放互动网络环境，继电保护装置在数字化、网络化环境下面临各类攻击，其安全防护受到空前挑战。因此，迫切需要研究具备安全防护能力的自主可控电力专用芯片。

3) 架构趋于复杂化

现有微机继电保护装置采用多板卡、多中央处理器(central processing unit，CPU)架构。保护功能多样化、采集信息多来源、开出信息多对象等都意味着装置CPU、插件、元器件、光纤等的增加，整体结构趋于复杂，元器件数量的增加导致装置体积的进一步增加、整体功耗的进一步增大、装置可靠性难以进一步提高，因此，急需研究架构简洁的新一代继电保护装置。

在现有微机继电保护基础上，发展以自主知识产权(intellectual property，IP)、自主指令集、国产处理器内核和国产操作系统为核心的自主电力系统专用芯片开发生态，研发架构简洁、动作迅速、自主可控的芯片化保护装置符合智能电网发展要求，是继电保护技术研究的新方向。

参 考 文 献

[1] 贺家李. 电力系统继电保护原理[M]. 4 版. 北京: 中国电力出版社, 2010.

[2] 张保会. 电力系统继电保护原理[M]. 2 版. 北京: 中国电力出版社, 2010.

[3] 刘学军. 电力系统继电保护[M]. 北京: 机械工业出版社, 2011.

第2章　纳米继电器

2.1　纳米继电器思想的提出

随着大量分布式电源、直流输电、电动汽车开放接入电力系统，现有系统将逐步演变成以电力电子器件为主导的深度低碳新型电力系统。相对于电磁器件，电力电子器件承受故障电流的能力要弱得多，极短时间的故障电流即可永久性损坏电力电子器件，因此，保护装置需有足够短的动作时间，而保护装置的快速性主要取决于其基础元件(如机电式保护装置的电流继电器、集成电路继电保护装置的CMOS电路、微机继电保护装置的软件程序等)。现有微机继电保护装置的基础元件通过软件程序实现电力算法或继电器功能，基础元件的快速性依赖于软件程序逻辑，另外，软件程序执行一般采用串行方式，保护响应时间只能达到毫秒级，无法满足未来高电力电子渗透率下新型电力系统微秒级保护控制的速度要求。

针对上述技术问题，在集成电路技术高速发展背景下，本书提出并设计了一种能够提高继电保护响应速度的基础元件——纳米继电器。纳米继电器是由多种集成电路功能模块构成，采用并列逻辑方式组合而成的逻辑组合电路模块。一方面，纳米继电器通过逻辑组合集成电路将报文处理模块、网络通信模块、数据管理模块、电气参量算法模块进行硬件化定制，避免软件程序逻辑带来的时延问题；另一方面，采用多个纳米继电器进行逻辑组合优化配置，实现保护装置基础元件的串行执行到并行处理，加快基础元件动作速度，进而提高保护速动性，满足新型电力系统对保护装置基础元件的更高要求。

2.2　纳米继电器的结构

纳米继电器由集成电路模块构成，它的实质是一个将微机继电保护内部程序硬件化的逻辑组合电路模块。逻辑组合电路模块中按照纳米继电器所承担的功能的不同，包含不同算法逻辑的若干个子电路模块，可用于通过调用电力数据处理算法对输入的电力信号进行处理，输出电力业务数据。同时，外围信号处理电路模块是不同纳米继电器与外围信号之间的桥梁，为纳米继电器提供所需的输入数据，或对其输出的电力业务数据进行数据处理，从而对电力系统进行保护与控制。纳米继电器与外围信号处理电路模块或其他纳米继电器进行数据交互，纳米继电器的具体结构如图 2.1 所示。

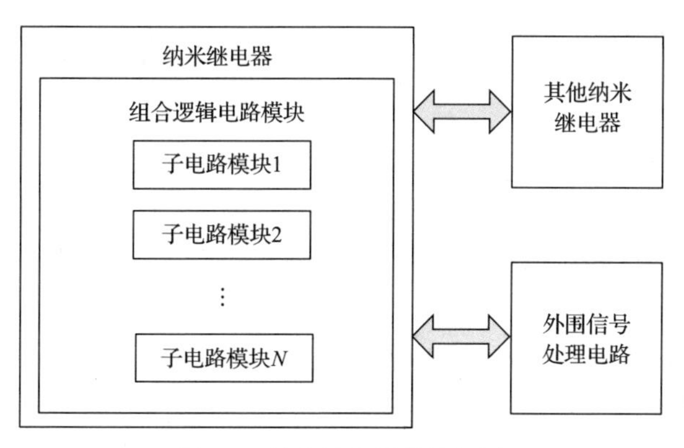

图 2.1　纳米继电器结构框图

2.3　纳米继电器的分类

纳米继电器包含的子电路模块决定着该纳米继电器所承担的功能，按照不同功能进行分类，纳米继电器基本上可分为逻辑判断类纳米继电器、电气参量计算类纳米继电器、采样值处理类纳米继电器、通信管理类纳米继电器和时间管理类纳米继电器等，因而它们所包含的子电路模块也不相同。

2.3.1　逻辑判断类纳米继电器

逻辑判断类纳米继电器的输出只有两种状态，“是”或者“否”。“是”和“否”的临界点用“不等式”的“判据”来表达。所述“不等式”的“判据”在电路中通过由数值比较、触发器和逻辑门电路构成的逻辑组合电路实现；逻辑组合电路模块可根据电力系统继电保护业务中的电流差动保护、方向电流保护、零序电流保护、距离保护和纵联保护等保护算法逻辑，分别进行构建确定。

根据输入量的不同，逻辑判断类纳米继电器又分为模拟量逻辑判断类纳米继电器和数字量逻辑判断类纳米继电器。

1）模拟量逻辑判断类纳米继电器

当输入的电力信号为模拟量信号时，通过调用含有不同集成硬件算法的子电路模块，利用电力数据处理算法对模拟量信号进行逻辑判断处理，输出开关量信号；外围信号处理电路模块用于对纳米继电器输出的电力业务数据进行数据处理，对电力系统进行保护控制。其中，该类纳米继电器的子电路模块包括信号调理电路子模块、带限滤波电路子模块、采样保持电路子模块、模/数转换电路子模块、特征提取电路子模块、数值比较电路子模块和逻辑判断电路子模块，各模块具体功能如下。

(1)信号调理电路子模块，用于对模拟量信号进行放大和保护，得到放大信号。

(2)带限滤波电路子模块，用于对放大信号进行滤波处理，得到去噪后的模拟信号量。

(3)采样保持电路子模块，用于快速测量模拟输入量的瞬时值并在模/数转换期间保持其数值不变。

(4)模/数转换电路子模块，用于将模拟量变换为 CPU 可识别的数字量并确保其转换精度。

(5)特征提取电路子模块，用于通过调用电力数据处理算法提取数字信号的信号参数，得到特征量。

(6)数值比较电路子模块，用于将特征量与 CPU 发送预设的整定参数进行比较，得到比较结果。

(7)逻辑判断电路子模块，用于根据保护业务逻辑对比较结果进行数值比较结果驱动输出，输出对应的开关量信号。

特征提取电路子模块中，电力数据处理算法至少包括半周傅里叶基波运算、全周傅里叶基波运算、最小二乘滤波算法、卡尔曼滤波算法及直流分量计算算法中的一种；所述特征量至少包括基波分量、直流分量和各整数次谐波分量中的一种。电力系统继电保护业务包括输电线路保护、变压器保护、发电机保护、母线保护等业务场景。

模拟量逻辑判断类纳米继电器结构如图 2.2 所示。当外部输入的电压、电流等模拟量信号通过信号调理电路子模块、带限滤波电路子模块、采样保持电路子

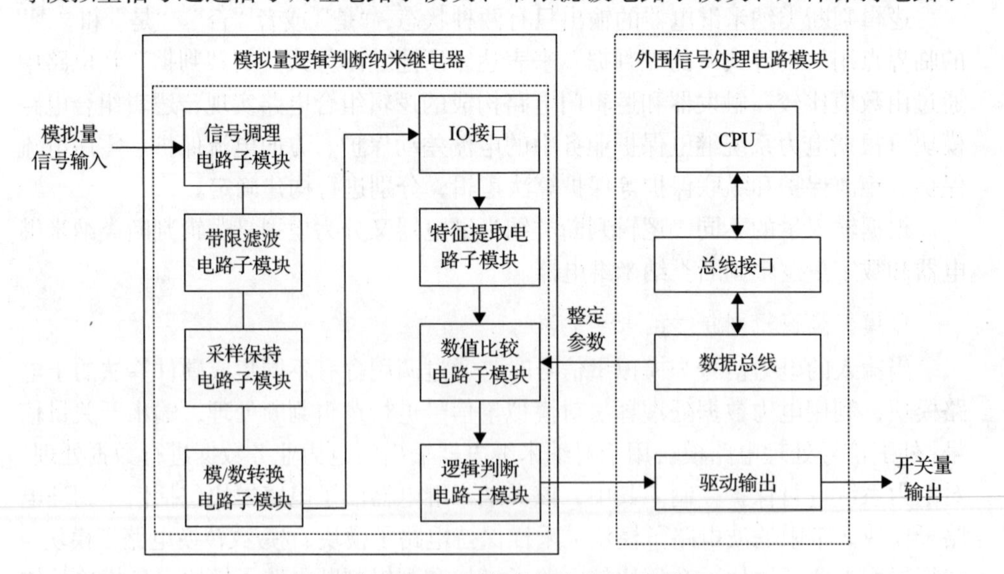

图 2.2　模拟量逻辑判断类纳米继电器结构图

模块、模/数转换电路子模块转换为数字信号后，通过特征提取电路进行有效值计算、幅值计算、序分量计算得到特征量，将提取的特征量与 CPU 传递过来的人为预设的整定参数通过一个数值比较电路子模块进行比较，将比较结果传递给逻辑判断电路子模块，逻辑判断电路子模块根据保护业务逻辑与数值比较结果驱动输出，输出一个开关量信号给外围信号处理电路模块。集成电路模块内部实现了程序逻辑的硬件化，具有自主计算和判断的能力，提高了继电器的响应速度。

2) 数字量逻辑判断类纳米继电器

输入的电力信号为数字信号时(数字信号可以是从网络中获取的报文数据)，逻辑组合电路模块只需用到模拟量逻辑判断类纳米继电器模/数转换电路子模块之后的这些模块，包括特征提取电路子模块、数值比较电路子模块和逻辑判断电路子模块。这些电路子模块用于通过调用电力数据处理算法对数字信号进行逻辑判断处理，输出开关量信号；外围信号处理电路模块用于对逻辑组合电路输出的电力业务数据进行数据处理，对电力系统进行保护控制。数字量逻辑判断类纳米继电器结构如图 2.3 所示。

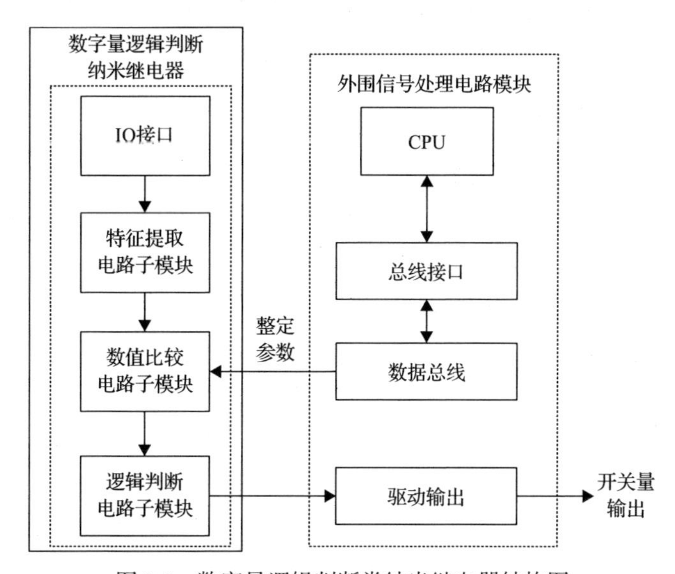

图 2.3　数字量逻辑判断类纳米继电器结构图

2.3.2　电气参量计算类纳米继电器

特征提取电路子模块归属于电气参量计算类纳米继电器，电气参量计算类纳米继电器通过电力算法提取数字信号的特征参量。

电气参量计算类纳米继电器用于实现对采集输入的周期性电气信号中基波分

量、直流分量和各整数次谐波分量的提取，硬件算法包括半周傅里叶基波算法、全周傅里叶基波算法、最小二乘滤波算法、卡尔曼滤波算法以及直流分量计算算法等。电气参量计算类纳米继电器由加减法子模块、乘除法器、累加求和子模块、三角函数与反函数子模块等运算硬件电路组成。

在硬件实现上，仅需加减法、乘除法电路即可求出零序电压、电流的幅值、相角等特征量，因此，电气参量计算软件程序硬件定制化电路简单易实现，同时，硬件电路所需数据窗口短，由其构成的装置动作时间大大缩短，因而继电保护装置基础元件的速动性得到了有效提升。

2.3.3　采样值处理类纳米继电器

采样值处理类纳米继电器用于将获取的模拟量信号进行采样以及插值处理，得到采样值报文。根据采样值报文进行计算获取相同采样时间的采样点数据并将采样点数据发送至其他节点；采样值处理类纳米继电器的逻辑组合电路模块中集成了采样值同步算法的纳米级硬件电路模块(子电路模块)。

由上可知，采样值处理类纳米继电器由采样与插值处理模块、数模模数转换模块、数据过滤模块、报文组织与处理模块等组成。

2.3.4　通信管理类纳米继电器

通信管理类纳米继电器用于开关状态量、瞬时量、特征量等数据的信息交互管理。例如，断路器、隔离开关、负荷开关等开关状态量上传至控制中心，或控制中心向过程层开关设备发送跳闸和合闸命令；又如，高压输电线路本地保护装置通信设备向对侧发送电流幅值相角、功率方向等特征量信息或全过程暂态瞬时量信息或跳闸、闭锁、允许信号。在信息交互过程中，需要涉及信号发送模式、接收过程中的过滤或降噪处理、数据同步校验等。

由上可知，通信管理类纳米继电器由信号发送模块、信号解析与数据处理模块、时钟同步校验模块等构成。

2.3.5　时间管理类纳米继电器

时间管理类纳米继电器用于对时或同步采集和传输过程中的电气信号。该类纳米继电器应支持组网同步、插值同步及延时可测同步机制，且应具备整秒刷新对时、状态异常守时等功能，同时支持多个定时器功能，用于定时触发和中断请求。

由上可知，时间管理类纳米继电器由同步模块、对时模块、定时模块等构成。

2.4　纳米继电器的并行处理模式

随着应用数据的迅速增加，传统依赖软件实现的数据处理已很难满足数据实时性需求，优化算法或增加处理核等方法也有一定局限性。而随着集成电路工艺的飞速发展，现有技术完全可以支撑大规模的逻辑电路集成。因此，可将基于集成电路的纳米继电器单元进行定制化设计，从而对特定数据或信号进行硬件化高速处理，进而实现保护装置基础元件由串行执行到并行处理的转变，加快基础元件动作速度，进而提高保护速动性，满足新型电力系统对保护装置基础元件的更高要求。

纳米继电器的并行处理模式主要包括以下特点。

(1) 高并行度。高并行度主要由并发和流水两种技术实现。并发是指重复分配计算资源，多个模块之间可以同时独立进行计算。这一点与现在的多核和单指令多数据流技术相似。但相比于单指令多数据流技术，纳米继电器的并发可以在不同逻辑功能之间进行，而不局限于同时执行相同的功能。流水是指通过将任务分段，不同任务可对应不同功能的纳米继电器，段与段之间同时执行。

(2) 可定制。可定制指的是在资源允许范围内，用户可将基于不同功能集成电路的纳米继电器进行组合，从而实现自己的逻辑电路。通常情况下任务在硬件电路上处理比在软件上快。

(3) 不可重构。由于纳米继电器的硬件化属性，在定制组合后其功能也相对固定。尽管牺牲了可重构的灵活性但也具有了专用集成电路(application-specific integrated circuit，ASIC)模块的稳定性。

如图 2.4 所示，在由软件实现的串行数据处理流程中，专用集成芯片的性质决定了其单步与循环数据处理的顺序特性。数据进入处理流程后，需要对其进行逐步、逐级处理。在数据量大、处理流程复杂的情况下，将消耗大量的处理时间。

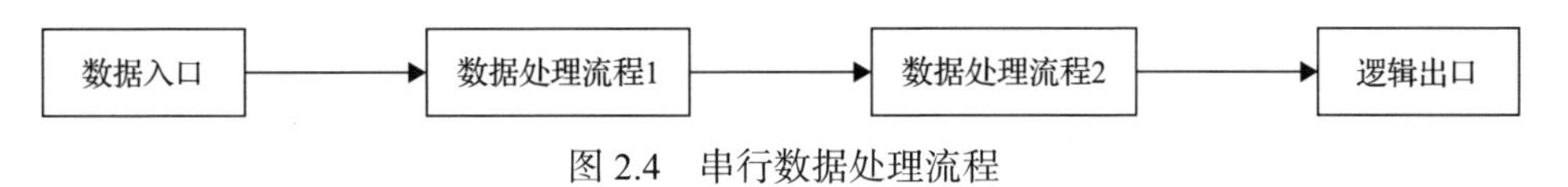

图 2.4　串行数据处理流程

如图 2.5 所示，在纳米继电器并行处理的模式中，定制的某个数据处理功能，将特定功能的集成电路纳米继电器代替原有的软件实现中的数据处理流程，由于已经将特定功能的数据处理流程做成了逻辑组合电路，并可以将功能模块做冗余集成，从而实现了对于输入数据的并行处理。同时，对于逻辑出口，纳米继电器也可以灵活实现并行共享控制，这将大大提高数据处理的速度。

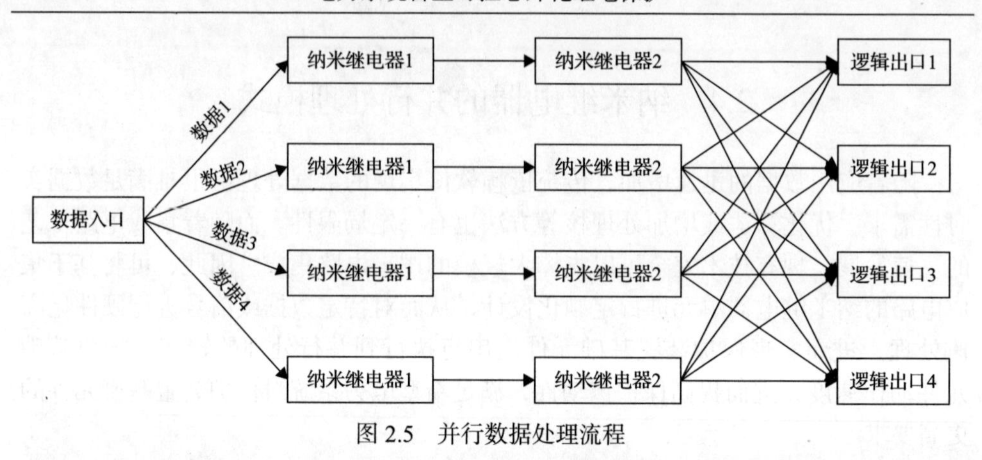

图 2.5　并行数据处理流程

纳米继电器可从硬件化定制和并行处理两方面有效缩短保护装置内部模块的执行时间。对于具体硬件电路，纳米继电器可通过单个 IP、多个 IP 或其他逻辑组合电路来实现。

第3章　继电保护SoC芯片

3.1　继电保护SoC芯片概述与发展

3.1.1　继电保护SoC芯片的概述

继电保护片上系统(system on chip，SoC)芯片是指微机继电保护装置的系统级芯片，是微机继电保护装置的核心单元。SoC 在这里指一个产品，是一个有特定目标与用途的集成电路。从狭义的角度来说，继电保护 SoC 芯片是把整个微机继电保护系统的关键部件集成在一块芯片上；从广义的角度来说，继电保护SoC芯片是一个微小型系统，它不仅包含了CPU，还包含了A/D(模/数)转换器、D/A(数/模)转换器、通信芯片、数字信号处理器(digital signal processor，DSP)等其他硬件。

继电保护 SoC 芯片是伴随着微机继电保护的发展而出现的。随着电气设备的发展，微机继电保护装置使用的芯片从通用型单片机向多CPU/DSP发展，最后向高度集成、多功能一体化的继电保护 SoC 芯片发展[1]。继电保护 SoC 芯片替代了原有设备的多芯片架构，包括实现采样测量值数据处理功能的处理器芯片、实现数字化接口的以太网芯片、实现保护逻辑计算以及判断功能的处理器芯片、实现装置通信管理功能的处理器芯片、实现各功能芯片数据共享的设备内部总线等。

继电保护 SoC 芯片有以下几个特点。

(1)属于极大规模集成电路范畴，实现系统复杂功能，作为继电保护装置的核心部件，它起到了对数据进行处理、计算等作用，并发出最终的指令，控制相关的外设。

(2)工艺技术上，继电保护 SoC 芯片采用超深亚微米工艺技术，在一个硅片上实现更多的电路和逻辑。

(3)嵌入一个以上的 CPU/DSP，通常还包含相关的总线、高速缓冲存储器(Cache)、现场可编程门阵列(field programmable gate array，FPGA)等模块。

(4)可以通过对应的接口在外部对芯片进行编程。一方面，可以利用高级语言编写各种软件、实现相关的算法；另一方面，如果芯片包含 FPGA 或者复杂可编程逻辑器件(complex programming logic device，CPLD)，可以利用可编程逻辑器件来实现更多种类的硬件电路或模块，以此满足不同的应用场景和拓展芯片的需求。

继电保护 SoC 芯片通常包含以下部分。

(1) CPU：CPU 是继电保护系统运算和控制的核心，也是保护系统信息处理、程序运行的最终执行单元。早期微机继电保护装置采用 8 位 CPU，目前主流采用 32 位 CPU。

(2) FPGA：FPGA 是可编程的逻辑列阵，它是一种半定制电路，相比于传统的 ASIC，它既弥补了定制电路的不足之处，又克服了可编程阵列逻辑(programmable array logic，PAL)、通用阵列逻辑(generic array logic，GAL)等可编程逻辑器件门电路数有限的缺点。继电保护 SoC 芯片通常采用规模相对较小的 FPGA 对芯片的数据流(数据通信、滤波等)进行处理，利用 FPGA 的可重构特性，继电保护 SoC 芯片可以适应不同的硬件要求，以此满足灵活性的要求[2]。

(3) 总线：总线是继电保护 SoC 芯片各个模块之间传递信息的公共通信干线，由导线组成。总线按照功能可以分成三大类型：数据总线、地址总线、控制总线。随着继电保护 SoC 芯片复杂度和集成度的不断提高，设计合理的总线可以降低片上通信延迟带来的影响，以此提高片上系统的整体性能[3]。

(4) 存储器：通常而言，继电保护 SoC 芯片含有高速缓冲存储器和片内静态随机存储器(static random-access memory，SRAM)。由于主存储器存取速度比中央处理器的操作速度缓慢得多，因而中央处理器的高速处理能力并不能得到充分发挥，进而导致整个计算机系统的工作效率受到影响，高速缓冲存储器就是为了解决这一问题而设计的。

相比于使用通用型 CPU/DSP 构成的板级系统，继电保护 SoC 芯片实现了多功能一体化，其便于调试、方便自检等特点也大大增加了电气设备的稳定性和可靠性。

3.1.2　继电保护 SoC 芯片的发展历程

继电保护 SoC 芯片的发展与微机继电保护的发展密不可分，微机继电保护是智能化的工业控制设备，而其中搭载的各种芯片和运行的软件、逻辑等构成了微机继电保护的核心要素[4]。伴随着国家经济建设的发展，居民与工业用电量不断增加，国家和社会对于电网的可靠性与稳定性提出了更高的要求。相比于传统的电磁式、晶体管式和集成电路式的继电保护装置，微机继电保护因其功能多样性与硬件可靠性脱颖而出，得到了深入的发展并已经成为继电保护装置中的主流硬件设备。其中，SoC 芯片也因为微机继电保护的发展而在性能、复杂度等多个维度得到了提升[5]。

早期的微机继电保护采用的是通用的8位单片机。采用与非门、并行/串行接口、时钟等构成简单的冯·诺依曼体系结构的微机系统，其运算速度和性能都非常低下，很难实现继电保护装置自动且迅速切除故障元件的基本功能，其处理单元与其他子系统并未集成在同一个芯片上，所以难以将其称为一个片上系统，只能称之为一个板级系统。为了满足微机继电保护与日俱增的性能要求，选用的单片机的位数不断增加，从一开始的8位增长到16位、32位甚至64位。

与此同时，应用在数据处理上的算法也得到了改进，为了实现数据采集的精确性与故障判断的准确性，快速傅里叶变换(fast Fourier transform，FFT)、最小二乘滤波算法、风暴过滤算法等相继被应用，复杂的数字滤波算法导致冯·诺依曼体系结构的单片机资源开销大，所以人们采用了 DSP 来辅助微处理单元。DSP 能够在一个时钟周期内完成乘累加运算，效率大大高于 CPU[6]。

目前微机继电保护装置中32位单片机和 DSP 的应用占据主导。随着电网容量的增加与电气设备数量的大幅提升，为了覆盖更多的电气设备，也为了提高硬件的可靠性，避免继电保护装置的误操作，微机继电保护装置从单 CPU 结构发展到多 CPU 协同处理的结构[7]，DSP 的结构也从单一 DSP 结构发展到多个 DSP 融合处理的结构，从单一的 CPU 或者 DSP 结构发展到 CPU 和 DSP 混合结构。微机继电保护之所以发展得如此迅速，一是因为电网容量扩增带来的巨大市场需求[8]；二是为了增加硬件设备的冗余以实现硬件的自检与互检，提高设备可靠性；三是因为各种算法与理论的不断应用，对微机继电保护装置的处理器性能有了更高的要求。

单片机和DSP的应用使得微机继电保护装置在可靠性和性能上有了巨大的提升，但是其仍然存在一些不足。首先，性能依旧不足，CPU 采用的是逐条执行指令方式来实现各种运算和逻辑功能，因此其性能天然具有局限性。其次，CPU 在工作开始的时候必须进行初始化，这对电平和时序有一定的要求，尽管现在已经有多种复位的电路，但是其可靠性并没有得到根本改善。最后，多 CPU/DSP 结构也使得硬件内部接口变多，开发和调试硬件的工程师不仅要考虑各个模块的开发，还要考虑芯片之间的互联问题，这给硬件的开发与调试造成了巨大的不便[7]。

电子设计自动化(electronic design automation，EDA)技术的发展从根本上解决了上述问题。EDA 是指利用计算机辅助软件(computer aided design，CAD)，在计算机上来完成电子设计、建模和仿真，而无须设计人员手工完成集成电路的设计、布线等工作。利用电子设计自动化技术，设计人员可以快速设计相应的电子系统，缩短开发时间并节省开发成本[9]。FPGA 可替代以往多核架构中的 CPU，设计人员利用其可重构特性可实现多个保护模块[10]。将各种 IP 集成到 FPGA 上，可以实现一个功能复杂、可靠性高的片上系统。

将多个芯片集成到同一块芯片上，以此实现一个片上系统不仅是现在研究的重点，也是未来微机继电保护芯片的主要发展趋势。传统的板级多芯片架构不仅难以保障生产上的良率，而且由于需要考虑内部复杂的通信协议，其开发和调试也非常不便。为了应对日益复杂的电网调控需求，实现就地化设备运行和一二次设备融合，提高继电保护装置的可靠性与稳定性，继电保护 SoC 芯片将会代替现有复杂的板级多芯片架构，成为微机继电保护的主流芯片[11]。

目前市面上销售的微机继电保护装置大都是板级多芯片架构，以继电保护 SoC 芯片为主控芯片的微机继电保护装置仍是少数。

3.1.3　继电保护 SoC 芯片的发展趋势

随着新型电力系统的不断发展以及一二次设备融合的趋势，继电保护装置将向着小而精不断发展，而继电保护 SoC 芯片也将呈现出以下几个发展趋势。

(1) 性能不断增强，价格不断降低。按照著名的摩尔定律，芯片上的集成度每 18～24 个月翻一番，使计算机硬件性能不断提升和价格不断降低。虽然在芯片制造上摩尔定律将近失效，但是工业控制上的芯片却仍未用到现今的高端制程，未来随着高端制程的良率提高，流片费用会有所降低，继电保护 SoC 芯片也能享用芯片高端制程发展的红利，不断缩减单芯片面积，同时降低芯片制造成本。从长远的角度来看，随着电子设计自动化技术的发展，继电保护 SoC 芯片可以采用价格更加低廉的各种软/硬 IP，进一步降低继电保护 SoC 芯片的设计费用，进而降低产品的成本，提高其市场竞争力。芯片性能的增强也可以通过提高频率来实现，同一电路，如果提高其运算频率而不会发生错误，就可以提高其单位时间内的运算数量，进而提高性能。因此，继电保护 SoC 芯片有频率不断提高的趋势。

(2) 集成专用芯片。CPU 作为中央处理器，应用在诸多领域，但是它作为通用型芯片，往往不能利用好整个芯片资源，会造成一定的芯片资源浪费，除此之外，由于其架构固定，拓展其功能也主要通过外加芯片的方式，导致其未必能满足专用化的特殊需求。相比于通用型芯片，专用指令集处理器(application specific instruction set processor，ASIP)是为某个或某一类型应用而专门设计的，通过权衡速度、功耗、成本等多方面设计约束，设计者可以使定制 ASIP 达到最好的平衡点，从而适应嵌入式系统的需要。随着我国科技的不断发展，大规模集成电路得到了快速发展，开发具有我国自主知识产权的专用芯片势在必行。

(3) 国产化。电网作为我国的重要基础设施，其稳定性与安全性关系到我国的国家安全和经济建设的发展，而继电保护装置作为电网安全的重要保障设备，需要具备自主知识产权的国产芯片保驾护航。继电保护 SoC 芯片的国产化符合我国的发展战略，在未来的产品中，电网公司必定会从长远考虑，优先选择采用搭载有我国自主知识产权主控芯片的继电保护装置，以此促进我国继电保护产业的发展。

(4)集成度不断提高。从板级多芯片架构发展到继电保护 SoC 芯片，芯片的集成度不断提高。继电保护 SoC 芯片集成度提高，带来的最直接影响就是成本降低，原来多个芯片实现的功能现在只需要一个芯片来实现，直接节约了花费在制造、封装、测试等环节的整体成本。不仅如此，集成度提高减小了芯片面积，在加工成电路板后，芯片在电路板上的面积占比也有所降低，这极大地节约了电路板的制作和生产成本，对电路的布局布线也非常有利。而且，芯片集成度提高可以增加系统的可靠性，对于芯片而言，其出厂前往往要经过严格的质量筛查和测试，确保芯片的性能合格，而电路板则不同，电路板上的器件越多，电路板发生故障的概率也越大，将电路集成到一块芯片上，可以使整个电路系统的可靠性增加，硬件生产上出现不合格品或者废品的概率也会有所降低，对于提高整个生产线的效率和降低生产成本也非常有利。

(5)从硬件上实现对特定算法的优化、智能化。从 20 世纪 90 年代开始，计算机科学与技术得到了深入发展，人工智能技术爆发并被广泛应用，如应用在电力系统的保护控制等领域。在电力系统保护领域，一部分研究工作者也开始研究人工智能，并期望其能够应用于电力系统控制方面。专家系统、人工神经网络等人工智能技术的应用，不仅为电力系统控制的优化开拓了新的可能性，也促使从硬件上实现对特定算法的优化。利用人工神经网络的分布式存储信息、自组织、自学习等特点，人们有望解决自动控制、非线性优化等难题，加入在芯片层面上对这些算法进行优化的电路，能够提高电力系统的控制水平，解决一些用常规方法难以解决的问题[12]。但可靠性依然是微机继电保护装置的第一要义，否则将得不偿失。例如，若芯片算法上的错误导致继电保护装置发生误动作，很可能会扩大事故范围，如跨大区电网的故障连锁反应等。

(6)FPGA 更加深入的应用。FPGA 具有更大的并行度，通过并发技术，重复分配计算资源，使多个模块之间可以同时独立进行计算，这有利于节省芯片资源开支，在电力系统复杂度不断增加的背景下，这一技术会不断受到青睐。FPGA 也可以实现流水线技术，将任务分段，段与段之间同时执行，从而达到与 CPU 类似的处理效果，所以 FPGA 可以起到代替 CPU 的作用。FPGA 在继电保护 SoC 芯片上应用的最大优势就是其可重构的特点，FPGA 内部的逻辑可以根据需求改变，减小开发成本，与此同时，使用 FPGA 复用资源比使用多个固定的 ASIC 模块更节省芯片面积。FPGA 可重构的特点也大大提高了继电保护 SoC 芯片的兼容性，使芯片能够应用于更多的场景，兼容更多的硬件设备与通信协议等。

3.2　继电保护 SoC 芯片系统结构设计

3.2.1　继电保护 SoC 芯片应用场景分析

SoC 芯片系统结构设计是指针对特定场景的应用需求，选择合适的功能模块、设计模块间的通信方式，在满足吞吐率、功耗、芯片面积等一系列约束下，构建最优的芯片系统结构。作为针对电力应用场景设计的专用芯片，继电保护 SoC 芯片的专用性应体现在可以实现电网场景下的特有功能，并应用于多种电网终端装置中。下面为几种常见的终端装置，从这些装置的应用场景中可分析出对于继电保护 SoC 芯片的功能需求。

(1) 10～500kV 保护测控等装置。芯片需配合软件和相关外设实现保护、测量、控制、监测、通信、事件记录、故障录波、操作防误等多种功能，如二段式相间电流保护、二段式零序电流保护、过流反时限保护等。芯片应支持软件设计上采用的看门狗及软件陷阱等技术，确保装置的自复位能力。

(2) 配电终端单元(distribution terminal unit，DTU)。DTU 将串口数据转换为 IP 数据或将 IP 数据转换为串口数据，并通过无线通信网络进行传送。配合无线通信模块以及电源模块，芯片需要保证 DTU 组网迅速灵活、建设周期短、成本低、网络覆盖范围广、安全保密性能好等。在现场应用上，DTU 主要用于远程抄表、变电站监测、电力线路监测、配电网络柱上开关监测等。

(3) 微网中央控制器。微网中央控制器通过对微网系统进行高速数据采集，收集全网电气参数，对全网运行状态进行采集和监视，并在此基础上进行逻辑运算，得出控制策略，对微网进行实时调节控制，实现微网电源、储能、负荷的实时动态调节功能，保证微网安全、稳定运行。微网中央控制器的主控单元根据调度指令对微网的运行模式进行控制，并可通过通信接口控制储能系统的充放电功率，从而满足微网运行方式的需要。

(4) 分布式能源并网接口设备。智能配电网中分布式能源的启动与停运容易受自然条件、用户需求以及政策法规等诸多因素的影响，因此分布式能源极易出现不规则启停的现象，而且间歇性的分布式能源功率输出固有的波动性和间歇性，都会对配电网造成明显的电压波动。可以在变电站出线端安装一台搭载有继电保护芯片的分布式能源区域管控设备，在每个分布式能源并网点安装一台并网接口设备，每台并网接口设备分别连接各自的分布式能源并网点，同时还与远端的分布式能源区域管控设备通信连接，从而克服上述现有技术中的缺陷。

综上所述，继电保护 SoC 芯片应实现的主要功能为保护、测控与通信。为实现这些功能，芯片需具备参数灵活设置、数据实时处理、指令响应迅速等特点，且集成成熟的应用层控制策略、拥有强大的通信管理能力、支持灵活的软件升级方式等。同时考虑到电力终端装置对于数据通信的安全需求以及自身防攻击能力的要求，芯片同时应该具有安全特性，后面将会根据芯片的主要功能，从整体到细节，逐步确定 SoC 的系统结构。

3.2.2　需求驱动的多核 SoC 系统架构设计

在确定了系统的功能之后，需要根据应用需求进一步考虑整体的体系架构，将设计目标划分成一系列硬件模块和软件任务，需要确定处理器类型，也需明确软硬件的划分，如哪些任务需要用软件完成，哪些任务需要用硬件加速器实现。

根据上述思路，本书选择以定制化开发的自主指令集架构国产 CPU 核为基础，定制化开发继电保护 SoC 芯片，将芯片整体划分为三部分：多核业务主系统、电力专用子系统及安全子系统。继电保护 SoC 芯片整体架构如图 3.1 所示。

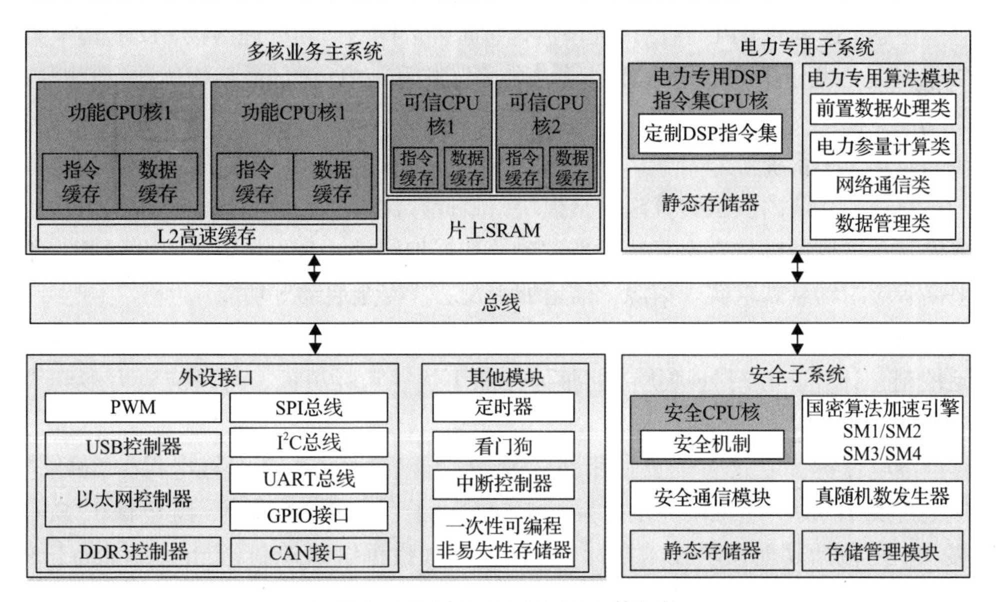

图 3.1　继电保护 SoC 芯片整体架构

1）多核业务主系统

多核业务主系统由高性能处理核、配套的各种硬件外设接口及大量的总线接口组成，具有高扩展性和高能效的特点，可满足实时控制、管理通信等保护业务功能需求。其中，高速外设接口主要包括千兆网媒体接入控制（gigabit media access control，GMAC）模块、直接存储器访问控制（direct memory access control，DMAC）模块、安全数字输入输出（secure digital input and output，SDIO）模块以及用于核间通信传输中断和数据的 Mailbox 模块等；低速外设接口主要包括串行外设接口（serial peripheral interface，SPI）总线、I^2C 总线、通用异步收发机（universal asynchronous receiver/transmitter，UART）总线、通用输入输出（general-purpose input/output，GPIO）接口；其他配套外设包括定时器、看门狗、中断控制器以及由本地 Cache 和 SRAM、系统 SRAM、动态随机访问存储器（dynamic random access memory，DRAM）组成的层次化存储系统等。

2）电力专用子系统

电力专用子系统集成电力专用算法模块及电力专用 DSP 指令集 CPU 核。其中，电力专用算法模块以 ASIC 逻辑电路实现前置数据处理类、网络通信类、数据管理类算法硬件加速，电力专用 DSP 指令集 CPU 核针对电气参量计算类算法进行指令定制。电力专用子系统可提供高效率的数据并行处理以及高性能的数据计算功能。

注意：这里的 CPU 核泛指处理器，非通常指代的通用处理器核，DSP 指令集 CPU 核是指基于电力专用 DSP 指令集体系架构和 CPU 微体系架构优化定制的一类处理器核。

3）安全子系统

安全子系统内嵌国密算法安全模块，集成存储器保护单元与安全防护组件，提供基于抗攻击国密安全算法硬件逻辑的数据加解密、身份认证等安全服务。可根据多应用场景需求实现信源、信道加密及芯片安全启动等功能。

继电保护 SoC 采用 CPU+DSP+ASIC 的多核异构芯片架构，结合各类计算单元控制、计算、并行处理优势，整体性能更优、功耗更低，可适应电力多场景应用。

继电保护 SoC 芯片需要使用到多种 IP 功能模块，表 3.1 是继电保护 SoC 芯片中主要 IP 的功能说明与主要技术指标。除了列出的 IP 模块，继电保护 SoC 芯片中还包括其他模块技术指标，如两路高级数据链路控制（high-level data link control，HDLC）协议、Xtimer、Xcap 等。

表 3.1　继电保护 SoC 芯片中主要 IP 的功能说明与主要技术指标

IP	功能说明	技术指标
Timer	定时器功能	包括 2 个 32 位高级功能定时器(包含于电力专用算法 IP 中)、2 个 64 位基础功能定时器、6×2 个 32 位基础功能定时器(支持外部时钟源，中断给 CPU 的同时连接到焊盘上作为输出、支持每个计数器单独中断)
CAN	一种总线式串行通信网络，与同类产品相比，控制器局域网络(controller area network，CAN)总线在数据通信方面具有可靠、实时和灵活的优点	2 个，波特率≥1Mbit/s，每个 CAN 接口独立包含至少 14 个过滤器
DMA	使外围设备通过 DMA 控制器直接访问内存，同时 CPU 可以继续执行程序	3 个，4 通道，所有 SPI、I^2C 均支持 DMA 数据传输，至少有 2 个 UART 可以使用 DMA
SPI	高速、全双工、同步的通信总线 支持全双工通信，通信简单，数据传输速率快	6 个，单数据线，主机端 6 个，传输速度可达 25Mbit/s，支持 DMA，先入先出(first input first output，FIFO)深度 64B，其中至少 2 个达 100B
QSPI	以 80B 的 RAM 代替了 SPI 的发送和接收数据寄存器； 可以一次性传输包含多达 16 个 8 位或 16 位数据的传输队列	3 个，接口时钟最高达 50MHz
UART	将要传输的资料在串行通信与并行通信之间加以转换，可以实现全双工传输	13 个，FIFO 深度≥16B，波特率≥1Mbit/s，支持数据块发送、RS-485 和 RS-232，其中 9 个支持 RTS/CTS(request to send/clear to send，请求发送/允许发送)协议进行流控和收发切换
I^2C	一根数据线和一根时钟线，总线接口集成在芯片内部，片上接口电路的滤波器可以滤去总线数据上的毛刺	4 个，传输速度可达 1Mbit/s，只能为主模式，支持 DMA，FIFO 深度 128B
IIS	采用独立的导线传输时钟与数据信号的设计，通过将数据和时钟信号分离，避免了时差诱发的失真	1 个
电网专用 IP	在通用以太网媒体访问控制(media access control，MAC)的基础上增加 SV/GOOSE 报文处理功能，数字化采样延时可测，提供风暴抑制之后的原始报文、B 码、时间同步、完整 RTC(实时时钟)、校时总线、频率跟踪	8 个独立的电力专用 MAC 8 个百兆网口
PWM	利用微处理器的数字输出对模拟电路进行控制的一种非常有效的技术	12 路，频率 1Hz～50kHz，占空比要求 0～100%

续表

IP	功能说明	技术指标
GMAC	数据链路层，对逻辑链路和物理链路之间的通道进行控制和协调，可以连接各种不同的物理媒介，不同物理媒介有不同的 GMAC 标准，是构成千兆网必备的条件之一	3 个，商用标准千兆 MAC，GMAC 标准带宽
SD (secure digital) 控制器	管理 SD 卡	2 个，频率 50MHz，兼容多媒体卡(multi-media card，MMC)
USB 控制器	通用串行总线控制器	2 个 USB2.0，传输速度 15MB/s，支持 host 模式
LCD 控制器	主要用于控制 LCD 显示	1 个，最大频率 75MHz，数据带宽 1.2Gbit/s，控制 1280×800 分辨率 LCD 时，刷新频率达 50Hz
GPCM	通用接口控制模式，用于连接 Nor Flash 等接口	1 个，频率达 100MHz，数据带宽达 1Gbit/s，支持突发模式，数据线 32 位，地址线各 16 位
DSP	采用程序和数据分开的哈佛结构，具有专门的硬件乘法器，广泛采用流水线操作，提供特殊的 DSP 指令，可以用来快速地实现各种数字信号处理算法	2 个，频率达 200MHz
ADC	用于将模拟形式的连续信号转换为数字形式的离散信号的一类设备	1 个，12 位，10 通道，频率达 1MHz
ADCC	用于控制 ADC 模块	集成在电力专用 IP 内，兼容与 AD7606 和 AD7616 相同控制时序的 ADC，支持 2 路 SPI，每路 3 个片选
GPIO	通用输入输出接口	大于等于 96 个

注：IIS(integrate interface of sound，集成音频接口)。

3.2.3　CPU 核定制化设计

3.2.2 节介绍了继电保护 SoC 芯片的 CPU+DSP+ASIC 的多核异构芯片架构。本节主要从功能核、可信核与安全核三方面展开，介绍不同功能子模块下的 CPU 核。

1. 功能核

功能核是面向嵌入式系统和 SoC 应用领域的 32 位超高性能嵌入式多核处理器，具有出色的功耗与性能表现。功能核采用 16 位/32 位混合编码的精简指令集计算机(reduced instruction set computing，RISC)，主要面向性能要求严格的高端嵌入式应用，如人工智能、机器视觉、视频监控、自动驾驶、移动智能终端、高性能通信、信息安全等。

功能核采用同构多核架构，支持 1～4 个处理器核配置。每个核采用自主设计的体系结构和微体系结构，并重点针对性能进行优化，引入 3 发射 5 执行的超标量架构、强大的矢量运算加速引擎、多通道的数据预取等高性能技术。系统管理方面，功能核集成片上功耗管理单元，支持多电压和多时钟管理的低功耗技术。此外，功能核的核心是支持实时监测并关断内部空闲的功能模块，进一步降低处理器动态功耗。

功能核处理器体系架构的主要特点如下。

(1)指令集：采用平头哥指令集架构(instruction set architecture，ISA)(32 位/16 位变长指令系统)，具有高级语言特性，并对一些频繁执行的指令进行了优化。

(2)流水线：12 级流水线，包括指令访问、指令预译码、指令缓存、指令译码、指令重命名、指令发射、寄存器堆访问、指令执行/地址产生、数据访问、地址比较、数据封装和回写。

(3)通用寄存器：拥有 32 个 32 位通用寄存器，用于保存指令操作数、指令执行结果及地址信息。

(4)缓存校验：二级高速缓存支持可配置的错误检查与纠正(error checking and correcting，ECC)技术，实现 1 位错误可纠正、2 位错误可检测的功能，ECC 校验或奇偶校验可选择配置。

(5)内存保护：支持硬件回填的片上内存管理单元，硬件回填使能时，不产生旁路转换缓冲区(translation lookaside buffer，TLB，也被称为页表缓存)失配异常。

(6)矢量计算引擎：运算宽度为双路 128 位，并支持单精度浮点和 8 位/16 位/32 位定点的并行计算。

(7)中断控制器：支持多核共享中断控制器，负责中断请求的接收、仲裁和分发。支持的中断类型包括公有中断、私有中断及软件中断。

(8)性能监测：支持硬件性能监测单元。

(9)多核：同构多核架构，支持 1～4 个核心可选配。

(10)微架构：采用 3 发射 5 执行的超标量架构，对软件完全透明；按序发射、乱序完成和按序退休。

(11)高速缓存：I-Cache，大小可选配 32KB/64KB；D-Cache，大小可选配 32KB/64KB；L2Cache，大小可选配，支持 128KB～2MB，缓存行为 64B。

(12)总线接口：包括 1 个 128 位主接口、1 个 128 位从接口。

(13)浮点引擎：支持单精度/双精度浮点运算。

(14)多核一致性：多核共享 L2Cache，支持高速缓存数据一致性。

(15)调试：支持多核协同调试，采用多核单端口的调试框架。

(16)支持缓存一致性协议。

(17)支持 12 层的硬件返回地址堆栈；256 表项的间接跳转分支预测器。

(18)支持 0 延时 move 指令；支持 8 路并发的总线访问；支持写合并。

功能核采取了如下技术特色。

(1)混合分支处理：包含分支方向、分支地址、函数返回地址以及间接跳转地址预测的混合处理技术，提升取指效率。

(2)数据预取：多通道、多模式数据预取技术，大幅提升数据访问带宽。

功能核定义了两种运行模式：超级用户模式和普通用户模式。两种运行模式对应不同的操作权限，区别主要体现在以下几个方面：①对寄存器的访问；②特权指令的使用；③对内存空间的访问。

普通用户程序只允许访问指定给普通用户模式的寄存器；工作在超级用户模式下，系统软件则可以访问所有的寄存器，使用寄存器来进行超级用户操作。这样避免了普通用户程序接触特权信息，而操作系统通过协调普通用户程序的行为来为普通用户程序提供管理和服务。

普通用户模式和超级用户模式的 R14 是独立的，在普通用户模式下只能访问 R14(user)；在超级用户模式下，不仅可以访问 R14(spv)，还可以访问 R14(user)。通常，R14 用于当前的堆栈指令。

大多数指令在两种模式下都能执行，但是一些对系统产生重大影响的特权指令只能在超级用户模式下执行。特权指令包括 ATOP、WAIT、DOZE、MFCR、MTCR、PSRSET、PSRCLR、RTE、RFI、DCACHE、ICACHE、L2CACHE 和 TLBI 指令。其中，指令 ICACHE.IVA 和 DACACHE.CVAL1 在 CCR.UCME 有效时，允许普通用户模式执行，其他指令都只允许在超级用户模式下执行。处理器提供 4GB 的虚拟内存地址空间，可运行在两个权限级别上，其中，普通用户只能访问 0x00000000～0x7FFFFFFF 表示的 2GB 空间，在访问另外 2GB 空间时，出现访问错误；而超级用户模式可以访问 4GB 全地址空间。

处理器的工作模式由处理器状态寄存器（processor status register，PSR）的S位控制。当PSR的S位被置位时，处理器工作在超级用户模式；当S位被清零时，处理器工作在普通用户模式。在普通用户模式下，处理器使用普通用户编程模型。当处理异常时，处理器把模式从普通用户模式切换到超级用户模式，处理器把当前的 PSR 值存放在影子控制寄存器，如异常保留处理器状态寄存器（exception-reserved processor status register，EPSR）或快速中断保留处理器状态寄存器（fast-interrupt-reserved processor status register，FPSR）中，然后设置PSR的S位，强制处理器进入超级用户模式。在异常处理后，为返回到以前的工作模式，系统函数执行rte（从异常返回）或者rfi（从快速中断返回），清空流水线，并从异常发生的地方重新取指执行。作为系统调用指令，TRAP#n 指令为普通用户程序提供了访问操作系统服务程序的可控接口。普通用户程序可通过TRAP#n产生系统调用异常，并强制处理器进入超级用户模式。

普通用户模式的寄存器包括32个32位通用寄存器、32位程序计数器（PC）、条件/进位（C）位。其中，C位在PSR的最低位，是PSR中唯一能在普通用户模式下被访问的数据位。除了普通用户模式可以访问的寄存器外，超级用户模式还包括含有操作控制和状态信息的PSR，一套用在异常发生时保存PSR、PC的异常影子寄存器EPSR、异常保留程序计数器（exception-reserved program counter，EPC），一套用在节省快速中断中上下文切换时间的快速中断影子寄存器EPSR、EPC。超级用户程序还可以利用一个向量基地址寄存器（vector base address register，VBAR）保存中断向量表的基地址，利用一个全局状态寄存器（global status register，GSR）和一个全局控制寄存器（global control register，GCR）及其他相关控制寄存器控制和标记外部设备及事件。

2. 可信核

可信核是面向控制领域的32位高能效嵌入式CPU核，具有低成本、低功耗、高代码密度等多种特点，采用16位/32位混合编码指令系统，设计了精简高效的3级流水线。图3.2是可信核的硬件结构图。图中GPR指的是通用寄存器，CR指的是控制寄存器。

可信核提供多种功能，包括硬件浮点单元、片上高速缓存、DSP加速单元、可信防护技术、片上紧耦合IP等。此外，可信核提供多总线接口，支持系统总线、指令总线、数据总线的灵活配置。

可信核的体系结构和编程模型的主要特点如下。

（1）可配置的可信防护技术。

（2）可配置的紧耦合IP，包括矢量中断控制器与计时器。

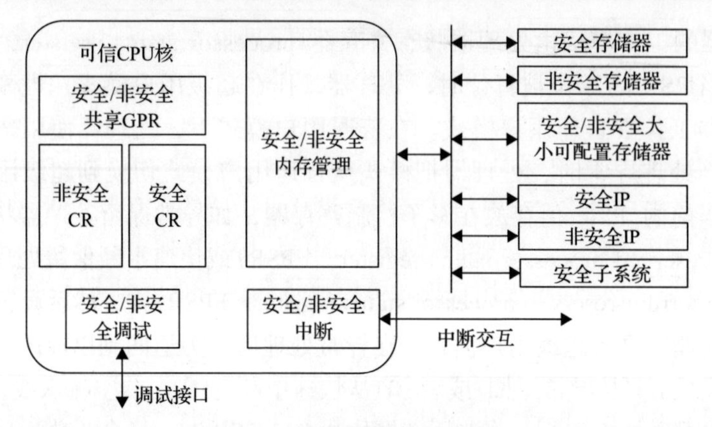

图 3.2　可信核硬件结构图

(3) 精简指令集处理器架构(RISC)。

(4) 32 位数据，16 位/32 位混合编码指令。

(5) 16 个 32 位通用寄存器。

(6) 3 级流水线。

(7) 可配置的多总线接口。

(8) 可配置的高速缓存。

(9) 可配置的硬件浮点单元。

(10) 可配置的 DSP 处理单元。

(11) 可配置的内存保护单元(0～8)。

(12) 可配置的硬件乘法器，支持 1 个周期快速产生乘法结果。

(13) 支持多种处理器时钟与系统时钟比。

引入可信运行环境后，可信核的编程模式按照两个标准划分，分别为普通用户模式和超级用户模式、可信世界和非可信世界。PSR.S 位为超级用户使能位，PSR.T 位为可信世界使能位。根据 PSR 这两位的状态，处理器可以处于四种运行模式，每种模式具有不同的权限。普通用户模式相对超级用户模式的区别在于寄存器访问和指令执行的权限。非可信世界相对可信世界的区别在于寄存器和内存资源的访问权限。其中，可信普通用户模式较少被使用。下面将分别介绍这几个模式。

(1) 非可信普通用户模式。当 PSR.T 位为 0 且 NT_PSR.S 位为 0 时，处理器处于非可信普通用户模式。普通用户模式能够访问通用寄存器和 C 位。C 位为 NT_PSR 的最低位，是 NT_PSR 中唯一能被普通用户模式访问的域。对系统产生影响的特权指令，如低功耗指令(STOP、DOZE、WAIT)、控制寄存器访问指令(MFCR 和 MTCR)无法在非可信普通用户模式执行。如果执行，特权指令将产生特权违反异常。TRAP#n 指令为普通用户程序提供了访问操作系统服务程序的可控接口。此外，非可信世界禁止访问可信资源。如果一个外设被配置在可信区域中，则在该模式下对其进行访问会产生访问错误异常。该模式是处理器中权限最低的模式。

(2) 非可信超级用户模式。当 PSR.T 位为 0 且 NT_PSR.S 位为 1 时，处理器处于非可信超级用户模式。非可信超级用户模式可访问的寄存器包括通用寄存器和非可信世界控制寄存器。与安全配置相关的可信世界控制寄存器仅能被可信超级用户模式访问。非可信超级用户模式可以执行特权指令，但无法访问可信资源，无法访问可信世界控制寄存器。非可信超级用户模式访问可信世界读为零，写无效。

(3) 可信超级用户模式。当 PSR.T 位为 1 且 T_PSR.S 位为 1 时，处理器处于可信超级用户模式。可信超级用户模式可以访问所有寄存器，包括通用寄存器和全部控制寄存器，可以执行特权指令。该模式可以访问可信与非可信外设，也可以配置可信资源以实施安全策略。该模式是处理器中权限最高的模式。系统复位时处理器处于该模式，以进行安全配置及初始化。该模式通过第三组控制寄存器映射访问非可信资源。例如，通过 CR〈0,3〉可以访问 T_PSR，通过 CR〈2,3〉可以访问 NT_PSR。

(4) 可信普通用户模式。当 PSR.T 位为 1 且 T_PSR.S 位为 0 时，处理器处于可信普通用户模式。该模式下处理器可以访问可信资源，但无法访问控制寄存器和执行特权指令。可信世界的超级用户可以通过设置 T_PSR.S 位进入该模式。实现了可信操作系统后，可信世界的用户程序运行在该模式下。

同时，可信运行环境提供了三种机制用于在可信世界和非可信世界之间切换。

(1) 通过 WSC 指令切换。当处于非可信世界时，处理器可以通过执行 WSC 指令进入可信世界，调用可信任务。任务完成后，处理器通过执行 RTE 指令返回非可信世界。处于可信世界的处理器可以通过执行 WSC 指令调用非可信任务并通过执行 RTE 指令返回可信世界。WSC 指令可以在任何编程模式下被执行。

(2) 通过响应中断切换。在可信运行环境中，中断具有可信或非可信属性。当响应其他可信世界的中断时，处理器将从当前世界切换至中断所属世界。

(3) 通过在可信超级用户模式执行 MTCR 指令切换。处于可信超级用户模式的处理器可以通过执行 MTCR CR〈0,0〉指令以清除 PSR.T 位，使处理器进入非可信世界。通过 MTCR 指令切换可信世界可能导致处理器以非可信属性运行可信程序，因此系统设计者应避免采用这种方式切换。

关于可信调试，为防止可信信息通过调试接口泄密，可信运行环境向处理器引入不同级别的调试权限控制。可信超级用户模式可以通过 T_DCR (CR〈8,3〉) 控制调试权限。调试权限分为 4 种。

(1) 最高调试权限。若 T_DCR 被配置为最高调试权限，处理器的调试响应机制与无可信运行环境时一致。进入调试模式后处理器处于可信世界超级用户模式，可以调试可信世界程序。

(2)非可信调试权限。若 T_DCR 被配置为非可信调试权限，当处于可信世界时，处理器不响应调试请求。仅当处理器处于非可信世界时才响应调试请求。进入调试模式后处理器被锁定为非可信世界超级用户权限，确保调试模式下的处理器无法访问可信资源。

(3)禁止调试权限。若 T_DCR 被配置为禁止调试权限，则处理器不响应调试请求，无法进入调试模式。

(4)开启可信调试权限。量产芯片通常会将 T_DCR 配置为非可信调试权限或者禁止调试权限。如果需要对量产芯片进行调试，调试人员必须重新开启 T_DCR 的调试权限。为提升安全性，开启可信调试权限需要通过安全协议认证。

可信核的地址区域的安全由安全保护单元 T_MGU 完成，包括对地址区域的安全特性、普通用户模式和超级用户模式的访问特性和可执行属性的管理。逻辑上存在两个安全保护单元，分别负责安全区域和非可信区域的管理。在安全保护单元被使能之前，至少有一个区被指定且它相应的 S、NX 和 SAP 三个属性也必须被设置。此外，这个使能安全保护单元的指令必须在当前编程模式的指令地址访问有效范围之内，即此指令所在的区域不可以在安全保护单元中设置为拒绝访问。

3. 安全核

安全核采用 16 位/32 位混合编码系统，通过精心设计指令系统与流水线硬件结构，以 8 位 CPU 的成本获得 32 位嵌入式 CPU 的运行效率与性能，具备低成本、低功耗和高代码密度等优点。

安全核采用了 16 位/32 位混合编码的 RISC。16 位指令集的优势是低成本、高代码密度，缺点是索引和立即数范围较小；32 位指令集的优势是立即数和相对跳转偏移量宽、操作数多、性能强。在实际使用中，定制编译器会根据编译优化的实际需求，有选择地采用 16 位和 32 位指令混合。用户在使用汇编时，仅需要按照需求书写统一格式的汇编指令，汇编器会根据实际情况选择 16 位或者 32 位指令，指令宽度对用户透明。

安全核体系结构的主要特点如下。

(1)RISC 结构。

(2)32 位数据，16 位/32 位混合编码指令。

(3)2 级顺序执行流水线。

(4)可配置的硬件乘法器，支持 1 个周期快速产生乘法结果。

(5)单周期指令和数据存储器访问。

(6) 无延时的分支跳转。

(7) 支持高级高性能总线简化版(advanced high-performance bus lite，AHB-Lite)总线协议，支持可配置的指令总线。

(8) 支持多种处理器时钟与系统时钟比。

(9) 支持大端和小端。

(10) 支持可配置内存保护区域(0～8)。

(11) 支持可配置安全扩展单元。

(12) 支持可配置可信防护技术。

(13) 支持可配置紧耦合 IP，包括系统计时器、矢量中断控制器等。

(14) 支持可配置的二进制代码转译机制。

(15) 支持可配置的高速缓存器，高速缓存容量 2KB、4KB 和 8KB 硬件可配。

针对传统电力芯片安全性不足的问题，安全核实现了一系列安全机制。这些安全机制耦合在处理器核、总线接口单元和片上存储器中，能够提升电力专用安全核在时间攻击、功耗分析攻击、错误注入和缓冲区溢出等主要攻击手段下的防护能力，在有效抵御攻击的同时，使安全机制硬件资源小，性能与功耗可控。

安全核的安全扩展共包含 19 项安全机制。根据应用场景和资源需求，这些安全机制均可通过硬件独立配置。此外，对功耗与性能敏感的安全机制可以通过软件配置，在运行时开启、关闭和改变防护强度。具体安全机制和攻击防护类型如表 3.2 所示。

表 3.2　安全机制与攻击防护类型

安全机制	抗时间攻击	反功耗分析	抗错误注入	抗缓冲区溢出
分支执行周期一致化	√			
乘法执行周期一致化	√			
随机执行周期	√	√		
硬件随机指令		√		
随机时钟噪声源		√		
通用寄存器校验			√	
控制寄存器校验			√	
流水线校验			√	
可配置校验算法			√	
程序计数器校验			√	
关键寄存互补备份			√	
数据通路极性翻转		√		

续表

安全机制	抗时间攻击	反功耗分析	抗错误注入	抗缓冲区溢出
保护区可执行检查				√
显式内存访问属性				√
独立堆栈指针				√
外部通用寄存器复位			√	√
安全违反检测与上报			√	√
总线数据加扰		√		
总线数据校验			√	

对于其中的关键性安全机制，做出以下阐述。

1）分支执行周期一致化

时间攻击通过观察分支指令的执行周期，推断分支指令是否被选中，进而获取指令流信息。传统安全处理器采用延迟获取未选中分支目标指令的方法，隐藏分支选中信息。安全核采用优化的分支预处理逻辑，实现无延时的分支执行逻辑。该预处理逻辑可以确保绝大多数分支指令在最短周期内发起分支目标指令的取指请求，与分支是否选中无关。分支执行周期一致化机制不依赖于预测，不仅能够固定分支执行周期，而且可以确保分支指令执行处于最优性能。在特定指令序列和总线时序下，安全核的部分分支指令仍然会因为选中与否呈现出不同的分支时序。因此分支执行周期一致化机制可以被使能，确保在上述情况下分支执行周期的一致性。

2）乘法执行周期一致化

当安全核处理器配置最小化乘法器时，默认根据操作数加速乘法执行。时间攻击通过观察乘法执行周期，可以获取操作数信息。乘法执行周期一致化机制将乘法执行周期与操作数解耦合，固定乘法执行的迭代次数。安全核处理器的乘法在其他乘法器配置下，执行周期固定，无须乘法执行周期一致化机制。

3）随机执行周期

随机执行周期安全机制可将安全核处理器的指令执行周期动态随机化。当该安全机制被使能时，安全扩展单元根据系统输入的真随机值，在指令执行过程中随机插入空白间隔，确保指令执行周期的随机性。处理器使能随机指令周期机制后，执行周期随机化，与操作数无关；不同输入下的功耗波形在时域上将无法对应，因而无法采用叠加统计的方式加以分析。要使能随机执行周期，首先需要设置插入间隔长度控制位和插入间隔频度控制位。两者对一个随机数进行选择，该随机数作为对应计数器的初始值。其中，插入间隔长度控制位控制插入空白间隔的持续周期数。其值越大，插入的空白间隔越长，执行周期随机化越明显，对性能影响越大。插入间隔频度控制位控制插入空白间隔的频度，即两次插入空白间隔间的指令数。其值越小，插入空白间隔越频繁，执行周期随机化越明显，对性能影响越大。插入的空白间隔最短持续一个周期。两次插入空白间隔间最少间隔一条指令。该机制需要系统通过接口信号输入真随机数。真随机数需要在该安全机制使能前开始指示，至安全机制关闭后为止。安全机制使能时，真随机数在每个周期都应当产生变化。

4) 硬件随机指令

安全核安全扩展单元支持硬件随机指令插入功能。硬件随机指令安全机制根据输入的真随机数，在指令编码域内产生合法编码的随机指令。处理器根据当前指令流和安全扩展单元的请求，选择执行随机指令。随机指令通过指令执行单元产生与正常指令相同的功耗，增加简单功耗分析的难度。除此之外，随机指令可以扰乱正常指令的时序，抵御差分功耗分析攻击。硬件随机指令无须软件干预，不破坏正常指令流现场。硬件随机指令插入的频度和强度都可以通过软件进行控制。每次最少插入一条指令。两次插入硬件随机指令最少间隔一条正常指令，且特定周期和序列的指令之间无法插入硬件随机指令。该机制需要系统通过接口信号输入真随机数。

5) 随机时钟噪声源

安全核安全扩展单元支持随机时钟噪声源功能。该安全机制可以根据输入的真随机数，利用处理器内部的门控时钟网络，产生与正常指令执行相当量级的随机功耗噪声。随机时钟噪声源不仅没有增加任何面积成本，而且不对处理器性能产生任何负面影响，是一个有效、无成本的功耗噪声源。

6) 可配置校验算法

安全核安全扩展单元的校验安全机制所采用的校验算法可以被灵活配置，以适应不同的安全需求与指标。安全扩展单元预置了两种常见的校验算法。用户可根据需求选择奇偶校验算法或汉明校验算法，也可以选择自定义校验算法。可配置校验算法影响通用寄存器校验、控制寄存器校验和流水线校验安全机制。预置的两种校验算法具有不同的校验强度和成本。奇偶校验消耗较少资源，可以检测 32 位寄存器中任意一位被篡改的情况。汉明校验消耗较多资源，可以检测 32 位寄存器中任意两位被篡改的情况。用户可以选择自定义校验算法。该校验算法需在当前周期内，根据被校验的数据计算出校验值。自定义校验算法单元在被校验寄存器的读写逻辑处被多次实例化，因此其时序需满足安全核处理器核内时序要求。

7) 数据通路极性翻转

安全核支持数据通路极性翻转安全机制。在该安全机制下，安全核处理器内部的所有数据通路都具有极性，包括指令操作数、通用寄存器、内部数据总线等。安全核从通用寄存器中获得具有极性的数据，作为操作数进行准备，发送至执行单元。执行单元将操作数的极性解除后参与运算，并按照输入的真随机数对结果的极性进行翻转。当配置数据通路极性翻转后，安全核总线接口单元可以发送具有极性的地址和数据给外部总线，并从外部总线接收具有极性的数据。传输地址极性由安全核核内数据通路随传输地址一起发送到总线；写数据极性由安全核核内数据通路随写数据一起发送到总线；读数据极性由总线从设备随读数据产生，总线接口单元接收读数据和相关极性位并将其传输至安全核核内。如果配置独立指令总线和数据总线，这两个总线接口的地址和数据也需要附带极性。该机制需要系统通过接口信号输入真随机数。

3.2.4　系统总线架构

继电保护 SoC 芯片基本组成包括 CPU 核、存储单元、外设单元、功能模块 IP 以及系统总线单元。其中，系统总线单元是 SoC 芯片中各子系统互联的接口，片内系统总线设计对于芯片整体性能至关重要。

继电保护 SoC 芯片采用先进微控制器总线体系结构(advanced microcontroller bus architecture，AMBA)中的高级可拓展接口(advanced extensible interface，AXI)总线、高级高性能总线(advanced high-performance bus，AHB)与高级外围总线(advanced peripheral bus，APB)协议，其中 AXI 将总线读、写操作完全分开，每组操作都由地址、数据和控制信号组成，支持乱序执行；AHB 和 APB 读写共享一个通道，只能按序执行，各总线读写性能依次为 AXI＞AHB＞APB，具体使用时，AXI 接核心 IP，AHB 接高速 IP，APB 接低速外设。各模块及总线连接设计如下。

1) AXI 总线设计

如图 3.3 所示，继电保护 SoC 芯片主要基于 AXI 总线实现片内各子系统互联。多核业务主系统采用高性能双核 CK860 处理器，具备 AXI 总线接口，因此各 CPU 内核可直接连接拥有标准 AXI 的电力专用算法 IP 和系统 SRAM 存储单元。由于采用了高性能 AXI 总线对 CPU 核和存储单元、ASIC 进行连接，其安全性和传输速率远远超过非 SoC 的板上传输方案，数据带宽可以达到 3～5Gbit/s 的级别，比一般的处理器+FPGA 架构提高了一个数量级，此外还能够结合中断机制实现各核之间的信息通信。

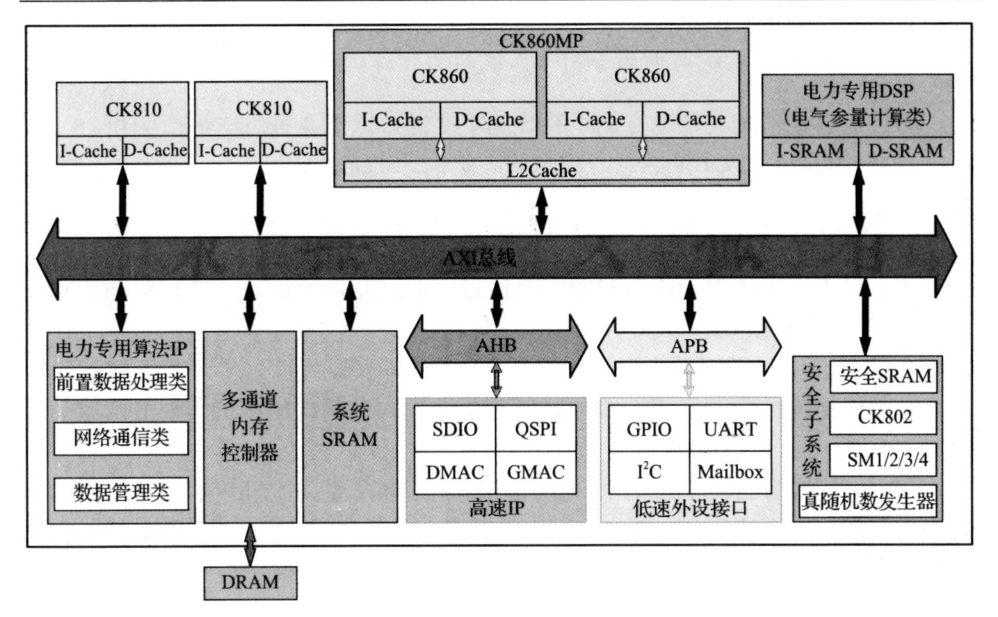

图 3.3 继电保护 SoC 芯片系统总线设计示意图

2) AHB 设计

高速外设 IP，如 GMAC、DMAC、SDIO、Mailbox 等模块基于标准 AHB 接口设计，可采用 X2H 模块(AXI 转 AHB 模块)，实现 AXI 总线与 AHB 的连接，再将 AHB 端口的 IP 集成至 AHB，实现 CPU 内核与各功能模块的互联。

3) APB 设计

SPI、UART 等外设单元通常在频率较低的环境下工作，可基于性能要求较低的 APB 进行互联，并采用标准 APB 与 AXI 的桥接模块实现信号到 AXI 总线的转移，并连接至各 CPU 内核。

此外，在芯片的安全子系统中，CPU 核均采用 CK802 处理器，内置 AHB master 接口，采用 AHB 连接 CPU 核、存储单元以及安全算法 IP。因安全子系统与片外无通信，无外设单元的集成与使用，无须设计 APB。

3.2.5 核间数据交互机制设计

继电保护 SoC 芯片内各子系统之间既要保证运行独立性，相互间又存在大容量、高频率的数据交互，如多个主核之间需传输配置信息、状态信息、录波数据、命令，电力专用子系统和各主核间需传输配置信息、传递采样值、收发以太网报文等。各主核和电力专用子系统间的数据交互机制既要保证数据交互的高效便捷，又要满足数据传送的安全可靠，因此，必须设计高效、统一、可扩展的高速数据通道，保证多核协同工作的高效、稳定和鲁棒性。

1. 多核业务主系统与电力专用子系统的高效传输机制

多核业务主系统与电力专用子系统间主要通过以下 4 种方式进行交互。

(1) 专用通道：以中断、总线为主的高效信号直连方式，传输速度快，但使用场景固定。

(2) Mailbox 通信：Mailbox 是多核芯片上用于核间通信的外设模块，可被多核调用、设置多个通道、能够接收中断信号。通过互发 mail，可实现中断通知或少量数据的高速传递。

(3) 片上共享内存：片上共享内存在芯片内部实现，是多核业务主系统和安全子系统都能访问的内存。多个核通过对片上共享内存的访问，可实现低延迟的带 ECC 功能的片上 SRAM 共享数据通信。

(4) 片外共享内存：与片上共享内存相对应，各子系统之间可通过片外共享内存来进行通信。多核业务主系统 CPU 核和电力专用子系统数据均设置有高效专属控制器通道，其传输效率相较片上共享内存来说较低，但可实现大数据量传输。

多核业务主系统与电力专用子系统间建立高效传输机制，满足多核业务主系统与电力专用子系统间大量数据的快速传输以及控制信号的快速响应。

多核业务主系统与电力专用子系统间的传输机制如图 3.4 所示。

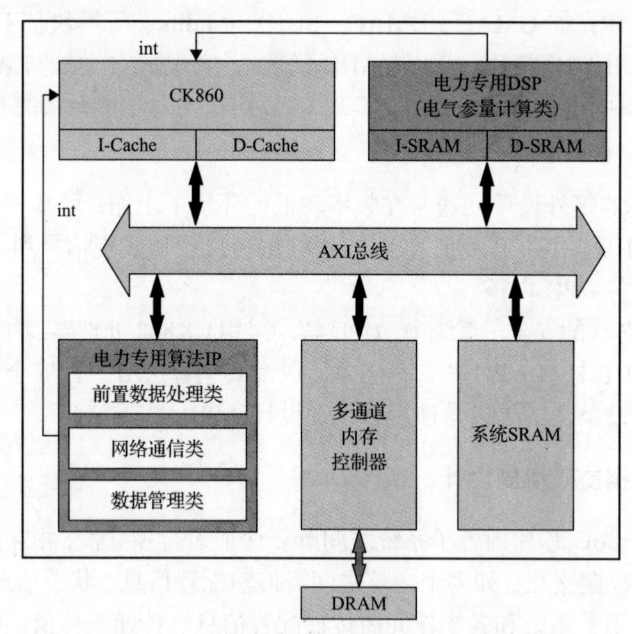

图 3.4　多核业务主系统与电力专用子系统的传输机制示意图

1) 电力专用算法 IP→CK860

电力专用算法 IP 通过中断信号直连多核业务主系统 CK860 内核，数据通过专用 AXI 总线传输。

2) CK860→电力专用 DSP

多核业务主系统 CK860 内核通过 AXI 总线直接操作电力专用 DSP。

3) 电力专用 DSP→CK860

电力专用 DSP 通过中断信号直连多核业务主系统 CK860 内核，并将数据从本地 SRAM 传输到系统 SRAM/片外 DRAM。

2. 多核业务主系统与安全子系统的安全传输机制

传统的电力芯片主控模块与安全模块分离，采用串行接口交互，这种方案主要存在三个问题：一是受板级干扰或工作环境影响，数据传输时误码率较高；二是受传输方式影响，传输速率较低；三是由于传输数据直接暴露在外，安全性存在风险。

设计的继电保护 SoC 芯片将安全模块整合到片内，多核业务主系统与安全子系统的其他硬件资源相互隔离。在传输机制设计时，出于安全性的考虑，安全子系统与多核业务主系统交互仅保留如下两种方式。

(1) 高效的信号直连方式：安全子系统控制信号可通过中断和总线等直接作用于多核业务主系统。

(2) 数据交互 SRAM 方式：数据交互都由多核业务主系统为主动发起方，调用 Mailbox 主动发起消息到安全子系统，请求完成数据存储、加解密等操作，安全子系统听从多核业务主系统发起数据的存、取操作。

多核业务主系统与安全子系统的一次完整数据交互流程如图 3.5 所示。

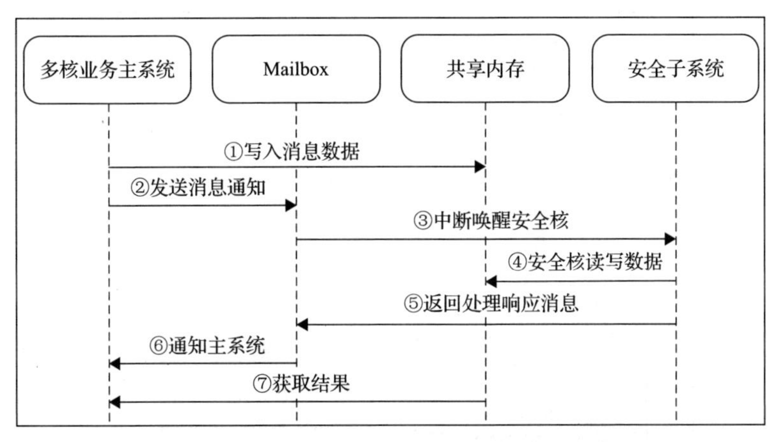

图 3.5 多核业务主系统与安全子系统交互流程图

(1) 多核业务主系统向共享内存中写入消息数据。消息数据量大，通过共享内存和 Mailbox 通知的方式进行同步，提高数据传输的速度与可靠性。这个过程在保证数据线程安全的情况下进行，即使用互斥锁，也只有当多核业务主系统任务获得互斥锁后才能操作共享资源。

(2)多核业务主系统调用Mailbox，向安全子系统发送消息通知，并进入等待模式。多核业务主系统调用 Mailbox 发送命令通知安全核，安全核响应 Mailbox 的中断，相比轮询方式通信效率较高。安全核在空闲时间可休眠或等待，当有消息处理时被唤醒，降低了产品功耗，提升了产品性能。

(3)Mailbox 通过中断唤醒处于空闲状态的安全核。安全核在空闲状态进入休眠或者低功耗模式。

(4)安全核根据消息命令和消息参数，从共享内存中获取待处理数据，处理完成后，将结果写回共享内存。

(5)安全核通过调用 Mailbox 将处理结果的响应发送到多核业务主系统。消息响应包含此次数据交互的执行结果和处理结果数据在共享内存中的存储地址。

(6)多核业务主系统任务收到安全核发来的响应消息，退出等待。

(7)多核业务主系统根据响应消息，从共享内存获取相应数据结果。

该交互方式可有效提高数据传输的正确性与传输效率，还可降低安全模块整体功耗。

安全子系统为数据传输发起方，在多核业务主系统与安全子系统之间建立安全传输机制，通过单向操作权限机制实现多核业务主系统与安全子系统的安全交互。

如图 3.6 所示，多核业务主系统与安全子系统间建立的安全传输机制具体如下。

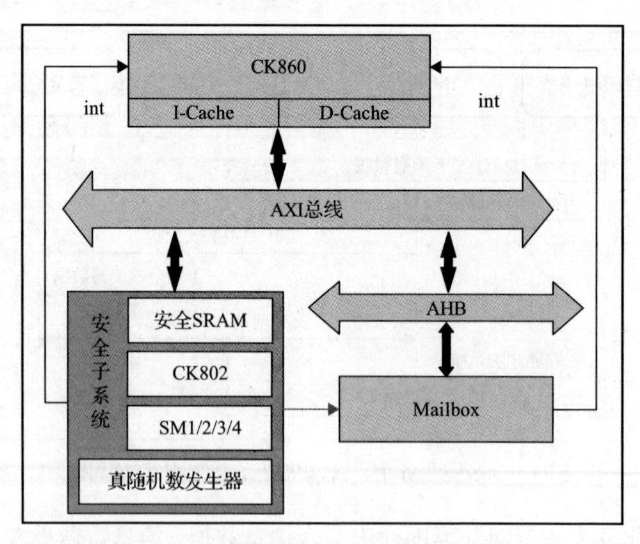

图 3.6　多核业务主系统与安全子系统的安全传输机制示意图

(1)控制命令传输。多核业务主系统与安全子系统通过 Mailbox 通信接收中断信号，实现控制命令传输。

(2)数据传输。安全子系统中断直连多核业务主系统 CK860 内核，数据通过安全 SRAM→AXI 总线传输至多核业务主系统。

3.3　芯片级硬件算法

本节主要介绍继电保护 SoC 芯片中电力专用子系统模块的设计思想和方法。首先，介绍四种主要的电力算法，包括前置数据处理类算法、电气参量计算类算法、数据管理类算法以及网络通信类算法。其次，介绍针对算法的两种硬件实现方式，即 IP 定制和设计专用 DSP。IP 定制方式适用于需求、流程相对固定以及对于性能要求较高的算法，而对于流程不固定或者更新较快、具有时效性的算法就更适合采用 DSP 定制技术。继电保护 SoC 芯片中同时采用两种方式可以保证在满足基本功能的同时，具有一定的扩展性和灵活性。

3.3.1　前置数据处理类算法

1. 采样值同步算法

继电保护相关算法是在数据同步的基础上进行数据分析与处理的。而在智能变电站中，目前还存在直接模拟量采集、合并单元点对点以及采样值(sample value，SV)组网(经交换机)三种采样值获取模式及其混用模式。以组网传输方式为例，如图 3.7 所示，一次侧数据经互感器传递到采集回路后送入合并单元 CPU 中，合并单元将数据组成 IEC 61850 规范的 SV 报文后，组网送至保护或其他智能电子装置(intelligent electronic device，IED)。其中各个厂家合并单元上送报文额定延时不一致、网络抖动的影响以及采样模式混用情况下不同采样模式的 SV 数据路径不一致影响，给采样值同步带来较大的困难。

图 3.7 中，T_a为互感器延时；T_b为 RC 滤波器造成的延时；T_c为采集回路到合并单元 CPU 的传输延时；T_d为合并单元处理延时；T_e为合并单元到保护装置的网络传输延时；$T_{额}$为合并单元额定延时；$T_{总}$为采样值传输总延时。

其中，$T_{额}$可以认定为固定值，但每个厂家标称的额定延时都不相同，电力行业技术规范要求额定延时不大于 2ms；网络传输延时 T_e是个抖动值，电力行业技术规范要求传输各种帧长的数据时交换机固有时延应小于 10μs，任意两台智能电子设备之间的数据传输路由不应超过 4 台交换机，然而在工程应用中由于工作环境及网络负荷的变化，网络传输延时的抖动范围很可能会超过以上要求。

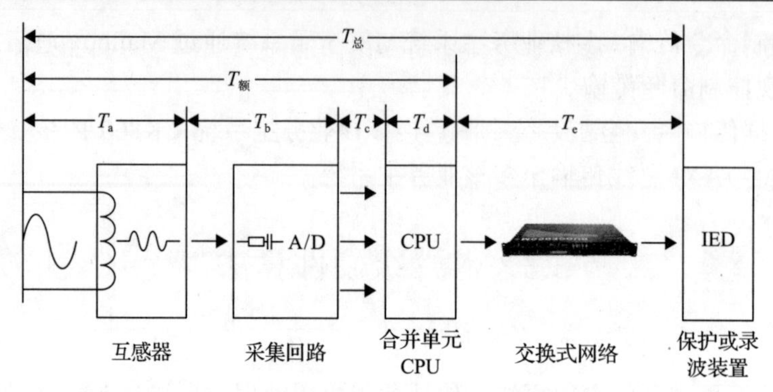

图 3.7　组网方式采样值传输延时示意图

正是由于以上因素的影响，各个合并单元上送的采样值报文到达保护装置的时刻是不均匀的且有先后顺序。所以实现采样值同步的关键是根据先等后(快等慢)的原则，缓存一定数量的采样值报文以计算获得相同采样时间的采样点数据。

采样值插值同步原理：时间插值同步即根据报文到达时间和插值脉冲触发时间之间的关系，通过一阶拉格朗日插值算法(一阶线性插值)计算出插值触发时刻的采样值，从而实现同步。电力行业技术规范要求合并单元上送的 SV 报文的偏差时间必须控制在±10μs 范围之内，才能保证插值满足精度要求。

由于插值同步处理后的数据根据应用的不同，需要输出不同的采样点数，如部分母差及线路保护需要 24 点/周波采样率，部分测控需要 48 点/周波采样率而组织 SV 发送需要 80 点/周波采样率。为了使处理简单化及减少芯片资源的利用，统一插值成 240 点/周波采样率，再根据配置抽点输出相应点数的采样值报文给不同应用。

如图 3.8 所示，时间插值同步程序采用 32 个采样值报文，分别记录各个报文的到达时间(t_i)，然后根据待插值时刻(t_k)寻找相应的插值区间，采用一阶拉格朗日插值算法(一阶线性插值)，计算出插值时刻的采样值。

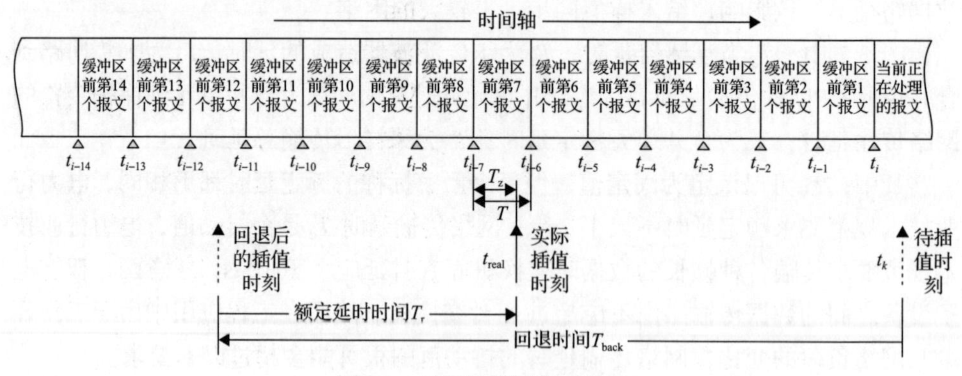

图 3.8　时间插值同步示意图

图 3.8 中，$t_i,\cdots,t_{i-14}$ 分别代表接收到报文的时刻值，待插值时刻为插值脉冲触发时间，回退时间是为了保证线性插值是区内插值(精度高)而特意设置的，额定延时时间为合并单元报文上送的额定延时时间。

如图 3.8 所示，实际插值时刻对应的采样值计算公式为

$$
\begin{aligned}
Y_{\text{real}} &= Y_{i-7} + \frac{(Y_{i-6} - Y_{i-7})(t_{\text{real}} - t_{i-7})}{t_{i-6} - t_{i-7}} \\
&= Y_{i-7} + \frac{(Y_{i-6} - Y_{i-7})T_{\text{z}}}{T}
\end{aligned}
\tag{3.1}
$$

式中，Y_{real} 为实际插值时刻采样值；Y_{i-7} 为插值区间前一个报文的采样值；Y_{i-6} 为插值区间后一个报文的采样值；T_{z} 为插值时刻到前一个报文接收时刻的时间差；T 为前后两个报文时间差。由于 T 是一个较为稳定的值，为了简化处理，认为 T 是一个固定值，为 250μs。

为了减少数据处理延时，提高保护的速动性，回退时间的确定成为一个关键因素，如果回退时间过长则影响保护的速动性，如果过短则有可能会造成额定延时调相出界插值数据错误，因此在程序中根据检测到的各个合并单元上送的额定延时值，筛选出最大额定延时值，然后用 24 点采样间隔时间来拟合，得出回退时间为多少个 24 点采样间隔时间，实现回退时间的实时调整，并将此值上送给 CPU 作为光纤差动保护的重要参数。

例如，系统中连接了 3 个合并单元，额定延时分别为 1.7ms、1.85ms、1.4ms，筛选出最大额定延时为 1.85ms，再加上一个固定回退值 500μs，总的回退时间为 1.85ms+0.5ms=2.35ms，在母差保护、变压器保护、录波等应用场合回退时间选为 2.35ms，而在线路保护(光纤差动保护)应用场合，为了和对侧同步只能进行 24 点采样间隔的整点调整，所以回退时间应该设置为整数个 24 点采样间隔，对应的大于 2.35ms 的最小 24 点采样间隔数为 3(3×0.833≈2.5ms)，那么回退时间选为 2.5ms。

目前，算法中设置的最大回退时间为 5 个 24 点采样间隔(5×0.833=4.165ms)，能够完全满足工程需要(电力行业技术规范要求合并单元最大延时小于 2ms，但为了适应工程需要，程序中可容忍的合并单元最大延时为 3ms)。

2. GOOSE 风暴过滤算法

网络风暴条件下 CPU 大部分资源都用于处理面向通用对象的变电站事件(generic object oriented substation event，GOOSE)报文，给 CPU 带来沉重的负担。为节省 CPU 资源消耗，对电力专用子系统的 GOOSE 风暴过滤模块和 CPU 所承担的工作做以下分割。

GOOSE 风暴过滤模块：GOOSE 报文重复帧过滤；GOOSE 报文合法性校验和订阅报文过滤；GOOSE 报文信息重整和报文转发；GOOSE 报文流量抑制。

CPU：GOOSE 报文断链判断；双星型网络 A/B 网接收机制处理；变位消抖；GOOSE 重发机制处理。

采用 GOOSE 风暴过滤模块逻辑预先对 GOOSE 报文进行过滤，滤除不需要的 GOOSE 报文，然后解析 GOOSE 报文，并按照简化的报文格式传送给 CPU。在此过程中既要满足正常报文的快速传送又要能够对风暴报文进行有效抑制。因此需要配置一个最小上送帧间隔时间参数(可以由 CPU 根据报文负荷动态配置)，保证 CPU 有足够的资源来响应 GOOSE 报文。风暴过滤模块负责记录前后两次传送间隔时间内是否发生过变位等信息。具体实施步骤如图 3.9 所示。

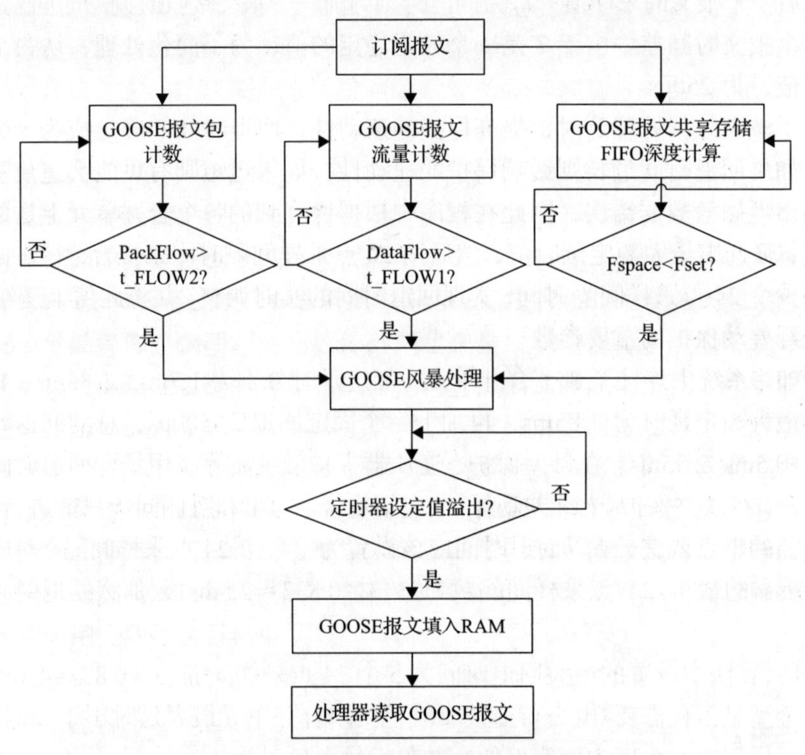

图 3.9 GOOSE 报文流量抑制流程图

步骤 1：多个以太网端口订阅的 GOOSE 报文，先经过重复报文过滤单元，实现第一级风暴处理，接着进入 GOOSE 报文流量抑制处理。

步骤 2：按照 A/B 网分别统计报文数量，使用计数器 PackFlow 统计 1s 内接收到的 GOOSE 报文包，判断计数器值是否超过 GOOSE 报文流量抑制门槛 t_FLOW2。

步骤 3：按照 A/B 网分别统计报文数量，实时统计 GOOSE 报文流量计数器 DataFlow，判断报文流量计数器值是否超过 GOOSE 报文流量抑制门槛 t_FLOW1。

步骤 4：进入 GOOSE 报文流量抑制单元的报文填入 GOOSE 报文接收 FIFO 存储单元(以下简称 FIFO)，判断 FIFO 剩余空间大小。

步骤 5：当步骤 2 中的 GOOSE 报文包计数器值大于 t_FLOW2，或者步骤 3 中的 GOOSE 报文流量计数器值大于 t_FLOW1，或者步骤 4 中的 FIFO 剩余空间(Fspace)小于设定值 Fset 时，立即进入 GOOSE 报文流量抑制处理算法。

步骤 6：进入 GOOSE 报文流量抑制模式后，根据 CPU 负荷情况动态配置设定时间间隔及发送帧数上送 GOOSE 报文给处理器。

3.3.2　电气参量计算类算法

在电气参数计算中，输入的周期性电气信号并不总是纯正弦信号，其中除了含有基波分量，还含有衰减的直流分量和各整数次谐波。针对这类信号模型可以构造出一类算法，这种算法具有良好的滤波特性，可以从非正弦信号中直接计算出基波及其某次谐波的特征量。这里主要介绍常用的傅里叶算法、最小二乘滤波算法以及卡尔曼滤波算法。

1. 傅里叶算法

1)全周波傅里叶基波运算

在数学上，若一个周期函数满足狄利克雷条件，则可以将这个周期函数分解为一个级数，最为常用的级数是傅里叶级数。将输入信号转化成傅里叶级数的形式后，利用三角函数的正交性可以得到输入信号的基波分量系数和各整数次谐波分量系数。全周波傅里叶算法是用一个连续周期的采样值求出信号幅值的方法。在电力保护中，输入的信号是经过数据采样系统转换为离散的数字信号的序列。

设输入信号基波分量实部为 I_R，利用全周波傅里叶算法计算如下：

$$I_R = \frac{2}{N}\left[\sum_{k=0}^{N-1} i(k)\sin\left(k\frac{2\pi}{N}\right)\right] \tag{3.2}$$

式中，$i(k)$为第 k 个电流采样数据；N 为一个周期中的采样点数。设输入信号基波分量虚部为 I_I，则

$$I_I = \frac{2}{N}\left[\sum_{k=0}^{N-1} i(k)\cos\left(k\frac{2\pi}{N}\right)\right] \tag{3.3}$$

由式(3.2)和式(3.3)可以得到输入信号基波分量的幅值 I_{Amp} 和相角 θ：

$$I_{\text{Amp}}^2 = I_{\text{R}}^2 + I_{\text{I}}^2 \tag{3.4}$$

$$\theta = \arctan\frac{I_{\text{I}}}{I_{\text{R}}} \tag{3.5}$$

任意次谐波分量计算和基波分量类似，设输入信号谐波分量实部为 I_{m_R}，则

$$I_{m\_\text{R}} = \frac{2}{N}\left[\sum_{k=0}^{N-1} i(k)\sin\left(mk\frac{2\pi}{N}\right)\right] \tag{3.6}$$

式中，m 为谐波次数，实际中一般取 2～13。

输入信号谐波分量虚部为 I_{m_I}，则

$$I_{m\_\text{I}} = \frac{2}{N}\left[\sum_{k=0}^{N-1} i(k)\cos\left(mk\frac{2\pi}{N}\right)\right] \tag{3.7}$$

由式(3.6)和式(3.7)可以得到输入信号 m 次谐波分量的幅值 I_{m_Amp} 和相角 θ_m：

$$I_{m\_\text{Amp}}^2 = I_{m\_\text{R}}^2 + I_{m\_\text{I}}^2 \tag{3.8}$$

$$\theta_m = \arctan\frac{I_{m\_\text{I}}}{I_{m\_\text{R}}} \tag{3.9}$$

2）半周波傅里叶基波运算

在全周波基础上考虑半周波傅里叶基波运算方法，仅用半周波的数据来计算信号的幅值和相角，可以加快信号处理速度。但是半周波傅里叶算法不能滤除直流分量，为提高精度又不过分增加运算复杂度，可以考虑先对信号进行一次减法滤波的预差分处理：

$$d(k) = i(k+1) - i(k),\quad k = 0,\cdots,\frac{N}{2}-1 \tag{3.10}$$

式中，$d(k)$ 为模拟通道的差分数据；k 为离散采样点。

设输入信号基波分量实部为 $I_{\text{h\_R}}$，则

$$I_{\text{h\_R}} = \frac{4}{N}\left[\sum_{k=0}^{\frac{N}{2}-1} d(k)\sin\left(k\frac{2\pi}{N}\right)\right] \tag{3.11}$$

输入信号基波分量虚部为 I_{h_I}，则

$$I_{h\_I} = \frac{4}{N}\left[\sum_{k=0}^{\frac{N}{2}-1} d(k)\cos\left(k\frac{2\pi}{N}\right)\right] \tag{3.12}$$

由式(3.11)和式(3.12)可以得到半周波傅里叶算法算得的输入信号幅值 I_{h_Amp} 和相角 θ_h：

$$I_{h\_Amp}^2 = I_{h\_R}^2 + I_{h\_I}^2 \tag{3.13}$$

$$\theta_h = \arctan\frac{I_{h\_I}}{I_{h\_R}} \tag{3.14}$$

2. 最小二乘滤波算法

最小二乘滤波算法广泛应用于含误差的数据处理中，其基本思想是将输入的待求函数与已知的预设函数进行拟合，使得待求函数与预设函数尽可能逼近，目标一般是总方差或者最小均方差最小，从而求出未知参数，近似得到待求函数。

在电力线路保护中，对于输入信号的预设模型(离散采样值形式)可以选择为

$$i(k) = I_0 e^{-kT_s/\tau} + I_R\cos(\omega kT_s) - I_I\sin(\omega kT_s),\quad k=1,2,\cdots,n \tag{3.15}$$

式中，τ 为衰减时间常数；n 为单周期采样个数；T_s 为采样周期；ω 为基波角频率；I_0 为非周期分量初始值。

实际输入信号 $y(k)$ 可以看作由预设信号 $i(k)$ 和噪声信号 $\omega(k)$ 共同构成：

$$y(k) = I_0 e^{-kT_s/\tau} + I_R\cos(\omega kT_s) - I_I\sin(\omega kT_s) + \omega(kT_s),\quad k=1,2,\cdots,n \tag{3.16}$$

噪声信号包括了输入信号中非周期分量和基频分量之外的其他信号。

假设已知观测数据点(x_k , y_k)(k=1,2,⋯ ,n)，根据最小二乘滤波算法的基本原理，应该求出 I_0、I_R、I_I 的最优估计值使得误差平方和达到最小，误差平方和计算公式如下：

$$J(I_0,I_R,I_I) = \sum_{k=1}^{n}\left\{y(k) - \left[I_0 e^{-kT_s/\tau} + I_R\cos(\omega kT_s) - I_I\sin(\omega kT_s)\right]\right\}^2 \tag{3.17}$$

可化简为矩阵形式：

$$J = \sum_{k=1}^{n} \left[y(k) - h(k)I \right]^2 \tag{3.18}$$

式中，$I = \begin{bmatrix} I_0 & I_R & I_I \end{bmatrix}^T$。最小二乘滤波算法即求 I 的值使得式(3.18)最小。此时 I 的计算公式为

$$I = \left[H^T(k)H(k) \right]^{-1} H^T(k)Y(k) \tag{3.19}$$

式中，$H(k) = \begin{bmatrix} h(1) & \cdots & h(n) \end{bmatrix}^T$；$Y(k) = \begin{bmatrix} y(1) & \cdots & y(n) \end{bmatrix}^T$，对参数$I$的估计值可通过数学工具软件(如 MATLAB)来实现，在实际应用中，由于采样数据是依次得到的，为了保证实时性，通常会采用递推法来求解。

3. 卡尔曼滤波算法

卡尔曼滤波是一种高效率的递归滤波器(自回归滤波器)，它能够从一系列完全包含噪声的测量量中，估计动态系统的状态。其基本思想是采用信号与噪声的状态空间模型，利用前一时刻的估计值和当前时刻的观测值来更新对状态变量的估计，求出现在时刻的估计值。它不需要历史数据，适用于实时处理和计算机运算，实质上是由量测值重构系统的状态向量。它以“预测-实测-修正”的顺序递推，根据量测值来消除随机干扰，再现系统的状态。卡尔曼滤波算法利用状态过程噪声和测量噪声对状态进行估计。系统离散型状态方程如下。

由 $k-1$ 时刻到 k 时刻，系统状态预测方程如下：

$$x_k = Ax_{k-1} + Bu_k + w_k \tag{3.20}$$

式中，x_k 为系统状态预测值；A 为状态转移矩阵；u_k 为系统输入向量；B 为输入增益矩阵；w_k 为均值为 0、协方差矩阵为 Q 且服从正态分布的过程噪声。

系统状态观测方程如下：

$$z_k = Hx_k + v_k \tag{3.21}$$

式中，z_k 为系统状态观测值；H 为测量矩阵；v_k 为均值为 0、协方差矩阵为 R 且服从正态分布的测量噪声。初始状态 x_0 以及每一时刻的噪声 $w_1, w_2, \cdots, w_k$ 和 $v_1, v_2, \cdots, v_k$ 是互相独立的。

卡尔曼滤波实际由两个过程组成：预测与校正。在预测阶段，滤波器使用上一状态的估计，做出对当前状态的预测。在校正阶段，滤波器利用对当前状态的观测值修正在预测阶段获得的预测值，以获得一个更接近真实值的新估计值。卡尔曼滤波器计算过程如下。

预测阶段：

$$\hat{x}_k' = A\hat{x}_{k-1}' + Bu_{k-1} \tag{3.22}$$

$$P_k' = AP_{k-1}A^{\mathrm{T}} + Q \tag{3.23}$$

式中，$\hat{x}_k'$ 为预测值；P_k' 为预测误差协方差矩阵。

校正阶段：

$$\hat{z}_k = z_k - H\hat{x}_k' \tag{3.24}$$

$$K_k = P_k'H^{\mathrm{T}}(HP_k'H^{\mathrm{T}} + R)^{-1} \tag{3.25}$$

$$\hat{x}_k = \hat{x}_k' + K_k\hat{z}_k \tag{3.26}$$

式中，$\hat{z}_k$ 为测量与预测值的残差；$\hat{x}_k$ 为卡尔曼估计值；K_k 为增益矩阵。

更新误差协方差矩阵：

$$P_k = (I - K_kH)P_k' \tag{3.27}$$

式中，I 为单位矩阵。

观察式(3.22)～式(3.27)，使用过程中关键要清楚 P_k'、K_k 的算法原理及 P_k 的更新算法。卡尔曼滤波算法流程图如图 3.10 所示。

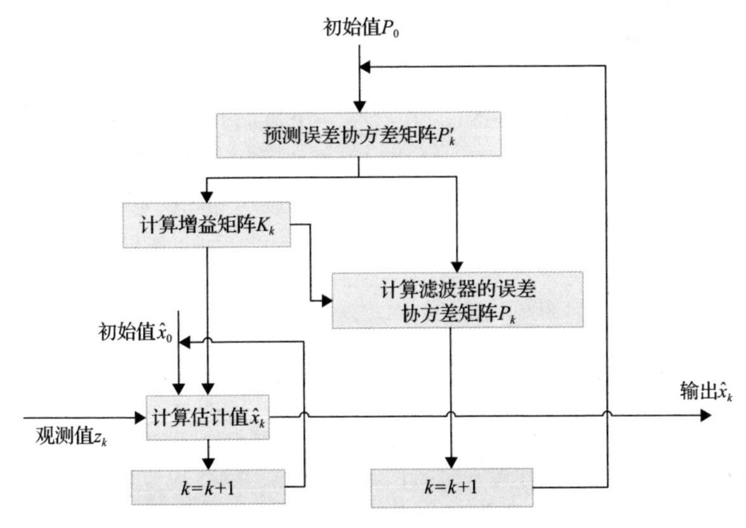

图 3.10　卡尔曼滤波算法流程图

卡尔曼滤波的更新过程：首先 P_0 和 x_0 已知，由 P_0 算出 P_1'，由 P_1' 算出 K_1，结合观测值就能估计出 $\hat{x}_1$，再利用 K_1 更新 P_1；然后下次更新过程为由 P_1 算出 P_2'，

再由 P_2' 算出 K_2，结合观测值就能估计出 $\hat{x}_2$，再利用 K_2 更新 P_2；重复上述步骤，直至最后由 P_{k-1} 算出 P_k'，再由 P_k' 算出 K_k，结合观测值就能估计出 $\hat{x}_k$，再利用 K_k 更新 P_k。这就是卡尔曼滤波器递推过程。

P_k 的计算公式推导如下：

$$P_k = P_k' - K_k H P_k' - P_k' H^{\mathrm{T}} K_k^{\mathrm{T}} + K_k (H P_k' H^{\mathrm{T}} + R) K_k^{\mathrm{T}} \tag{3.28}$$

将 K_k 代入式(3.28)右边最后一项中，其转置保持原样，则

$$\begin{aligned} P_k &= P_k' - K_k H P_k' - P_k' H^{\mathrm{T}} K_k^{\mathrm{T}} + P_k' H^{\mathrm{T}} (H P_k' H^{\mathrm{T}} + R)^{-1} (H P_k' H^{\mathrm{T}} + R) K_k^{\mathrm{T}} \\ &= P_k' - K_k H P_k' \\ &= (I - K_k H) P_k' \end{aligned} \tag{3.29}$$

4. 直流分量运算

设采样信号直流分量为 I_{DC}，用式(3.30)计算：

$$I_{\mathrm{DC}} = \frac{1}{N} \sum_{k=0}^{N-1} i(k) \tag{3.30}$$

式中，N 为采样点数；$i(k)$ 为模拟通道的原始采样数据。

3.3.3 数据管理类算法

数据压缩技术根据压缩后是否有信息丢失，可主要归纳为两大类，即无损压缩和有损压缩。GZIP 全称为 GNU ZIP，是一个遵循开源协议 GPLv3 的无损压缩程序，同时用来表示其采用的压缩算法以及产生的 gzip 文件格式。

GZIP 采用的压缩算法主要分为两步：LZ77 算法和哈夫曼(Huffman)编码。如图 3.11 所示，原始数据首先使用 LZ77 算法，对于得到的数据再进行 Huffman 编码进行二次压缩。

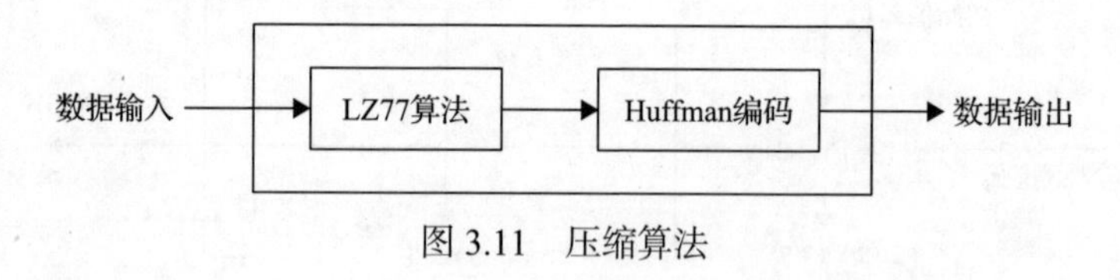

图 3.11　压缩算法

1) LZ77 算法

LZ77 算法由 Abraham Lempel 和 Jacob Ziv 于 1977 年提出，因此命名为 LZ77。LZ77 算法的核心思想在于，若文件中存在两块一样的内容，那么后一块就可以用

它和前一块的距离以及内容的长度来记录。如果记录距离和长度的数据长度比原来内容的数据长度要小，则实现了无损压缩的效果。这种类型的压缩算法称为基于字典的算法，核心是用短小的标记去替代长串。

LZ77 算法定义了前向缓存区和滑动窗口来构建字典。输入的原始数据流首先进入前向缓存区，然后再进入滑动窗口。每次输入数据，LZ77 算法会尝试寻找前向缓存区和滑动窗口匹配的短语。若没有找到匹配短语，则新的短语会被完整地保留下来；若找到了匹配短语，则后来的短语会被滑动窗口内匹配短语的偏移/长度信息所替换(称为符号标记)。文件压缩的过程就是数据流连续不断地进入前向缓存区和滑动窗口，并将前向缓存区内发生匹配的短语进行替换。

LZ77 算法的解压过程则是相反的。此时，算法不再需要前向缓存区，但仍存在滑动窗口。滑动窗口保留最近输出的固定长度的结果。程序从前往后遍历压缩数据，若遇到原始短语，则直接输出；若遇到符号标记，则通过偏移/长度信息从滑动窗口复制回这条重复短语用于输出。遍历完压缩数据则原始数据恢复完成。

LZ77 算法在压缩时由于需要不断地在滑动窗口内寻找匹配短语，其运算量较大。而解压时，由于每一处短语标记都给出了重复信息出现的位置，此时只需要简单地复制回重复信息，因此速度比压缩时快很多。另外，LZ77 算法的压缩率还要取决于设置的前向缓存区和滑动窗口大小。

通过 LZ77 算法对原始数据进行压缩，得到了一段由距离、长度和符号组成的压缩数据。但如果记录距离和长度的数据长度比原来内容的数据长度要大，则这种编码是不能实现压缩的。具体而言，对于一些较短的匹配串，记录距离和长度的符号标记甚至比原符号还要大，那么这些符号标记反而会增加数据的大小。GZIP 首先通过设定最小匹配长度，不会对造成这种情况的符号编码。另外，在 LZ77 算法的编码过程中，无论符号出现在滑动窗口的哪个位置，用于记录距离的数据宽度都是一样的。但事实上，较小的距离出现的频率较高。因此 GZIP 在 LZ77 算法编码结束之后使用 Huffman 编码进行进一步的压缩。

2) Huffman 编码

Huffman 编码使用 Huffman 树来产生编码。Huffman 树是一种特殊的二叉树，其数据全部存储在叶子节点上。根据符号出现次数进行编码，出现次数多的符号其编码较短，查找速度快；出现次数少的符号其编码较长，查找速度慢。GZIP 算法将需要编码的数据首先全部读一遍，统计每个符号的出现次数，将出现次数较少的符号置于树的低层，将出现次数较多的符号置于高层。对于每个中间节点，其左分支记为 0，右分支记为 1。从根节点到叶子节点，即是对该叶子节点符号的编码。Huffman 树的特点是，每个符号的编码都不会是另外一个符号编码的前缀，保证可以对编码进行区分。

GZIP 算法的第二步即是采用上述的编码方式对 LZ77 算法产生的数据进行进一步压缩。同时，记录 Huffman 树的信息也被附加到最终的压缩文件中。在解压时，只需从对应的 Huffman 树中查找出编码对应的符号，即可还原出 LZ77 算法解压缩所需要的数据。

对于第二步算法，GZIP 有两种模式：静态 Huffman 编码、动态 Huffman 编码。静态 Huffman 编码采取 GZIP 预先定义好的一套编码表，解压缩也使用这套表，这样不需要把编码树的信息存入压缩文件。对大文件进行编码时，距离出现较大值的可能性很大，所以这棵树会很大，计算量和占用的内存将会相当大。建立树时，首先会把距离划分成多个区间，每个区间使用一个编码值。当区间包括多个距离时，区分这些距离时只需要对编码添加附加位，通过附加位映射到区间内的各个距离值。因为较小的距离出现的频率较高，较大的距离出现的频率较低，所以区间划分会由密集到稀疏。

动态 Huffman 编码对于不同的文件要进行统计，根据实际的分布情况构建 Huffman 树，再对数据进行编码。对于小文件，使用动态 Huffman 编码需要把 Huffman 树附加到压缩文件中，在压缩率上可能不如静态 Huffman 编码。GZIP 算法可同时采用这两种方法，并使用最终数据量较小的一种方法来压缩。

3.3.4 网络通信类算法

1. SV 报文接收过滤

为减小处理器的计算负荷，需要在前级 SV 处理 IP 完成重复报文过滤以及报文整合，实现 SV9-2 报文有效信息的提取与上送。

SV 报文接收过滤主要分为两个部分。第一部分，对接收到的 SV 报文进行识别，此阶段称为 SV 报文的订阅，该阶段主要根据报文的 MAC 地址与配置的 SV 接收模式确认是否接收此 SV 报文；第二部分，对订阅到的 SV 报文进行重复报文丢弃，SV 报文中的特定信息包括目的 MAC 地址、报文 APPID（应用标识符）、SV 报文接收端口号等，需根据这些特征信息进行报文特征值计算，并且在特征值中加入了接收端口号信息，保证 SV 处理能正确识别出 SV 报文。A/B 网只上送第一帧报文，重复的报文将直接丢弃。重复报文过滤算法流程如图 3.12 所示。

为保证重复报文过滤的有效性与实时性，重复报文过滤算法中将维护一个特征值校验名单，该名单会根据接收的报文情况动态更新并且名单中的特征值数据具有独立的生存时间，该算法可有效过滤在一定时间范围内收到的重复报文。

SV 报文经过订阅接收与重复报文过滤后，将报文有效信息与其他端口获得的采样值信息一同流向采样值同步模块，经过同步处理后上送处理器。

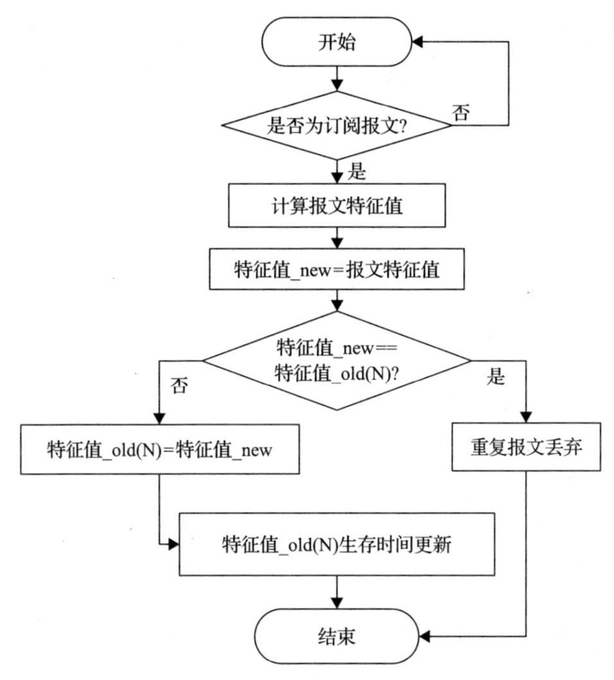

图 3.12　重复报文过滤算法流程图

2. SV 报文发送

SV 通信报文帧格式如表 3.3 所示，其内容中采用“T-L-V”即“类型-长度-数值”的编码规则，报文发送的主要特征如下。

表 3.3　SV 通信报文帧格式

类别	大小	内容	取值
HeaderMAC	6B	MAC 目的地址	0x010CCD040000～0x010CCD0401FF
	6B	MAC 源地址	
Priority tagged	2B	TPID(标记协议标识符)	0x8100
	2B	TCI(标记控制信息)	0x8000
ETHTYPE	2B	ETHTYPE	0x88BA
Header	2B	APPID	0x4000～0x7FFF
	2B	Length	
	4B	Reserved 字段	
APDU	<1439B	ASDU	
可选填充字节			
MAC 校验	4B	CRC	

(1) 发送时间间隔：每个交流周期 80 点，即 250μs 发送一帧，精度要求±10μs。

(2) 发送方式：支持组播发送与单播方式发送。为保证报文传输的可靠性，采用 A/B 网方式发送两份数据，接收端根据接收时间先后取一份数据。

(3) 发送报文格式：SV 报文分为报文头与应用协议数据单元（application protocol data unit，APDU）及循环冗余检验（cyclic redundancy check，CRC）校验段，如表 3.3 所示。其中报文头与 CRC 部分信息主要用于接收端进行判断与校验。APDU 中通常包含 1 个 ASDU，内容包含采样值计数、采样值同步标记、实际采样值通道数值。

(4) 发送报文通道采样值：采样值数据存放在 ASDU 中，最多可以支持 49 个采样通道且支持挑选通道，支持配置通道系数进行数据缩放。此外，ASDU 中还包含的信息主要有报文计数信息，用于接收侧判断是否丢点以及 SV 计数器同步；SV 报文的同步标识位“SmpSynch”应为 TRUE，失步时，“SmpSynch”应为 FALSE；SV 报文传输延时信息，用于接收侧做插值同步的依据等。

考虑到采样点离散度误差要求较高，SV 报文在装置中实际发送时，由处理器内核完成发送缓存区信息填写，SV 处理 IP 完成数据发送。

3. GOOSE/MMS 报文接收过滤

以太网 GOOSE/MMS 接收模块用于将以太网口接收到的 GOOSE、制造信息规范（manufacturing message specification，MMS）报文经过滤处理后转发给处理器内核进行后续处理。网口在收到报文后，根据报文头部信息即可判断是 GOOSE 报文还是 MMS 报文，从而引入不同处理通道。

对于 GOOSE 报文会进行必要的报文解析和流量抑制处理，其过程如图 3.13 所示。对于 MMS 报文仅进行重复报文过滤处理。重复报文过滤算法与 SV 接收类似，在此不再赘述。

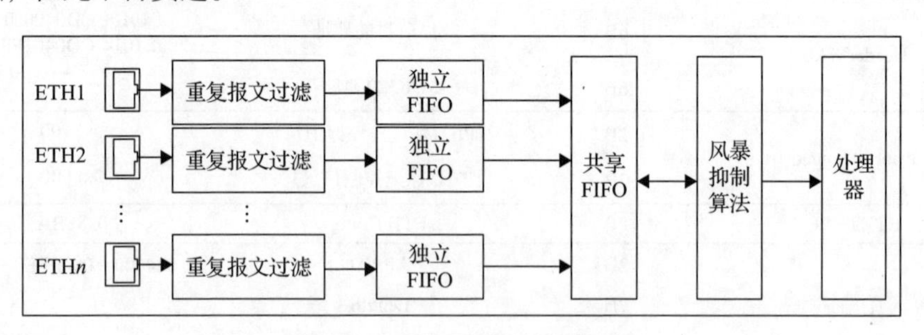

图 3.13　GOOSE 报文接收处理

在收到报文后，通过 CRC 校验是否为订阅报文并且对重复报文进行过滤，每个以太网口有独立的报文缓存区，通过轮询方式将每个独立缓存区报文搬到大的共享 FIFO 中从而执行风暴抑制算法，经过上述处理过程后的 GOOSE 报文以特定格式上送至处理器内核，完成报文的接收。在外部多个 GOOSE 通信的情况下，实现了 GOOSE 报文 A/B 网、多以太网接收口独立流量抑制，通过存储共享机制，使得逻辑资源大幅减少。

4. GOOSE/MMS 报文发送

以太网 GOOSE/MMS 发送模块用于将处理器内核处理后的 GOOSE/MMS 报文转发至以太网口。

(1) 发送时间间隔：GOOSE 报文的发送按照如图 3.14 所示的传输时间规律执行。其中装置正常(无事件发生)情况下，以 T_0 时间间隔(工程中取 5s)发送一次当前状态，该报文称为心跳报文。在事件发生后，报文则依次以 T_1(2ms)、T_1(2ms)、T_2(4ms)、T_3(8ms)时间间隔发送变位报文，随后恢复心跳报文。MMS 报文除定期上送遥测、遥信量等信息以外，还需实时响应后台系统命令。

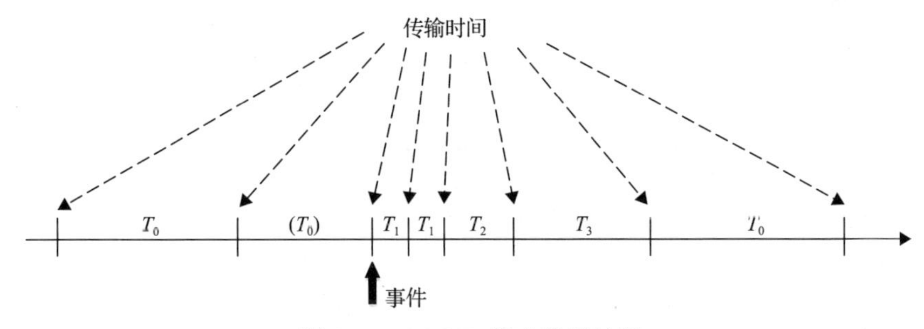

图 3.14　GOOSE 报文发送过程

(2) 发送方式：GOOSE 与 SV 相同，采用“发布方-订阅者”模式，但 GOOSE 报文只支持组播发送。而 MMS 服务传输机制上采用了“客户端-服务器”模式，后台主机发送带确认的服务请求或者由保护、测控等作为服务器上送的非确认服务。

(3) 发送格式：标准 GOOSE 报文帧格式与 SV 报文类似，都由报文头与 CRC 校验段以及 ASDU 组成。MMS 报文则在不同的服务下有不同的报文格式。

(4) 发送内容：GOOSE 报文的开关量信息存放在 ASDU 块中，如保护测控装置的跳合闸命令、不同装置之间的闭锁信号、装置的状态监测等信息。GOOSE 报文中还携带了两个重要参数：StNum 和 SqNum。StNum 为状态序号，用于记录 GOOSE 数据总共的变换次数。GOOSE 数据集成员的值改变一次，StNum 加 1。SqNum 为顺序号，用于记录稳态情况下发出报文的帧数，装置每发出一帧 GOOSE 报文，SqNum 加 1。当 StNum 发生变化时，SqNum 值清零。因此，StNum 与 SqNum 值有严格的变换规律。这两个参数在接收侧将作为判断是否丢帧以及是否有事件发生的标识。

MMS 定义了虚拟制造设备(virtual manufacturing device，VMD)等对象模型，将 IEC 61850 等协议映射到 MMS 协议上，所以 MMS 报文中除“四遥”信息外还包括文件传输服务以及定值服务等。

GOOSE 与 MMS 报文发送时，由 CPU 完成发送缓存区的填写，在报文转发过程中将用每个端口预先设定的 MAC 地址填充至报文的源 MAC 地址字段。

5. GOOSE/SV/MMS 三网合一发送

随着 IEC 61850 标准在智能变电站中应用的日益深入，智能变电站网络向着 MMS、SV 和 GOOSE 三网融合的方向发展。三网合一的应用使得智能变电站的光纤以太网交换机及电力二次设备通信口的光模块数量大幅减少，网络架构更加简单清晰，实现了全站信息高度共享。为适应此种应用场景的需求，单个以太网口需要具备对三种类型报文进行相应处理的能力。

装置内三网合一以太网处理结构如图 3.15 所示。三网合一接收时，在电力专用以太网 MAC 上将识别的不同报文分流到不同模块进行处理后上送处理器内核。其特点在于核端无须辨别报文属性，直接获得由电力专用以太网 MAC 处理后的对应通道的报文信息。

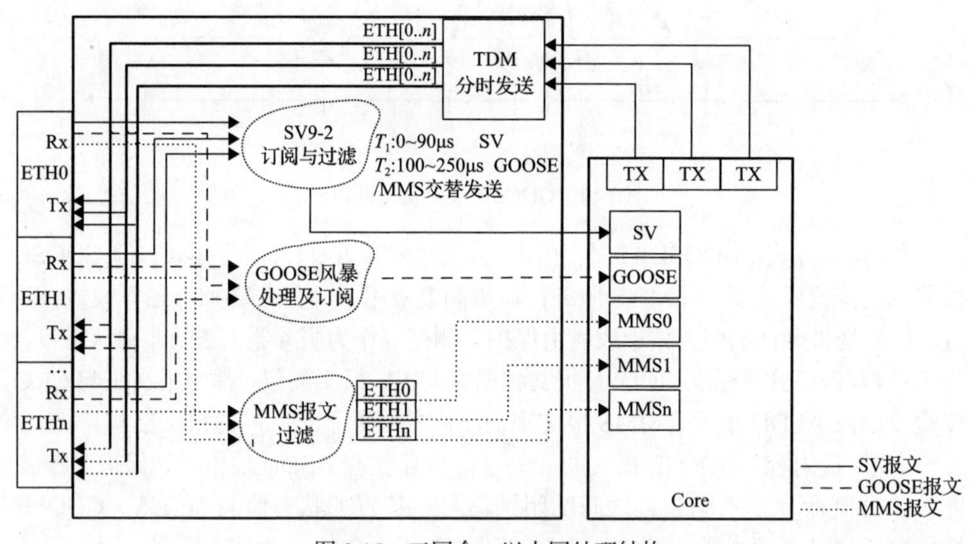

图 3.15　三网合一以太网处理结构

三网合一发送时，由处理器内核组织报文，为避免报文发送时相互竞争和混乱，电力专用以太网 MAC 使用分时复用(time-division multiplexing，TDM)方式将报文分发到选择的以太网口。由于 SV 报文发送时间间隔(250μs)最小，以 250μs 为一个周期，划分 0～90μs 由 SV 报文组织发送，100～250μs 由 GOOSE/MMS 报文交替组织发送。每个报文携带有发送端口选择信息，根据此信息，电力专用以太网 MAC 将报文绑定到选定的以太网口完成发送。

6. HDLC 协议算法

HDLC 协议是一种面向比特的链路层协议，其最大特点是对任何一种比特流均可以实现透明传输，最常用于点对点链接。HDLC 协议主要有以下几个特性。

(1) 协议不依赖于任何一种字符编码集。

(2) 数据报文可透明传输，用于透明传输的“0 比特插入法”易于硬件实现。

(3) 全双工通信，不必等待确认即可连续发送数据报文，有较高的数据链路传输效率。

(4) 所有帧采用 CRC 并对信息帧进行编号，可防止漏收或重收，传输可靠性高。

(5) 传输控制功能与处理功能分离，具有较大的灵活性和较完善的控制功能。

HDLC 协议的以上特性，使其在光纤纵差报文传输中作为编解码得到普遍使用。

根据发送目的的不同，HDLC 帧又分为信息帧(I 帧)、监控帧(S 帧)和无编号帧(U 帧)3 种不同类型的帧。信息帧用于传送有效信息或数据。监控帧用于差错控制和流量控制。无编号帧用于提供对链路的建立、拆除以及多种控制功能。一个完整的 HDLC 帧如图 3.16 所示，最多由六个字段组成：标志字段(FLAG)、地址字段(Address)、控制字段(Control)、信息字段(Data)、帧校验序列字段(FCS)。

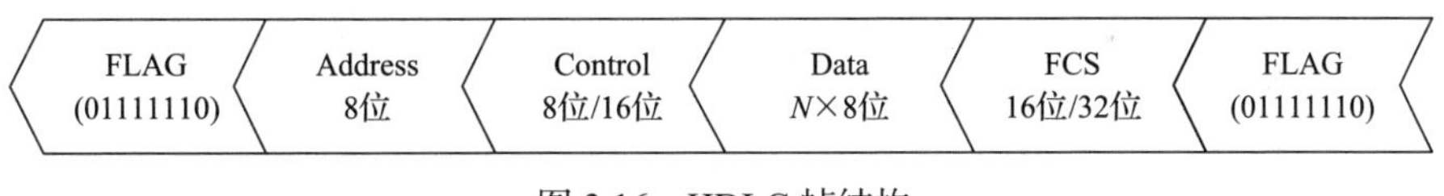

图 3.16　HDLC 帧结构

(1) 标志字段：这是一个 8 位序列，标记帧的开始和结束。标志字的位模式是 01111110，HDLC 帧以标志帧开始与结束，标志字也可以作为帧与帧之间的填充字符。除标志字段外，信息字段也引入了位填充技术。发送站在发送的数据比特序列中一旦发现连续 5 个 1，就在其后插入一个 0。接收端要进行相反操作，如果在接收端发现有连续 5 个 1，则检查后一位，如果是 0，则将该 0 丢弃；如果是 1 则认为是数据结束标志字段，这样就保证了数据比特位中不会有和标志字段相同的字段。

(2) 地址字段：包含接收者的地址。如果该帧是由主站发送的，则它包含从站的地址。如果它是从站发送的，则包含主站的地址。地址字段可以从 1B 到几字节。

(3) 控制字段：用于构成各种命令及响应，以便对链路进行监控。长度为 1B 或 2B。

(4)信息字段：承载来自网络层的数据。它的长度由 FCS 字段或通信节点的缓存容量来决定。使用较多的上限是 1000～2000 位，下限是 0(S 帧)。

(5)帧校验序列字段：这是一个 2B 或 4B 的帧检查序列，用于对两个标志字段之间的内容进行错误检测，使用的是标准代码 CRC。

3.3.5 硬件算法的 IP 定制

1. IP 设计验证流程

IP 指一种预先设计并经验证可重复使用的集成电路模块，被认为是当前解决芯片设计难题的最有效方案。由于 SoC 设计者需要集成不同供应商的不同 IP 到同一芯片中，IP 的可重用性和验证质量对 SoC 设计进度和难度产生显著影响，是 IP 设计验证流程中需要重点考虑的指标。

IP 设计验证流程如图 3.17 所示。首先，IP 规格定义详细描述了 IP 的功能需求、性能需求、物理需求、接口定义、可配置选项功能需求等内容；然后，根据 IP 规格定义，IP 设计和 IP 验证并行执行，其中 IP 设计包括硬件架构设计、寄存器转换级(register transfer level，RTL)硬件代码编写、综合和布局布线等，IP 验证包括验证方案、前端仿真、门级仿真、样片验证等；最后，IP 验证通过后，完成 IP 发布，需要将 SoC 设计者集成过程中用到的所有资料整理打包，具体包括文档资料、测试代码、不同的硬件 IP 形式(如软核、固核、硬核)等。

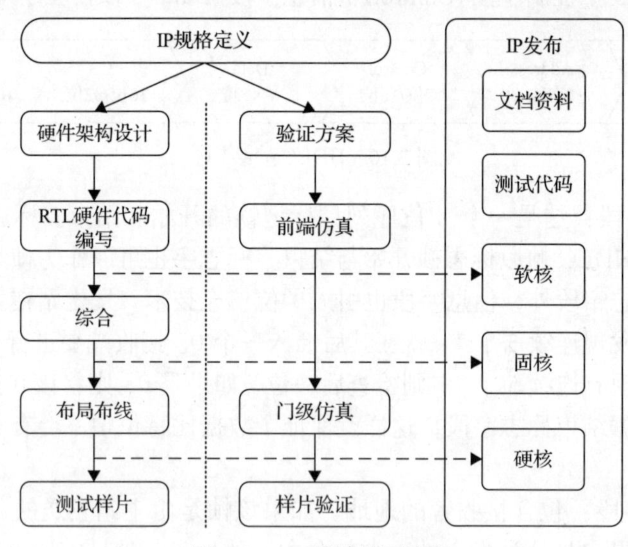

图 3.17 IP 设计验证流程

IP 的设计目标是高可重用性，以支持最大范围的应用，需要具备以下特点：①标准化接口定义，与工业界标准相兼容；②支持功能和参数可配置，提供定制化设计的同时尽可能保留足够的灵活性；③应用到不同工艺的泛化能力，提供多种库的综合脚本，支持到新工艺新技术的快速移植；④经过完全、充分的验证，保证设计的鲁棒性；⑤提供完整的文档资料，以及有质量的售后技术支持服务，协助 SoC 设计者快速高效地实现 IP 的集成应用。

IP 的验证目标是保证 IP 功能核时序的正确性，其验证策略可分为兼容性验证、边界验证、随机验证、应用程序验证和回归验证等，需要在设计初期根据验证策略制定全面高效的功能验证计划。验证计划包括：①测试策略和仿真环境的描述；②IP 关键功能点的分析报告，明确哪些功能可以在子模块级进行测试验证，哪些必须在 IP 级进行测试验证，形成有层次的待测试功能清单；③制定测试向量生成策略，明确每个测试向量的测试目的和规模，覆盖 IP 的所有功能点；④通过仿真验证工具，制定 IP 测试覆盖率分析和优化机制，以及应对未覆盖部分的验证策略。

2. 算法 IP 硬件架构

电气专用算法包括前置数据处理类算法、电气参量计算类算法、数据管理类算法和网络通信类算法，其中电气参量计算类算法和数据管理类算法易随产品需求的变化而变化，适合用软件可编程性更好的专用 DSP 实现，而前置数据处理类算法对处理性能要求较高，网络通信类算法均有标准规范约束，需求相对固定，故这两类算法适合用 IP 硬件实现。图 3.18 为电力专用算法模块的硬件架构。

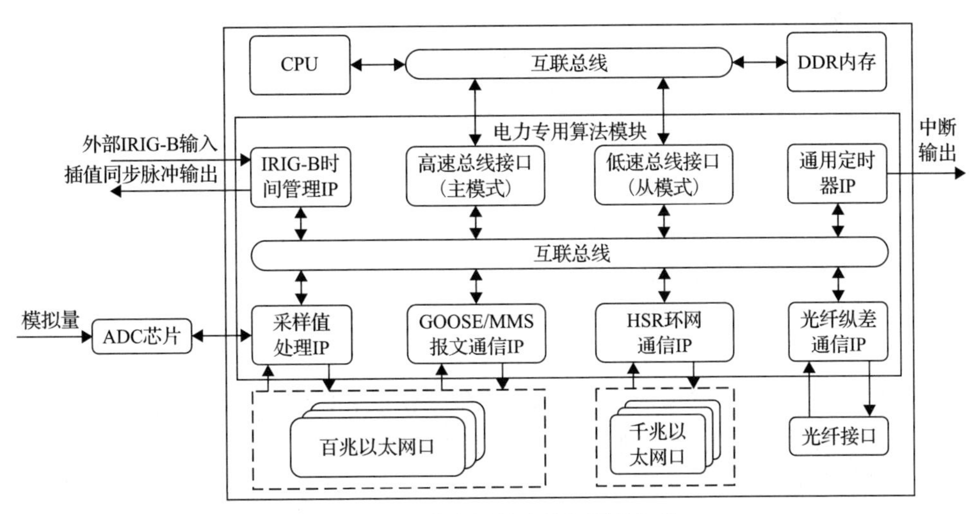

图 3.18　电力专用算法模块硬件架构

首先，采样值处理 IP 控制外部 ADC(模数转换)芯片采集模拟量电压电流，并负责组织 SV 报文；GOOSE/MMS 报文通信 IP 负责 GOOSE 和 MMS 报文收发和过滤；采样值处理 IP 和 GOOSE/MMS 报文通信 IP 均与百兆以太网口相连，用于过程层间、间隔层间、过程层和间隔层间智能设备的通信；分层状态路由(hierarchical state routing, HSR)环网通信 IP 负责同一间隔的过程层和间隔层智能设备间的报文收发和过滤，与千兆以太网口相连。其次，电力专用算法模块内置通用定时器 IP 和 IRIG-B 时间管理 IP，前者负责输出中断，后者负责时间管理，光纤纵差通信 IP 可提供通信物理链路，与光纤接口相连，负责过程层和间隔层间智能设备的时钟同步和缓存控制。最后，电力专用算法模块与 CPU 之间的通信接口包括高速总线接口和低速总线接口，一方面，低速总线接口工作在从模式，由 CPU 做主控制端，用于 CPU 配置电力专用算法模块内部寄存器和进行小数据搬移；另一方面，高速总线接口工作在主模式，由电力专用算法模块做主控制端，可实现直接对 CPU 侧双倍速率(double data rate，DDR)内存的读写操作，主要用于大数据搬移，如采样值报文，从外部网口接收的 GOOSE、MMS 报文等。

3. 采样值处理 IP

采样值处理 IP 主要实现对外部 ADC 芯片的控制，获得电压电流值，用于电力保护算法。该 IP 具备同步功能，支持序号同步和时间同步机制，通过线性插值算法把多个通道的采样值进行同步，可实现多通道采样值相位一致的功能。

采样值处理 IP 由本地 ADC 采样模块、以太网 SV 接收模块、采样值报文组织模块和采样值报文发送模块组成，具体功能如下。

(1)本地 ADC 采样模块：可接入 2 组模拟量，每组含 24 路模拟量通道，支持输出 ADC 采集的原始数据和一次线性插值后的数据；ADC 采样数据需将有符号数扩展为 32 位有符号数，不进行系数变换，再按照分组采用多间隔采样值报文格式进行上送。

(2)以太网 SV 接收模块：支持 IEC 61850-9-2 采样值报文单网或双网接入方式，用于点对点或组网方式下接收上送的 IEC 61850-9-2 采样值报文，并根据配置对报文进行过滤和采样值处理。

(3)采样值报文组织模块：用于定期上送经过插值或序号同步处理后的采样值数据，并与其他状态信息按照要求组合成总线内部采样值报文传送给其他节点。

(4)采样值报文发送模块：用于将 ADC 采样值、以太网 SV 接收采样值经过插值同步处理后组织为以太网 IEC 61850-9-2 采样值报文(最多 49 个采样通道)，发送给其他装置。

4. GOOSE/MMS 报文通信 IP

GOOSE/MMS 报文通信 IP 实现 GOOSE 报文或 MMS 报文的收发工作，对

GOOSE报文处理具备GOOSE风暴抑制、流量抑制、GOOSE订阅接收等功能；对MMS报文具备杂散接收、广播抑制、组播抑制、单播接收等工作模式，实现MMS报文接收的风暴处理功能。

GOOSE/MMS报文通信IP内置以太网报文接收模块，用于将以太网接口接收到的GOOSE、自定义报文等经过必要的报文解析和流量抑制处理后转发给CPU进行后续处理。以太网报文发送模块用于将CPU处理后的GOOSE、GMRP(GARP multicast registration protocol)(GARP为通用属性注册协议)、自定义报文等转发至以太网口，在报文转发过程中将根据源MAC地址替换使能，用每个端口预先设定的MAC地址替换报文的源MAC地址字段。

5. HSR环网通信IP

HSR环网通信IP实现IEC 62439-3-2012协议中定义的环网拓扑结构，双端连接节点将上层处理单元报文(C-Frame)添加HSR标签后形成两份重复报文分别从两个端口发送出去(A-Frame和B-Frame)，接收节点将率先接收到的报文剔除HSR标签后再传送给上层处理单元，后接收到的重复报文直接丢弃，且在此过程中接收节点还需要承担端口转发工作，将A端口收到的非重复报文从B端口转发出去，B端口收到的非重复报文从A端口转发出去，如果在同一端口收到重复报文则直接将报文丢弃。

HSR环网通信IP由HSR环网管理接口、HSR报文接收模块和HSR报文发送模块组成，具体功能如下。

(1)HSR环网管理接口：用于管理HSR环网通信模块，实现环内节点报文通信、网络对时、SV报文延时可测等相关功能；支持环内节点管理表维护，实现环内节点的老化和更新处理，最多支持64个节点。

(2)HSR报文接收模块：用于接收通过HSR环网上送的环网内部报文，根据配置对报文进行过滤和采样值同步处理。

(3)HSR报文发送模块：用于将ADC采样值、以太网SV接收采样值经过插值同步处理后组织为HSR内部采样值报文，通过环网发送给其他装置。

6. 光纤纵差通信IP

光纤纵差通信IP为光纤纵差通信提供物理链路，可以输出目前电力应用中的HDLC、1B4B、CMI(coded mark inversion)编码等格式。光纤纵差通信IP支持主模式、从模式两种通信方式，支持2048Kbit/s、4096Kbit/s等波特率，并内置光纤纵差通信报文收发控制模块，用于光纤纵差通信报文的接收和发送控制。在收发报文的同时，光纤纵差通信报文收发控制模块具有精确打时标功能，可实现本、对侧光纤纵差通信同步，该时标同步于纳秒计数器。

7. IRIG-B 时间管理 IP

IRIG-B 时间管理 IP 用于实现外部 IRIG-B 码对时功能，支持正相 B 码、反相 B 码输入。采用值同步机制支持组网序号同步机制、组网光差同步机制、直连插值同步机制和延时可测同步机制。IRIG-B 时间管理 IP 有两个对时寄存器，以及一个纳秒计数器，纳秒计数器的计数周期为 1s。

IRIG-B 时间管理 IP 解析外部 IRIG-B 码输入并进行频率跟踪，外部对时信号正常时将 IRIG-B 码对时时间保存在对时寄存器中，IRIG-B 码对时信息每秒刷新一次(整秒时刻)，同时产生脉冲宽度为 125ms 的秒脉冲信号，且秒脉冲信号的下降沿对应整秒时刻。外部对时信号异常时 IRIG-B 时间管理 IP 根据之前学习的样本进入守时状态，对时寄存器进行清 0 处理，但会定期产生脉冲宽度为 125ms 的秒脉冲信号，且秒脉冲信号的下降沿对应整秒时刻。CPU 在检测到秒脉冲信号下降沿时读取对时寄存器信息。

8. 通用定时器 IP

通用定时器 IP 最多支持 4 个定时器，定时器支持中断请求和自动重载功能，用于实现定时触发功能，产生中断请求。

3.3.6 专用 DSP

专用 DSP 结合了通用处理器和硬件加速器的优点，一方面借鉴硬件加速器设计采用的技术，如大量使用并行和专用的数据通路单元，以达到高性能和低功耗的目的；另一方面针对目标应用的基本操作定制指令集，通过指令拼接组合实现目标应用的功能，保持了面向目标应用的软件可编程性。

1. 电力专用 DSP 设计流程

图 3.19 显示了电力专用 DSP 设计流程，自上而下可分为用户层、软件层和硬件层。用户层负责输入目标电力应用算法代码，用于提取由指令实现的基本操作；软件层包含专用 DSP 的配套工具链、DSP 架构设计、DSP 硬件实现以及 DSP 功能验证这四大环节，给定电力应用算法代码和 DSP 架构描述，经配套的 C/C++优化编译器、汇编器和链接器生成可执行可链接格式(executable and linkable format, ELF)二进制文件，在芯片、FPGA 或指令集仿真器中运行 ELF 二进制文件，通过调试器和剖析器可进行功能开发和性能优化，迭代优化 DSP 架构或验证 DSP 功能；硬件层为集成电力专用 DSP 的 ASIC 芯片或 FPGA 原型，对外开放联合测试

工作组(joint test action group，JTAG)硬件调试接口。

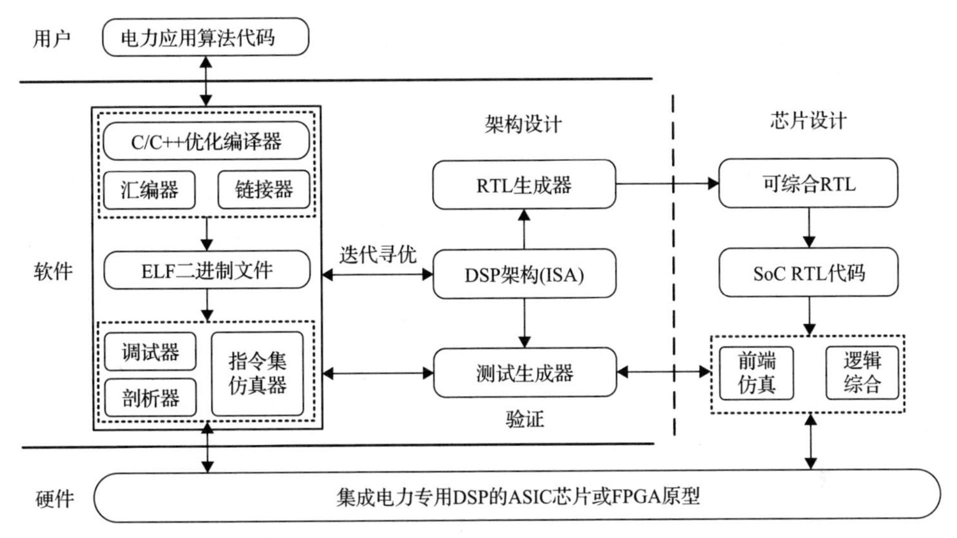

图 3.19　电力专用 DSP 设计流程

电力专用 DSP 的架构设计采用了算法驱动架构探索的 Compiler-In-The-Loop 方法，设计人员描述可选处理器架构，在每种架构上编译电力应用算法代码，根据评估的结果来比较不同处理器架构的性能。处理器架构描述包括处理器资源、指令集、指令流水线、处理器原语操作和 IO(输入输出)接口的位级精确行为。C/C++优化编译器以电力应用算法代码和处理器架构描述作为输入，将电力应用算法代码转换成控制数据流图，将处理器架构描述转换成指令集图，并对两图进行编译优化，优化内容包括高层级代码优化、代码选择、寄存器分配、子程序的高效实现、循环的软件流水调度、矢量化等。指令集仿真器采用即时编译技术，可支持快速的周期精确仿真，实现对全指令流水线的监测。调试器支持源码级调试，负责显示执行指令与源代码语句之间、寄存器或存储器位置与源代码变量之间的对应关系。剖析器对指令、存储、功能单元和流水线冒险等关键内容进行记录分析，生成性能分析报告。设计人员根据详细的性能分析报告，找出电力应用算法在当前架构下的瓶颈运算操作，并针对瓶颈运算操作进行架构上的优化设计，如增加指令或运算单元数量等，形成精调后的处理器架构。重复上述过程，在电力应用算法的约束下，迭代寻找最适合的架构参数，完成面向电力应用算法的电力专用 DSP 架构设计。

电力专用 DSP 的芯片设计包括 RTL 生成、前端仿真、逻辑综合三大内容。RTL 生成器以搜索到的最优 DSP 架构参数作为输入，生成相应的可综合 RTL 代码。将电力专用 DSP 的 RTL 代码集成到电力专用芯片的 SoC 中，通过硬件描述语言(hardware description language，HDL)仿真器验证电力专用DSP逻辑功能是否有效，其中电力专用DSP的部分测试激励由测试生成器提供。搭建FPGA原型平台，运行功能更加复杂的测试激励，对电力专用DSP的功能进行进一步验证。对前端仿真和FPGA原型验证通过的RTL代码进行逻辑综合，加入时序、面积和功耗的约束，将RTL代码转换成特定工艺下的门级网表文件，功能测试通过的门级网表文件可交予后端开展芯片版图设计。芯片版图设计完成后，交于第三方制造商进行芯片流片，待样片封装完成后，进行电力专用DSP的芯片级测试。

2. 电力专用DSP硬件架构

图3.20显示了电力专用DSP的硬件架构。首先，电力专用DSP有三个总线接口，分别用于芯片主CPU核访问电力专用DSP私有的指令存储器、控制存储器、数据存储器，实现主CPU核与电力专用DSP间的通信交互。其次，电力专用DSP采用超长指令字(very long instruction word, VLIW)技术来提升指令级并行度，集成四槽VLIW译码器，读写指令占用两槽，算术指令占用两槽。最后，指令解码器传递控制信号给数据读写模块和运算模块，其中，数据读写模块拥有数据对齐和打包的功能，并将数据转移到运算模块的寄存器中；运算模块包含标量运算和矢量运算，分别由寄存器和处理单元组成，矢量运算中采用了单指令多数据流(single instruction multiple data，SIMD)技术，支持8路SIMD指令，能够有效地提升数据并行处理效率。

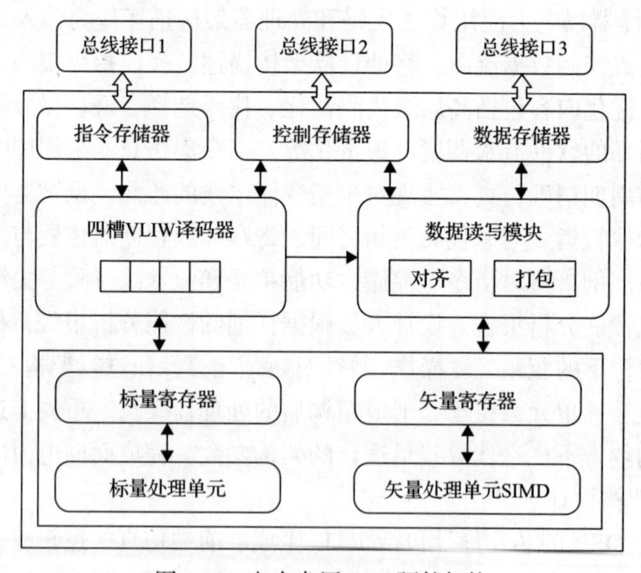

图3.20　电力专用DSP硬件架构

3. 电力专用DSP指令集

电力专用DSP采用3级流水线设计，分别为取指(instruction fetch，IF)、译码(instruction decode，ID)、执行(execute，EX)。

取指：在取指阶段，一条新的指令从指令存储器中读取出来。

译码：在译码阶段，前一条指令被译码；此外，读写操作的地址会被发送到数据存储器，并被更新。

执行：在执行阶段，进行数据读写(load/store)或者数据计算。

电力专用DSP采用超长指令字技术，由编译器决定指令间的执行顺序，避免了设计复杂的硬件指令调度器，故电力专用DSP只需按照程序编译的顺序并行执行操作。VLIW是一种多指令多数据流(multiple instruction multiple data，MIMD)结构，一条VLIW指令可以编码多个操作，而一个操作至少占用一个运算单元。电力专用DSP主要支持两种指令格式：四槽VLIW指令和两槽立即指令，如表3.4所示。四槽 VLIW 指令并行度最高，可同时支持 4 个操作，其中两个读写操作M0/M1可为读存储器、写存储器或者寄存器间移动。多种指令格式可实现更紧凑的指令编码，优化操作数不足时无法充分利用编码空间的情况。此外，指令格式定义时对每个操作的支持类型做了限定，如在四槽VLIW指令中限定前两槽只支持读写操作，而不是支持所有操作，既可以降低设计复杂度，也可以充分利用寄存器和运算资源。

表3.4　电力专用DSP指令格式

指令格式	指令编码	指令描述
四槽VLIW指令	D0| D1 | M0 | M1	支持两个算术操作D0/D1和两个读写操作M0/M1
两槽立即指令	D0|　立即数操作 M0|　立即数操作	支持一个算术操作D0或一个读写操作M0， 支持一个立即数操作

电力专用DSP的指令集采用Load-Store结构，只能通过Load-Store指令访问本地存储器。如表3.5所示，电力专用DSP的指令集主要包含四类指令，即控制指令、算术指令、读写指令和逻辑指令，其中算术指令和读写指令分别有针对矢量和标量的指令，逻辑指令只针对标量。其中矢量指令是针对电力应用算法专门定制化设计的，包含乘累加指令vmac、减法指令vsub、乘法指令vsmul、读指令vld/ivld、写指令vst/ivst等。SIMD技术是指一条指令中同时处理多个数据，提升数据级并行性，矢量指令就是典型的数据级并行。电力专用DSP支持8路32bit SIMD基本运算，可优化电力应用算法中大量存在的矢量运算，如快速傅里叶变换、均方差、全周积分算法等。

表 3.5　电力专用 DSP 指令集

指令类型	指令示例	操作对象
控制指令	跳转（cjmp/ijmp/bsr）/循环（do）/空（nop）	寄存器，立即数
矢量算术指令	基本运算[乘累加（vmac）/减（vsub）/乘（vsmul）]	寄存器
标量算术指令	基本运算（add/sub/mul/div） 移位运算（sl/lsr/asr）	寄存器
矢量读写指令	读（vld/ivld）/写（vst/ivst）	寄存器，立即数
标量读写指令	读（ld）/写（st）/移动（mv）	寄存器，立即数
标量逻辑指令	比较操作[等于（eq）/小于（lt）/大于（gt）] 逻辑操作[与（and）/或（or）/异或（xor）]	寄存器，立即数

4. 电力专用 DSP 软件流程

给定电力应用算法的 C/C++代码，通过配套的编译器、汇编器、链接器生成在电力专用 DSP 上可运行的二进制文件。电力专用 DSP 的程序空间分为可执行代码段、变量数据段和自定义数据段，其中可执行代码段写入指令存储器，变量数据段和自定义数据段写入数据存储器，自定义数据段包含配置参数、系数表(如三角函数、非线性运算数据等)以及待计算数据。

图 3.21 显示了电力专用 DSP 的软件流程。首先，主 CPU 准备好计算参数和系数表，配置 DSP 模式和初始化 DSP 的指令和数据存储器，初始化内容包括可

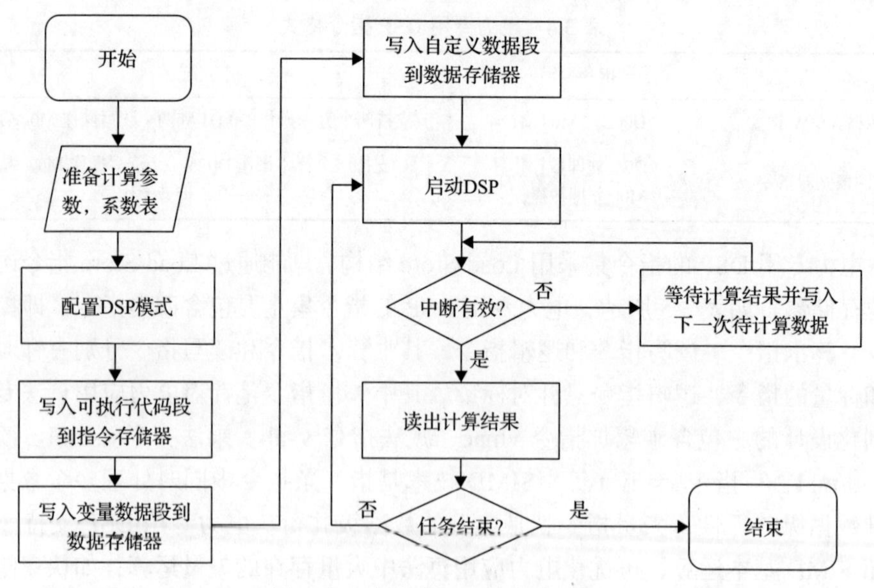

图 3.21　电力专用 DSP 软件流程

执行代码段、变量数据段和自定义数据段；然后，主 CPU 配置 DSP 寄存器来启动 DSP，等待 DSP 执行完成的中断信号，DSP 支持 Ping-Pong 运行模式，即在本次待计算数据的计算过程中写入下一次待计算数据；最后，主 CPU 收到 DSP 执行完成的中断信号后，读出计算结果，并根据任务的完成情况，选择是否需要再次配置启动 DSP。

3.4　芯片内嵌安全模块

不同于传统的主控芯片+安全芯片的分离模式，继电保护 SoC 芯片实现了安全模块的片内融合，有效解决了芯片外部连线带来的安全风险和不可靠问题，充分利用了 SoC 芯片高度集成的优点。安全模块的主要功能包括防止关键信息泄露、抵御侧信道攻击、保护芯片安全等。继电保护 SoC 芯片通过多种密码服务模块、安全防护单元、存储器保护单元以及安全芯片操作系统(chip operating system，COS)构建了从物理电路级到系统级的安全防护体系，保证了电网终端装置中信息交互的安全性，提高了芯片的抗攻击能力。

3.4.1　密码服务模块

1. 国密对称加密算法模块

SM4 算法是国密算法标准中的分组对称密钥算法。SM4 算法为原 SMS4 算法，即无线局域网标准的分组数据算法，密钥长度和分组长度均为 128 位。SM4 算法与密钥扩展算法都采用 32 轮非线性迭代结构。解密算法与加密算法的结构相同，加解密所用轮密钥相同，但是使用的顺序相反。

对称密码算法加速器采用灵活可配的高效重构实现的设计方法，目的是在满足各类技术指标(包括电路面积开销、最大路径延时、系统吞吐率等)的情况下，可以提供一种简单的用户接口使得选取某个(些)密码算法开发通信系统变得便利、高效，同时根据这种方法设计的硬件架构具有很好的可扩展性。图 3.22 给出了基于这种方法设计的硬件架构的示意说明，LUT(look up table)是查找表的意思，$k[n]$表示轮密钥，$d[n]$表示迭代的密文。

图 3.22 中的总线接口模块用于连接 SoC 芯片中的总线，传输密码用户的配置信息、明/密文和种子密钥，接收密/明文。寄存器模块用于存储用户配置信息、模块的状态信息。控制逻辑根据用户的配置信息灵活地生成控制信息，控制加解密运算核心选择对应算法的数据通路进行加解密运算，得到正确的密/明文。设计中充分分析各类算法的特点，重用所有算法均会使用的运算单元；通过控制逻辑模块针对每个特定的算法调用相应的运算单元可以有效实现具体算法，使对称密码

加速器具有以下特点。

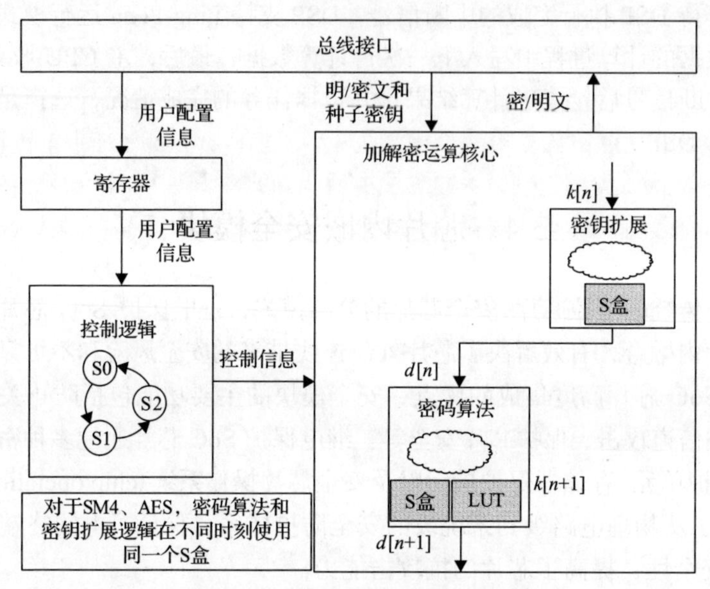

图 3.22　对称加密算法模块架构图

(1)硬件重构实现各类对称密钥算法，便于密码用户任意选择和组合对称密钥算法开发各类加密通信系统。

(2)利用基础运算单元级和可重构硬件架构设计方法，便于其他各种对称密钥算法的扩展实现。

对于经典对称加密算法，攻击者可以利用多种方式进行攻击，以获得密钥值或改变运算结果。攻击者通常使用如下几种攻击方法，主要关注的是对称密码算法中非线性变换的部分，即 S 盒。

(1)对 S 盒输入输出进行相关性功耗分析(connectional power analysis，CPA)或差分功耗分析(differential power analysis，DPA)。

(2)对 S 盒后的线性变换输出进行 CPA 或 DPA。

(3)以 S 盒输入值的汉明距离模型为分类，采集曲线并建立模板，而后进行攻击。

(4)高阶 DPA。针对带掩码的 SM4 算法，将不同 S 盒的输出进行异或来消除相同掩码的影响，并利用该汉明距离作为中间值进行 DPA。

(5)错误注入攻击。改变输入的明文、密钥或使中间的计算过程出错从而达到干扰计算结果的目的。

针对抗攻击设计的要求，对称密码算法硬件加速器采用掩码、防错误注入验算、时钟加扰、信号加扰等措施，消除加解密运算时的能量消耗特征、电磁辐射特征与密钥或其他敏感信息之间的相关性，提升算法的抗功耗分析(包含相关功耗分析、差分功耗分析、模板攻击)和错误注入攻击的能力。

2. 国密非对称加密算法模块

非对称密码算法也称公钥密码算法，按应用场景主要包括加解密算法、数字签名算法、密钥交换算法。随着密码技术和计算机技术的发展，目前常用的 1024 位 RSA 算法面临严重的安全威胁，经国家密码管理部门研究决定，采用 SM2 椭圆曲线算法替换 RSA 算法。

在实现非对称密码体系的各个应用时采用分层设计的思路，具体是将密码算法从高到低分为以下几层。

(1) 密码协议层。主要实现不同算法标准以及不同应用场景的密码算法，包括公钥加密算法、数字签名算法、密钥交换算法。该层次的设计是框架型的，只实现密码算法的控制流程，具体的算法步骤则通过调用下一层的核心运算来实现。为支持更多模式的密码算法，如 RSA、DSA、ECDSA、ECDH、GOST、SM2 等各种算法，该协议层实现控制流程以及运算复杂度较低的步骤，如逻辑运算、数值类型转换等，而随机数产生、素数测试、哈希函数、模幂、点乘等步骤则通过调用核心算法层来实现。

(2) 核心算法层。主要实现公钥密码算法中核心步骤的运算，如随机数产生、素数测试、哈希函数、椭圆曲线上的点运算等。由于该层的算法复杂度高，所以采用硬件电路的方式实现。素数测试和椭圆曲线上的点运算主要由有限素数域的模运算和大整数运算构建。所以本层次仍然以实现控制逻辑为主，通过调用基础算法层的模运算和大整数运算来实现。而哈希函数算法比较简单，可以用软件实现，也可以用硬件电路实现，而且哈希函数的算法标准很多，所以在架构设计时应当考虑系统的可扩展性，方便后续快速升级。几乎所有的密码标准都要求使用真随机数发生器来产生随机数，因此随机数产生采用硬件电路方式实现。

(3) 基础算法层。该层实现了有限素数域的模运算和大整数运算，包括模幂、模逆、模乘、蒙哥马利模乘、模加、模减、大数加、大数减、大数比较等运算类型。基础算法层决定了密码算法的运行速度和整体的硬件资源的使用情况，是决定整个密码算法加速器性价比的关键。

(4) 硬件资源层。包括在电路实现中使用的一些硬件资源，如寄存器、运算逻辑单元、存储器等。本层设计的宗旨是尽可能地提高设计的可复用度、减少硬件资源的使用，最终做到在不牺牲性能的前提下缩减芯片面积。

非对称密码算法中密钥及相关敏感信息的使用集中在签名算法、解密算法、密钥协商算法中，这三个算法的关键运算步骤都通过大整数运算模块实现，设计中针对可能导致信息泄露的运算，如点乘、模乘，采取防御措施以抵抗简单功耗分析(simple power analysis，SPA)、DPA、模板、错误注入攻击，提升算法安全性。大整数运算模块内部包括寄存器接口模块、模幂模块、素数检测模块、椭圆曲线加密点运算模块、模乘模块、模逆模块、模加减模块、蒙哥马利模乘模块以及数据通路。大整数运算模块架构如图 3.23 所示。

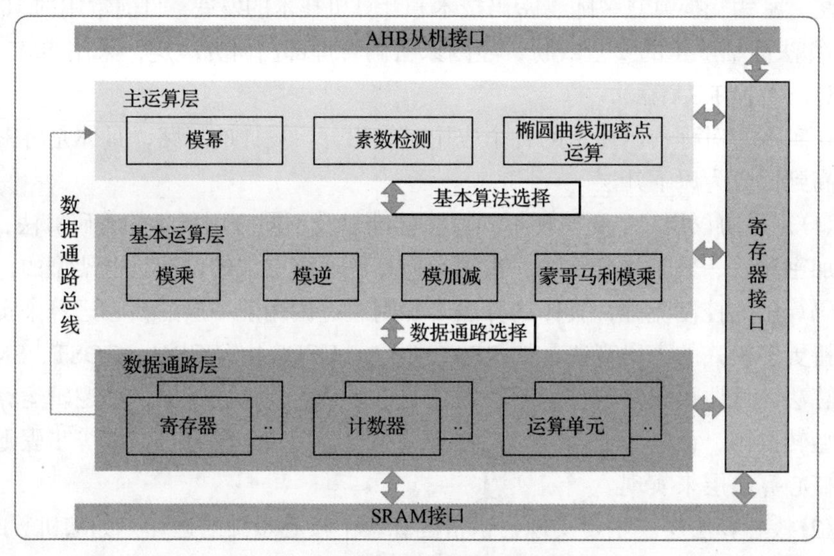

图 3.23　大整数运算模块架构图

通过对 SM2 算法进行安全性升级，提高 SM2 算法抗 SPA、DPA、模板、错误注入攻击的能力，使芯片在进行密码运算时的能量消耗特征、电磁辐射特征与密钥和敏感信息之间没有明显的相关性，达到国密 2 级认证的检测要求。SM2 算法中密钥及相关敏感信息的使用集中在签名算法、解密算法、密钥协商算法中。针对这三个算法分析其中可能导致信息泄露的运算，如点乘、模乘，并提出防御措施以抵抗 SPA、DPA、模板、错误注入攻击，提升算法的安全性。非对称密码算法协处理器中采用如下安全防护措施。

(1)时钟加扰。提高芯片对侧信道攻击的防护能力，芯片在进行 SM2 运算时应开启时钟加扰功能。

(2)椭圆曲线参数的防护。采用校验措施检查算法运算时参数是否被更改。

(3)模加/加法的防护和模乘/模逆的防护。加入随机延迟等措施，掩盖运算时间信息。

(4)点乘的防护。采用安全点乘算法，为保护点乘的数值，进行运算前需对点乘的输入数据值进行掩码。

(5)错误注入的防护。对相关数据进行备份，关键判断需进行多次并在判断之间加入随机延迟。

3. 国密哈希算法模块

SM3 算法是国家密码管理局编制的一种商用密码摘要算法，安全性和效率与 SHA256 算法相当，由国家密码管理局于 2010 年公开。

本书按照低开销的设计需求和一般功能 IP 的设计方法，给出了哈希算法硬件加速器的顶层架构，如图 3.24 所示。

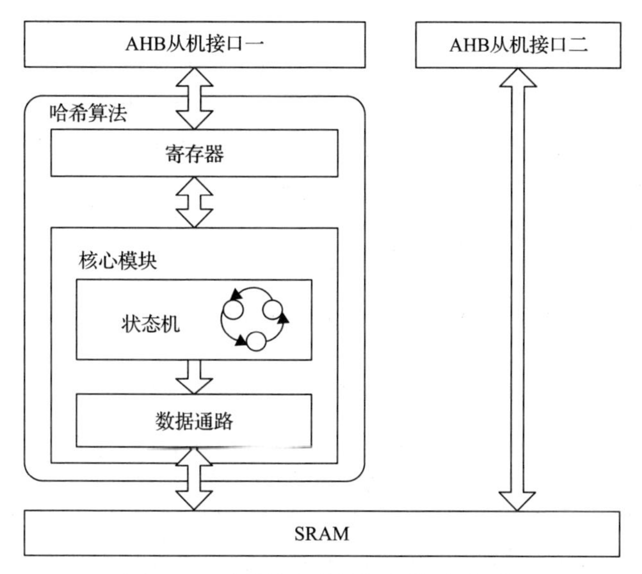

图 3.24　哈希算法硬件加速器顶层架构

图 3.24 中，AHB 从机接口用于连接 SoC 芯片中的总线。从机接口一与 IP 内部的寄存器模块相连，用于接收用户的配置信息。从机接口二与 IP 内部的 SRAM 相连，用于获取消息，提供散列值。在加速器不工作时，其他模块可以通过从机接口二使用 SRAM，使得 SRAM 可以被整个系统共用，以方便系统内不同模块之间的数据交互。寄存器模块主要用于保存用户的配置信息及该 IP 的状态信息。核心模块包括状态机和数据通路两部分，数据通路部分在状态机的控制下从 SRAM 读取消息，对消息进行填充、扩展和压缩迭代等操作，并将最终的散列值写回 SRAM。SRAM 在工作时被划分出专门的区域，分别用于保存待处理消息、消息长度、初始向量及中间结果。

4. 真随机数发生器

真随机数发生器(true random number generator，TRNG)是一种通过物理过程而不是计算机程序来生成随机数字的设备。

这样的设备通常是基于一些能生成低等级、统计学随机“噪声”信号的微观现象，如热力学噪声、光电效应和量子现象。这些物理过程在理论上是完全不可预测的，并且已经得到了实验的证实。硬件随机数发生器通常由换能器、放大器和模拟数字转换器组成。其中换能器用来将物理过程中的某些效果转换为电信号，放大器用来将随机扰动的振幅放大到宏观级别，而模拟数字转换器则用来将输出变成数字量，通常是二进制的 0 和 1。通过重复采样这些随机的信号，一系列的随机数得以生成。

在密码系统中，无论是加密文本信息、图像还是视频，随机数都有着很重要的作用。现有的随机数主要有两种类型，真随机数和伪随机数。伪随机数易于在软件中实现，其安全性依赖于给定算法的复杂性和密钥种子，虽然具有很好的统计特性，但不能保证其具有不可预测性；真随机数依赖不确定的熵源，如电子器件中的模拟现象，具有很好的不可预测性。因此，对于安全性要求高的密码系统而言，真随机数成为更好的选择。

由于随机数发生器是安全通信系统中密码协议的重要保障，所以有各式各样的方法用来产生真随机数。基于数字逻辑电路的传统的真随机数主要有如下几种产生方式。

(1) 直接放大法：通过对外界环境中的热噪声等物理噪声进行放大以获得更大的随机性，再将其输出通过比较器比较以获得真随机数序列。

(2) 振荡采样法：电路中一般存在一个能够产生振荡信号的振荡源，它用来提供随机数的随机性，将振荡器的相位抖动作为随机数的熵。然后用低频信号采样高频的振荡信号，再通过后处理模块，最终得到随机性更高的真随机数序列。

(3) 亚稳态采样法：亚稳态采样法是基于数字逻辑门电路的一种产生真随机数的方法。其产生真随机数的随机源是逻辑电路的逻辑门介于 0 和 1 状态之间的亚稳态。此状态是一种非稳定的逻辑门状态，它是指在某个固定的时间之内触发器无法达到一个可被确认的状态(0 和 1 状态)。例如，在同步电路系统中，在某一确定的时间段，若触发器的状态的建立/保持所要求的时间条件得不到满足，就会产生状态无法确定的亚稳态状态。假设在系统时钟到来之后的一段较长时间内，触发器输出端仍处于不确定的状态，那么当需要在触发器输出端采集真随机数时，它便会输出随机数 0 或者 1，此时的输出与输入并无必然联系。

在上面的方法中，振荡采样法和亚稳态采样法是基于数字逻辑电路系统的。对于亚稳态采样法，由于其对温度和电压等外界条件的要求非常高，且数字逻辑门的亚稳态状态维持的时间比较短，因此基于逻辑门亚稳态的真随机数发生器的产生速率一般都很低，且很难做到稳定，于是更多地采用振荡采样法。

高质量的真随机数序列必须通过一系列的统计检测。常用的检测方法如下。

(1) 比特分布检测。这是真随机数发生器最基本的检测标准，用以判断随机序列是否满足分布的均匀性。主要测试长为 $n$bit 的序列中 0 和 1 的个数，理想情况是 0 和 1 等概率分布。

(2) 跟随特性检测（又称转移检测）。序列的跟随特性指序列中相邻元素的出现情况。主要用来测试长为 $n$bit 的序列中 00、01、10、11 的概率是否相等。采用低频采样的措施有利于保证输出数的跟随特性。

(3) 游程检测。游程是由连续的 0 或者 1 组成的序列，并且其前后元素与游程的元素不同。游程数目为序列长度的一半时，产生的随机序列较好。

(4) 碰撞检测。这种检测法是以抽象概率试验小球碰撞为比喻的。假定将 n 个小球随机扔进 m 个空的缸里，这里 $m>>n$，当小球掉进非空的缸里时认为碰撞发生。

(5) 扑克检测。扑克检测先将待测序列划分成若干个长为 p（p 为任意正整数）的二进制子序列，长为 p 的二进制子序列有 $2p$ 种子序列类型，然后检测这些子序列类型的个数是否相等。

安全子系统中集成了真随机数发生器。真随机数符合国家密码安全等级 2 的检测要求，含有 4 路以上的随机源，并在温度、电压、频率等 9 种边缘工作条件下均能正常工作。

3.4.2　安全防护单元

1. 安全传感器

传感器是一种将被测的非电量变换成电量的装置，是一种获得信息的手段，它在检测与控制系统中占有重要的位置。它获得的信息的正确与否，关系到整个检测与控制系统的精度。如果传感器的误差很大，后面的测量电路、放大器、指示仪等的精度再高也难以提高整个检测系统的精度。

安全传感器通常由直接响应于被测量的敏感元件和产生可用信号输出的转换元件以及相应的电子线路所组成。符合安全标准的传感器称为安全传感器。为了防御芯片被侧信道攻击，芯片增加了安全传感器，用于检测温度、频率、电压等工作环境的变化。当温度、频率和电压在不正常范围内时，安全传感器就会报警，使芯片进入安全防护状态，避免关键信息的泄露。

2. PUF 技术

物理不可克隆功能（physical unclonable function，PUF）技术是一种芯片领域的“生物特征”识别技术，也可以称为“芯片 DNA”技术。PUF 从一个一个的芯片中提取唯一的“密钥”。这些“密钥”信息可以用来验证芯片的真伪，PUF 在安全防伪领域有巨大的应用前景。

不同的芯片在制造过程中会产生许多不可避免的个体差异。在现实中，无论芯片如何设计，在制造过程中，芯片和芯片之间都会表现出细微的电子上的差异。即使设计、封装、制造工艺都是完全相同的，也不可能制造出两块一模一样的芯片。PUF 系统是一组微型的电路，通过提取集成电路(IC)制造过程中不可避免的物理差异，生成无限多个、唯一的、不可预测的“密钥”。这些密钥是动态随机生成的，且通过一种口令/响应机制来进行验证。PUF 系统收到一个口令(一个随机的 64 位代码)，几乎在同一时间，会生成一个唯一的响应(一个随机的 64 位或者更长的代码)。一个 PUF 系统实际上能生成无限多个这样的口令响应序列。因为芯片制造过程中产生的差异本身具有不可模仿和复制的特性，即使是芯片的制造厂商也不可能从另外一个芯片上复制出一套一模一样的口令响应序列。因此，PUF 技术使得芯片具有反仿制的功能。在芯片刚被制造出来时，在安全环境中，一组从芯片上提取的口令/响应序列被存储到数据库中。之后验证芯片时，从数据库中拿出一条口令代码发送到芯片上。芯片会生成一个响应，用这个响应与原来储存在数据库中的相对应的响应进行比对。如果两者是一致的，则这个芯片通过验证。因为每个芯片都包含成百上千的口令响应序列，每个口令响应序列只会被使用一次，用过后就作废了，所以这样有效抵御了对 PUF 验证系统的窃读和重演式的攻击。PUF 技术有助于提高芯片和系统的安全性和可靠性。基于 PUF 技术的芯片和系统的优点如下。

(1)永远值得信赖。基于 PUF 技术的芯片是永远不可被仿制的。PUF 技术为基于 PUF 的芯片和系统提供了安全可信赖的验证手段。

(2)绝对安全可靠。和传统安全解决方案不同的是，PUF 技术无须为加密而储存密钥，PUF 技术可以为每个动态生成无限多的、特有的、一次性的密钥。

(3)为打击伪造提供依据。PUF 技术本身包含了反假的依据。任何对 PUF 系统的仿制都会破坏 PUF 的特征“密钥”，这起到了成功保护 PUF 系统和抵御密钥攻击的作用。

(4)易管理，易实现。PUF 技术迎合了对密钥生成、存储和管理的需求。PUF 技术可以动态地、安全地为每次验证都生成一个新密钥。

3. *主动防护层*

主动防护层是在安全芯片的顶层形成的一层保护层，通过实时监测该保护层的信号是否受到破坏而产生报警信号，以抵抗侵入式物理攻击。主动防护层由有源屏蔽层和检测传感器构成。有源屏蔽层一般采用平行等势线、蛇形走线、螺旋线、佩亚诺曲线、随机哈密顿回路等拓扑结构，由一层或多层金属走线形成，布满整个芯片，遮蔽屏蔽层下方的物理结构，隐藏加密模块、存储器模块等关键组件，填充空白区域等；同时有源屏蔽层也作为传感网络层，在有源屏蔽线上注入检测信号，检测传感器通过对比初始检测信号与经过有源屏蔽线传输后的检测信号的一致性来判断安全芯片是否受到侵入式攻击。

芯片的金属层实际上是由一个个的小孔与金属线构成的，而且由于芯片制造工艺(后端工艺)，金属层的布线实际也是根据这些小孔的位置进行对准对齐的。并且小孔的排布(两个小孔之间的距离)是受到工艺规则限制的，存在一个最小距离，同时同一层金属线之间的间隔也必须满足一种规则。针对探针、聚焦离子束、拍照反向分析等攻击，芯片增加了主动防护层。主动防护层在芯片的顶层和次顶层，这两层的有源屏蔽线的走线随机，增加了逆向工程的难度。当主动防护层的有源屏蔽线被探测或切断时，有源屏蔽层的检测电路检测到屏蔽线上的传输信号发生变化，即刻产生报警信号，使芯片进入安全防护状态，避免关键信息泄露。

3.4.3　存储器保护单元

1. 存储管理模块

数据是最核心的资产，存储系统作为数据的保存空间，是数据保护的最后一道防线。随着存储系统由本地直连向着网络化和分布式的方向发展，并被网络上的众多计算机共享，存储系统变得更易受到攻击，相对静态的存储系统往往成为攻击者的首选目标，达到窃取、篡改或破坏数据的目的。安全存储变得至关重要，安全存储主要包括存储安全技术、重复数据删除技术、数据备份及灾难恢复技术等。

从原理上来说，安全存储要解决的问题有两个：保证文件数据完整可靠不泄密；保证只有合法的用户才能够访问相关的文件。要解决上述两个问题，需要使用数据加密和认证授权管理技术，这也是安全存储的核心技术。在安全存储中，利用技术手段把文件变为乱码(加密)存储，在使用文件的时候，用相同或不同的手段还原(解密)。这样，存储和使用时文件就在密文和明文两种方式之间切换。既保证了安全，又能够方便地使用。

存储管理模块是芯片中用于管理内部存储空间的划分及安全管理的模块。存储管理模块对芯片的不同应用分配不同的存储空间，保护各个应用存储空间的数据不被非法地访问或篡改，并可以指出存储器及受保护的寄存器被非法访问的错误。安全存储本质上还是存储，可以作为文件和数据的存放中心。与一般的存储相比，它更安全更可靠，能够适应需要保密的领域。安全存储以其可靠、加密、授权认证这些功能特点，可以在很多具体的存储应用中，发挥其特长。

2. 总线、存储加扰模块

总线是计算机各种功能部件之间传送信息的公共通信干线，它是由导线组成的传输线束。总线是一种内部结构，它是 CPU、内存、输入、输出设备传递信息的公用通道，主机的各个部件通过总线相连接，外部设备通过相应的接口电路再与总线相连接，从而形成了计算机硬件系统。微型计算机是以总线结构来连接各个功能部件的。

存储器是现代信息技术中用于保存信息的记忆设备。其概念很广、层次很多，在数字系统中，只要能保存二进制数据的都可以是存储器；在集成电路中，一个没有实物形式的具有存储功能的电路也是存储器，如 RAM、FIFO 等；在系统中，具有实物形式的存储设备也称为存储器，如内存条、TF(TransFlash)卡等。计算机中全部信息，包括输入的原始数据、计算机程序、中间运行结果和最终运行结果都保存在存储器中。存储器根据控制器指定的位置存入和取出信息。有了存储器，计算机才有记忆功能，才能保证正常工作。

综上，总线上会经常出现敏感信息，存储中也会时常存有关键数据，为了防止敏感信息被侧信道或探针攻击分析而泄露，总线和存储加扰是安全芯片所必需的，通过对地址和数据的加扰，增加攻击的难度。

3.4.4　安全 COS

安全 COS 是运行在安全子系统中的专用系统。安全 COS 的主要功能是控制安全子系统与外界的信息交换，管理芯片内的存储器并在芯片内部完成各种命令的执行，管理文件，管理和执行加密算法。

在安全 COS 的设计中，需要考虑三个问题：文件操作、鉴别与核实、安全机制。其中文件操作是安全芯片对外提供的应用接口，以文件组织的形式呈现；鉴别与核实涉及终端、安全芯片与个人身份三者之间的相互认证；安全机制是指根据安全芯片所处的安全级别，实现安全状态转移所采用的转移方法和手段。

根据安全 COS 实际开发需求，对安全 COS 的设计分为四大功能模块，分别为通信管理、安全管理、命令处理和文件管理。安全 COS 的系统架构如图 3.25 所示。

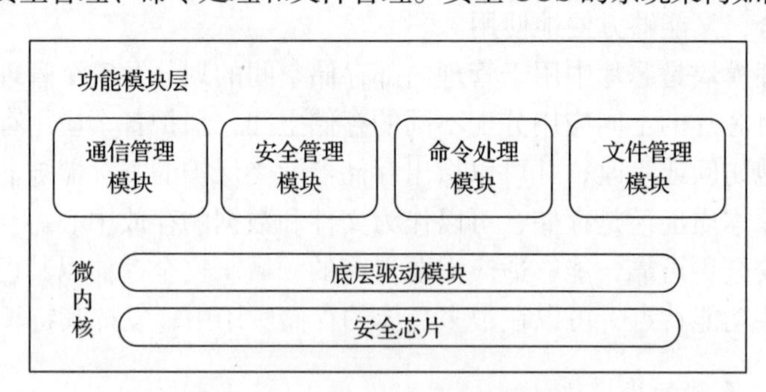

图 3.25　安全 COS 系统架构图

通信管理模块主要是根据安全芯片所使用的信息传输协议，对终端发送的命令进行接收，同时将对命令的响应按照传输协议的格式发送出去，该模块在设计中需要考虑的问题有：ATR(answer to reset)发送、PPS(protocol and parameters selection）协商、APDU 格式管理和通信协议选择。

ATR 是安全芯片与终端之间进行沟通的第一条字符串，通过该字符串安全芯片告知终端自己本身所遵循的通信物理参数、电气特性等信息。PPS 协商是终端与安全芯片之间出现电气参数和协议参数不一致时自动触发的一种协商模式，便于双方后续的通信交流。APDU 是终端与安全芯片之间报文交换的标准格式，并且 APDU 分为 C_APDU 和 R_APDU 两种格式，这两种格式必须配对使用，必须符合 ISO7816 标准。通信协议分为 T=0 和 T=1 协议，T=1 是块传输协议，一般适用于传输数据量较大的场合，T=0 是字符传输协议，根据安全芯片的开发需求，需选择 T=0 传输协议方式。

命令管理模块主要完成的工作是对接收命令的可执行性进行判断，根据接收到的命令检查各项参数是否正确等，并在此基础上执行相应的操作和数据处理。命令是终端与安全模块之间进行联系的主要手段，ISO7816 标准中对行业间交换命令规范、安全管理规范等进行了详细定义。命令管理模块与通信管理模块中的 APDU 联系紧密，它主要是对 APDU 进行解析，并产生相应的操作动作。命令模块对 APDU 的处理过程分为两个部分：CLA（class b of the command message）处理和 INS（instruction b of the command message）处理。CLA 处理主要有 CLA 合法性检验、命令是否为安全报文、命令是否为命令链等。INS 处理主要包含 INS 合法性判断和调用相应 INS 处理函数执行具体的功能等。图 3.26 描述了 APDU 命令处理的流程。

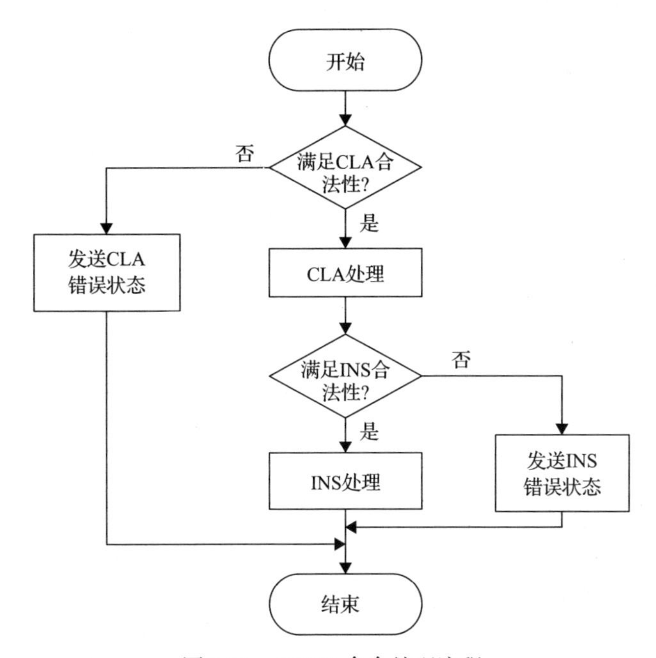

图 3.26　APDU 命令处理流程

安全管理模块是安全COS设计中一个非常重要的内容，它涉及对安全芯片内部数据进行访问的权限控制和机密信息保密相关机制。在COS的安全体系中，主要考虑三个方面的内容：安全属性、安全状态和安全机制。安全属性是指对数据对象进行访问的控制，主要通过文件和操作命令实现。对于文件，在文件头中定义允许对文件进行操作的类型（如读/写）和满足操作权限的安全状态信息，这些信息在文件建立时进行确定，后续无法更改。对于命令的安全属性，在具体的CLA相关域中定义，如显示该报文中有哪些信息是通过MAC进行加密的，只有在MAC验证通过后才能执行该命令的具体动作。在安全COS设计中，规定了16种不同的安全状态，这些安全状态可以通过执行某些命令进行更改，如PIN（personal identification number）验证、外部鉴别等。

安全COS中的安全机制主要考虑三个方面的信息：数据加解密、鉴别与核实、文件访问安全控制。其中数据加解密涉及密钥文件的管理工作，初步设想是在每一个DF（dedicated file）下建立一个密钥文件，内部记录访问当前目录下的密钥数据，也只有在通过了当前目录下的密钥验证之后才能对该DF下的文件做进一步的操作。鉴别与核实是更改安全状态的主要手段，它是终端、安全芯片与使用人三者之间相互验证的过程，ISO7816标准中定义相关验证命令，这主要是保证后续操作的合法性。在安全COS的文件访问安全控制中，采用鉴别寄存器方式，即使用两个4位的寄存器来表示安全状态，其中一个寄存器作为MF（master file）的安全状态寄存器，另一个寄存器作为当前专用文件DF的安全状态寄存器。将每个寄存器的初始值设置为0，设定的取值范围为0～F，表示不同的安全状态级别，对于文件的操作，都有读权限和写权限，可各用1B来表示，当安全状态寄存器的值大于访问控制权限的低半字节而小于其高半字节时，说明该文件的相应读写权限在该安全状态级别是满足的，可以进行相应操作。

文件管理是安全COS研发的主要工作，其设计的优良性直接影响着安全芯片能否长时间稳定、安全地工作。在逻辑层面上，ISO7816标准规定，为保证应用之间的独立性，COS的文件系统采用树形结构。

在文件管理实现方面，可采用链表方式构建文件之间的联系架构，如图3.27所示，其中Parent pointer用来寻找上级目录文件，Child pointer与下一级目录文件建立联系，Next pointer指示同级目录文件的保存位置信息。

根据安全芯片实际开发需求，需要重点考虑如何实现Flash磨损均衡和掉电数据保护功能，方案实现如下所述。

（1）磨损均衡实现：对于Flash进行磨损均衡控制是延长其使用寿命的有效手段。安全芯片中的文件数据可以分为两类：冷数据和热数据。冷数据是更新频率较低或从不更新的数据，热数据是更新频繁的数据内容。那么，如何实现“冷热”数

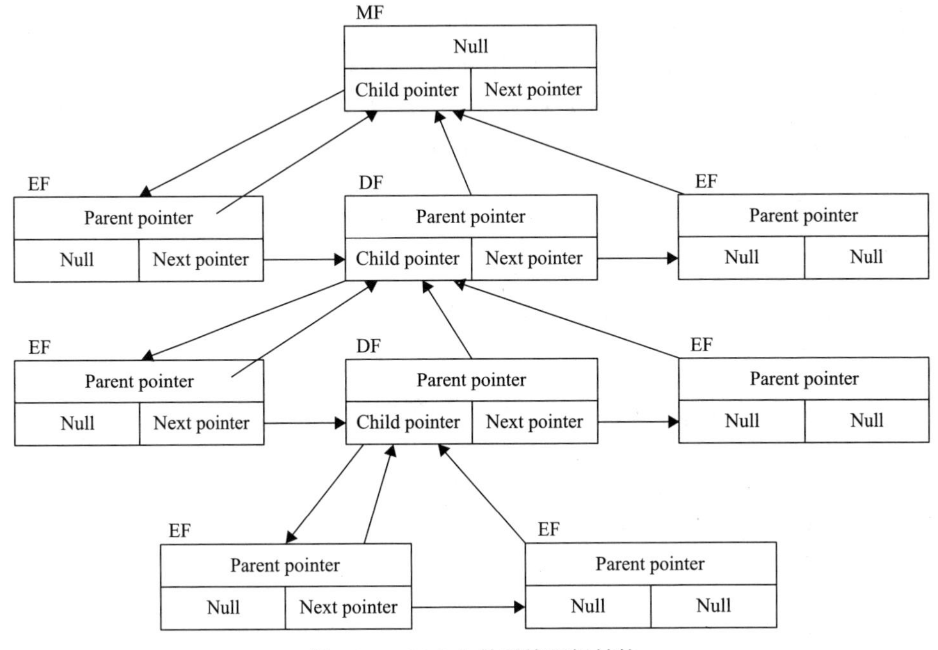

图 3.27 COS 文件系统逻辑结构

EF(elementary file)

据存放位置的交换是磨损均衡处理中不容忽视的问题。磨损均衡实现的方案是记录每个块(block)的擦写次数，当检测到一个块的擦写次数超过所有块的平均擦除次数时，将擦写次数少的块中的数据与擦写次数多的块中的数据进行交换。

(2)掉电保护功能：在存储器中设置固定大小的缓冲区，在开始进行擦除数据之前，将要被擦除的数据备份至该区域，并设置该区域为“已备份状态”，若写入成功，则设置为“失效状态”。当重新上电后，将首先读取备份区域的状态标识，如果存在有效数据，将该数据恢复至“损坏”位置后，设置该备份区域为“失效状态”。为了进一步分散该固定大小缓冲区内的擦写负担，可将该缓冲区设置为多个备份区域，采用循环方式使用。

3.5 芯片开发环境

CDS(C-SKY development suite)是一个基于 Eclipse 的、用于 C-SKY CPU 架构交叉开发的可视化集成软件开发环境。在 CDS 环境下，用户可以方便地进行 C-SKY 各系列 CPU 软件项目工程管理、代码编写和浏览、编译链接参数设置、目标程序构建，并支持下载到目标板进行在线 ASM/C/C++语言级、全功能图形化调试。在用户硬件设计未完成的情况下，CDS 提供了基于 QEMU 的可配置的系统模拟器，提供给用户软硬件同步开发的条件。另外，CDS 也提供了 Flash 烧写功能并支持二次开发的 Flash 烧写器和可扩展的 SoC 目标模板管理器。通过 CDS，用户可以快速、便捷地为 C-SKY CPU 开发可靠而高度优化的嵌入式系统产品。下面介绍 CDS 主要特性、CDS 运行及工具链版本查看。

1. CDS 主要特性

1) 集成开发环境

集成开发环境如图 3.28 所示，主要特性如下。

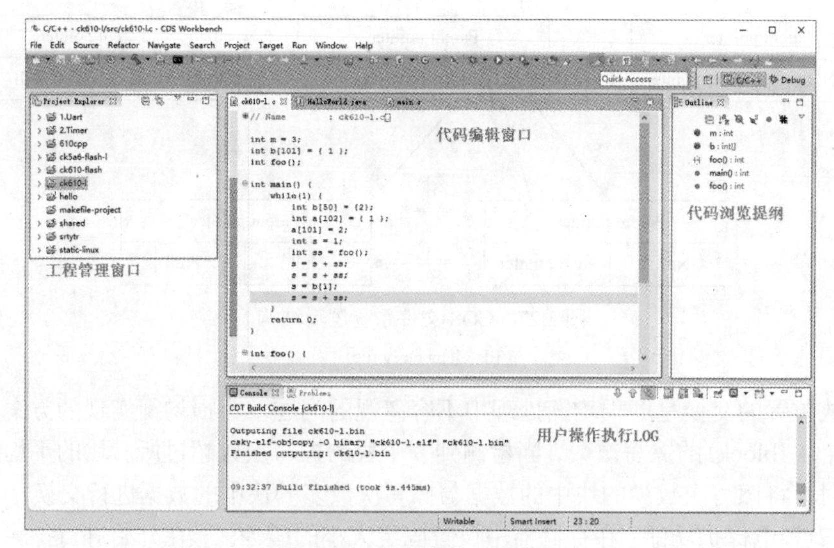

图 3.28 CDS 集成开发环境

(1) 基于 Eclipse 架构，支持各种开放插件。

(2) 直观便捷的工程向导和强大的工程管理。

(3) 用户可扩展的 SoC 模板管理器。

(4) 支持高效浏览的 C/C++源码编辑器。

(5) 集成 C-SKY CPU 交叉编译器，支持 C/C++、汇编语言的开发。

(6) 图形化的构建参数设置。

2) SoC 模板管理

SoC 模板管理如图 3.29 所示，主要特性如下。

(1) 用户可扩展定义新模板。

(2) 支持 CPU、大小端等 SoC 基本信息的配置。

(3) 支持 SoC 工程基本文件配置，如启动文件、IO 定义、链接描述文件。

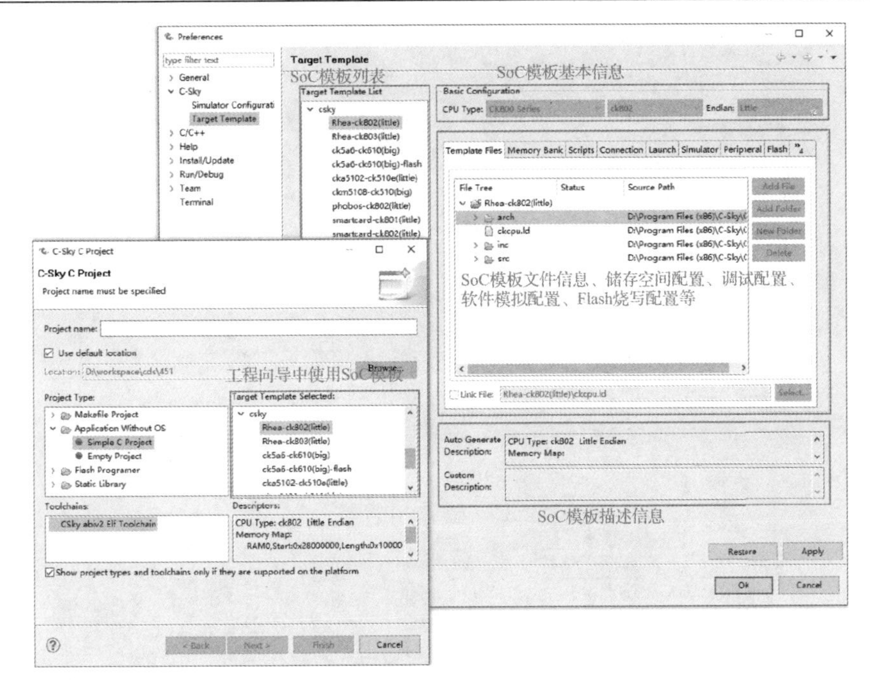

图 3.29　SoC 模板管理

(4) 支持 SoC 存储空间定义、自动生成链接描述。

(5) 支持工程默认调试对象配置。

(6) 支持 SoC 软件模拟配置。

(7) 支持外设 IO 寄存器可视化查看配置。

(8) 支持默认 Flash 烧写配置。

(9) 支持模板的复制、导入、导出。

3) 软件模拟

软件模拟配置如图 3.30 所示，主要特性如下。

(1) 支持系统运行模式和 Linux 用户模式。

(2) 动态翻译的高效模拟。

(3) 模拟全系列 C-SKY CPU，支持丰富的 SoC 外围 IP 模块，如 TIMER/PIC/UART/LCDC/MAC/USBH/NFC。

(4) 丰富多样的应用程序引导方式。

4) 在线调试

在线调试窗口如图 3.31 所示，主要特性如下。

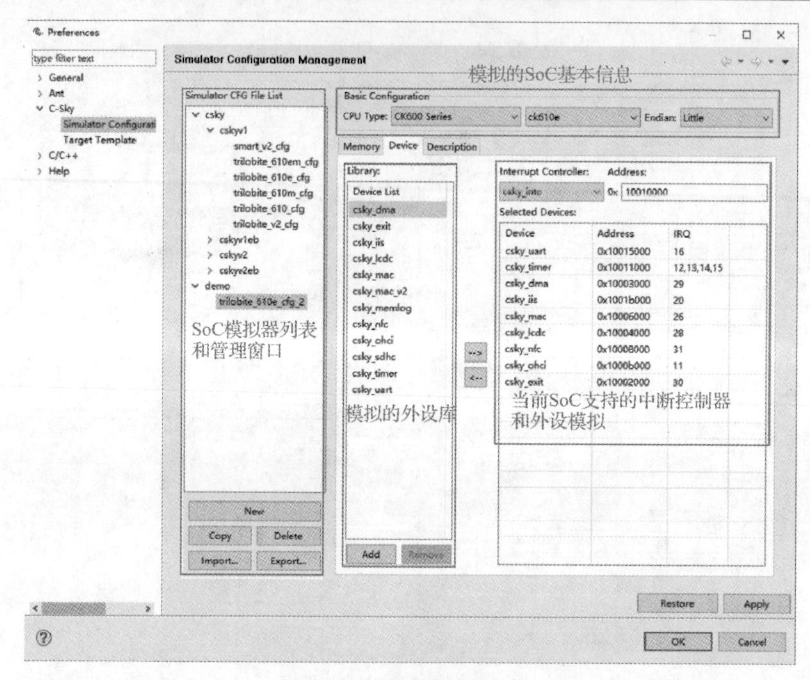

图 3.30　软件模拟配置

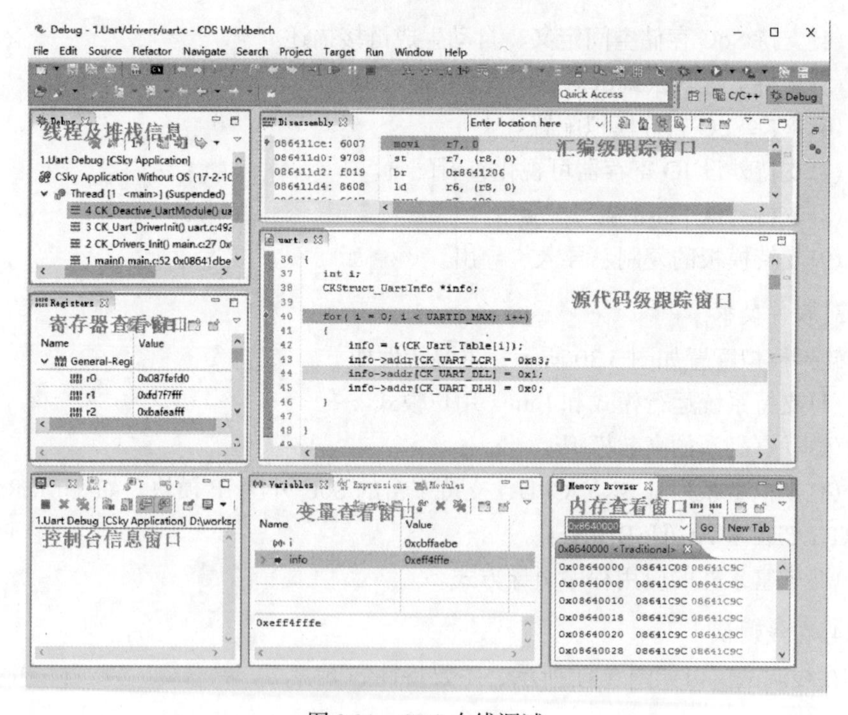

图 3.31　CDS 在线调试

(1) 基于 GDB (GNU symbolic debugger) 的调试架构，拥有丰富的调试查看窗口。

(2) 支持裸程序、实时操作系统 (OS) 的在线调试。

(3) 支持 Linux 应用程序调试。

(4) 支持软件模拟的应用调试。

(5) 便捷的硬断点、数据 Watch 设置界面。

(6) 只读存储空间在线调试。

(7) 支持 Linux、eCos (embedded Configurable operating system) 的多线程调试和线程查看窗口。

(8) 集成下载速度达 1.1MB/s 的在线仿真器。

5) Flash 烧写

Flash 烧写配置界面如图 3.32 所示，主要特性如下。

图 3.32　Flash 烧写配置界面

(1) 支持二次开发的 Flash 驱动实现和模板管理。

(2) 调试过程中的一键烧写。

(3) 丰富多样的文件格式支持：iHex、ELF 文件格式和 Raw 的二进制文件。

(4) 灵活便捷的目标板连接配置。

(5) 多样化的烧写时擦除方式。

(6) 烧写前的开发板附加操作，如 Preload 等。

(7) 支持烧写驱动模板的复制、导入和导出。

2. CDS 运行及工具链版本查看

安装好 CDS 后，通过【开始菜单】→【所有程序】→【C-Sky】→【C-Sky Development Suite】→【CDS Workbench】运行 CDS；或者通过双击桌面的 CDS 快捷方式“CDS Workbench”运行 CDS，具体操作窗口如图 3.33 所示。

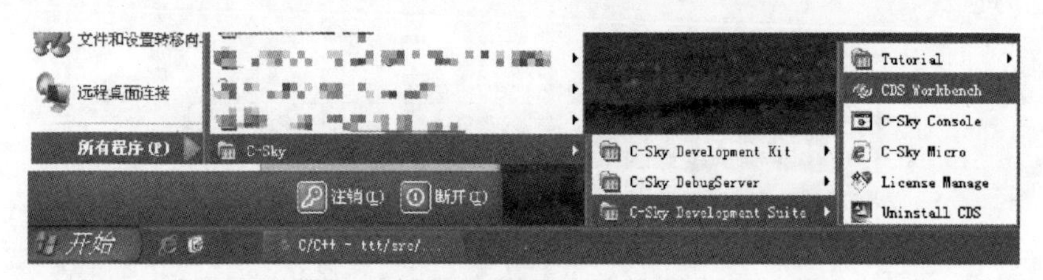

图 3.33　启动 CDS 软件

运行 CDS 后会出现以下界面,通过“Browse...”按钮指定 Workspace 的路径，如图 3.34 所示。

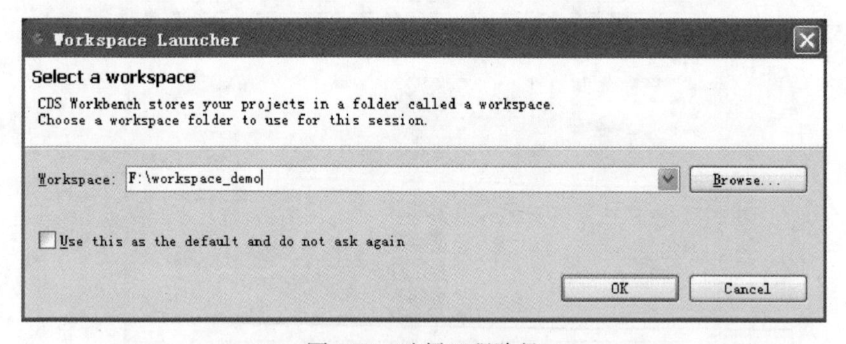

图 3.34　选择工程路径

注意：Workspace 路径禁止包含中文、空格和乱码等字符

提示：不建议勾选复选框“Use this as the default and do not ask again”指定默认的 Workspace。

单击“OK”按钮，进入 CDS 的 Workbench 界面，界面如图 3.35 所示。

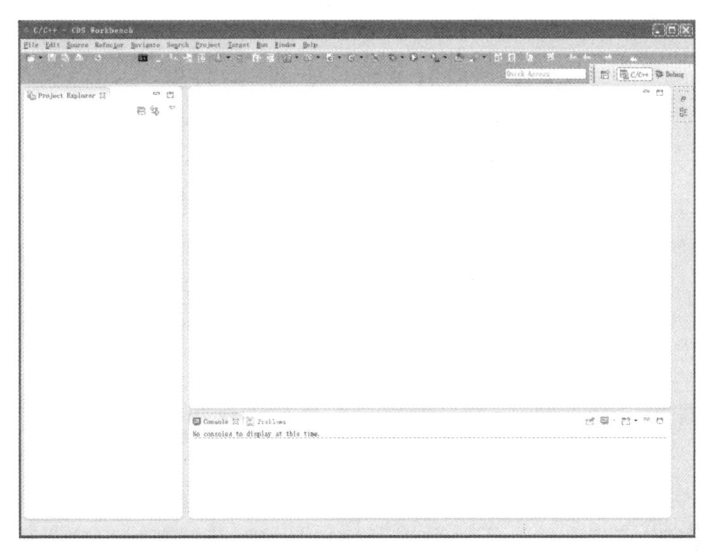

图 3.35　CDS Workbench 界面

CDS 安装完成之后可以使用命令行的方式查看工具链的版本：【开始】→【所有程序】→【C-Sky】→【C-Sky Development Suite】→【C-Sky Console】，打开 C-SKY 命令提示符窗口。

在 CDS 已经启动的情况下，单击工具栏上的图标，也可以打开 C-SKY 命令提示符窗口。

在 C-SKY 命令提示符窗口输入命令“csky-elf-gcc-v”可以查看 csky-elf-gcc 的版本，在窗口输入命令“csky-elf-gdb-v”可以查看 csky-elf-gdb 的版本，操作窗口如图 3.36 所示。

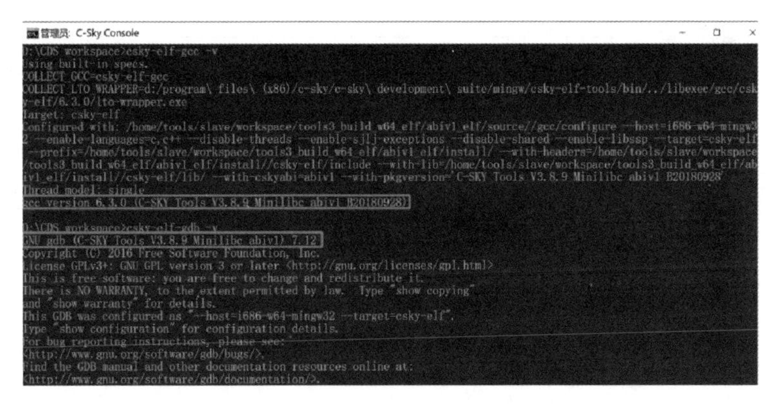

图 3.36　C-SKY 命令提示符窗口

在 CDS 已经启动的情况下，还可以通过主菜单 Help→About CDS Workbench，弹出窗口查看 csky-elf-gcc 的版本。

3.6 芯片验证及测试方法

芯片从设计制造到封装测试往往需要经过非常多的环节步骤，如果能够将芯片的测试验证环节尽可能前移，在芯片设计生产早期发现问题，就可以及时进行修正或者筛选，有效减少不必要的资源浪费，提高芯片制造良率。下面将简要介绍芯片设计、制造以及封装的基本流程和相应的测试验证方法。

3.6.1 芯片设计制造流程及其中的测试方法

芯片设计可以分为两部分：前端设计(也称为逻辑设计)和后端设计(也称为物理设计)[13]。前端设计主要包括规格制定、详细设计、RTL 代码编写、仿真验证、逻辑综合、形式验证、静态时序分析和功耗分析、可测性设计(design for testability，DFT)实现和验证等。后端设计主要包括布局布线、静态时序约束、功耗分析、形式验证和后仿真、时序收敛、版图验证等。芯片设计主要流程的详细介绍如图 3.37 所示。

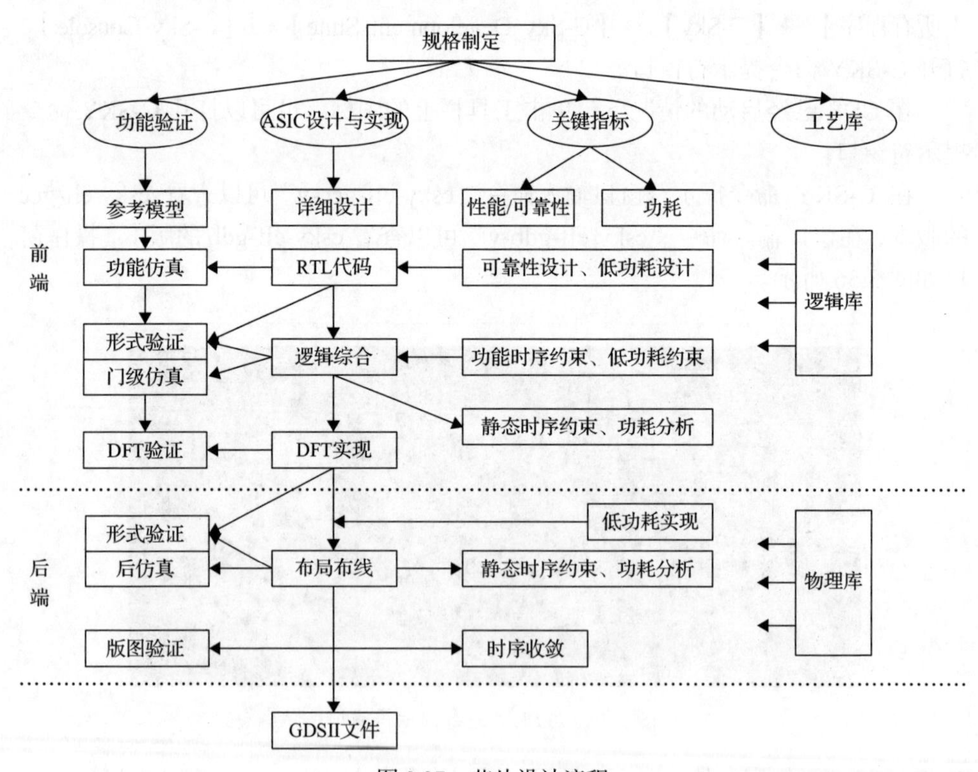

图 3.37　芯片设计流程

(1)规格制定：芯片规格是客户向芯片设计公司提出的设计要求，包括芯片需要实现的具体功能、功耗、可靠性和性能方面的要求。

(2)详细设计：芯片设计公司根据芯片的规格要求，拿出设计解决方法和具体架构，划分模块功能，确定芯片架构。

(3)RTL代码：算法工程师根据芯片架构，完成算法的参考模型设计和验证。ASIC工程师采用硬件描述语言完成算法的翻译，同时考虑可靠性设计、低功耗设计、性能指标等，形成RTL代码。

(4)功能仿真：这一步的工作比较关键。对于仿真验证，不同大小的项目，其复杂度有非常大的不同。简单的项目，只要写一个较为完善的testbench，验证完RTL代码的功能即可；复杂的项目，将会在RTL验证环境下进行详细的验证，甚至可能用到各种验证方法学，如UVM(universal verification methodology)、VMM(verification methodology manual)、OVM(open verification methodology)等，这种复杂验证所用的语言一般是SystemVerilog。此外，某些芯片还会采用FPGA，进行硬件在线仿真，这样能够获取关于芯片的更为详细的信息。总之，一套完整和完善的仿真验证流程对于芯片设计来说十分重要。

(5)工艺选择：需要考量各种参数，如工艺生产周期、工艺成品率、工艺生产时间的安排等；需保持和芯片制造厂的良好合作关系，获取相应的逻辑库和物理库，用于后续逻辑综合。

(6)逻辑综合：基于目标工艺的逻辑库，根据设定的面积、时序和功耗等方面的约束，把设计实现的RTL代码编译成门级网表netlist。

(7)静态时序分析：在时序上对电路进行验证，检查电路是否存在建立时间和保持时间的违例。

(8)形式验证：从功能上对综合后的网表进行验证，常用的是等价性检查方法，如对比综合前的RTL代码和综合后的网表，判断它们是否在功能上存在等价性，确保逻辑综合过程没有改变原先RTL代码的电路功能。

(9)DFT实现和验证：芯片往往都自带测试电路，DFT的目的就是在设计的时候考虑将来的测试。DFT的常见方法是在设计中插入扫描链，将非扫描单元，如寄存器变为扫描单元。

(10)布局布线：在总体上确定各种功能电路的摆放位置，先对时钟信号单独布线，再对普通信号布线，形成版图。

芯片制造的流程较为复杂，其过程与传统相片的制造过程有一定相似性，主要步骤包括：薄膜→光阻→显影→蚀刻→光阻去除，详细过程如图3.38所示。薄膜：在晶圆片表面上生长着数层材质不同、厚度不同的薄膜。光阻：在薄膜上涂上一层光阻。显影：用强光透过光罩后照在晶圆上，将掩膜板上的图形复制在晶圆上。蚀刻：把没有光阻覆盖的薄膜冲蚀。光阻去除：把薄膜上的光阻去除，留下的薄膜部分就是电路图了。其中显影的成本约为整个晶圆制造工艺的1/3，耗费时间占整个晶圆工艺的40%～60%。

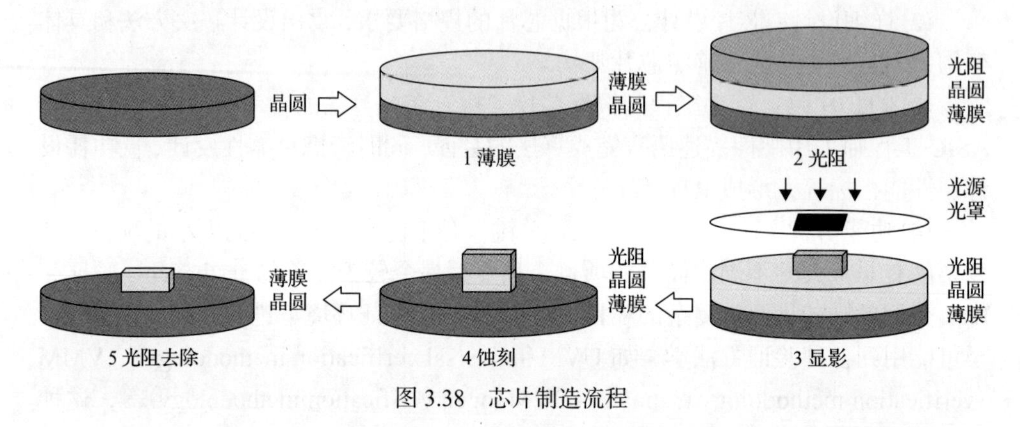

图 3.38　芯片制造流程

芯片封装的流程为切割→粘贴→切割焊接→模封。切割是将生产好的晶圆切割成长方形的芯片。粘贴是把芯片粘贴到PCB（印制电路板）上。焊接是将芯片的接脚焊接到PCB上，使其与PCB相容。模封是将接脚模封起来。根据封装材料分类，封装体可分为：①金属封装体，外壳由金属构成，保护性好，但成本高，适于特殊用途；②陶瓷封装体，外壳由陶瓷构成，保护性好，但成本高，适于特殊用途；③塑料封装体，由树脂密封而成，成本低，被广泛使用。目前，主流市场的封装形式可粗略分为引线框架型（DIP、SOP、QFP、QFN）和球栅阵列型（BGA、FC-BGA、uBGA）。在性能和成本的驱动下，封装技术发展呈现两大趋势：微型化和集成化。微型化是指单个芯片封装小型化、轻薄化、高IO数发展；而集成化则是指多个芯片封装在一起。微型化和集成化并不是相互独立的，集成化可以根据不同的微型化组合形成多种解决方案。

在芯片设计阶段，采用DFT技术来避免将每个信号都引出来测试，简言之，DFT就是通过某种方法间接观察内部信号的情况，如扫描链（scan chain），然后通过特定的测试仪器来测试，产生各种各样的测试波形并检测输出。对于芯片中的大模块，如CPU，通常使用内建自测试，让芯片自己在上电后可以执行测试，可大大减小测试人员的工作量。

在制造封装阶段，芯片测试分为WAT（wafter acceptance test）、CP（circuit probe）、FT（final test）三个阶段，简单来说，因为封装是有成本的，为了尽可能地节约成本，可能会在芯片封装前，先进行一部分的测试，以排除掉一些坏掉的芯片；只有通过WAT和CP测试后，晶圆才会被切割，切割后的芯片按照之前的结果分类，只有好的芯片会被送去封装厂封装；为了保证出厂芯片都是没问题的，FT是必需的环节。三个测试阶段的详细描述如下。

WAT：是晶圆出厂前对 testkey(采用标准制程制作的晶圆，在芯片之间的划片道上会预先放上一些特殊的专门用于测试的图形，称为 testkey)的测试。这跟芯片本身的功能是没有关系的，它的作用是代工厂检测其工艺上有无波动，只要晶圆的 WAT 测试是满足规格的，晶圆厂基本上就没有责任。如果有失效，那就是制造过程出现了问题。

CP：是封装前晶圆级别的芯片测试，这里涉及了测试芯片的基本功能。不同项目的失效，会分别以不同颜色表示出来，失效的项目反映的是芯片设计的问题。

FT：封装完成后的测试，也是最接近实际使用情况的测试，会测到比 CP 更多的项目，这里的失效反映封装工艺上产生的问题，如芯片打线不好导致的开短路。FT 是测试工厂的重点，需要大量的机械和自动化设备，它的目的是把芯片严格分类，主要类别有：①通过了 WAT 和 CP，但芯片仍然是坏的；②封装损坏；③芯片部分损坏；④芯片是好的，没有故障。FT 可以分为两个步骤：①自动测试设备(ATE)的测试；②系统级别测试(SLT)。其中步骤②是必要项，ATE 的测试一般需要几秒，而 SLT 需要几小时，ATE 的存在大大地减少了芯片测试时间。ATE 负责的项目非常之多，而且有很强的逻辑关联性，测试必须按顺序进行，针对前列的测试结果，后列的测试项目可能会被跳过。这些项目的内容属于公司机密，如电源检测、引脚 DC 检测、测试逻辑检测、Burn-In、IP 内部检测(包括 Scan、BIST、Function 等)、IP 的 IO 检测(如 DDR、SATA、PLL、PCIE 等)、辅助功能检测(如热力学特性、熔断等)。这些测试项会给出 Pass/Fail(通过/失败)，根据这些 Pass/Fail 来分析芯片的体质。

所有的测试项目，都需要芯片工程师在流片之前设计好，如 DFT 工程师需要生产配套的输入矢量，一般会生产几万个，而这些矢量是否能够正常地检测芯片的功能，需要产品开发工程师来保证。此外，测试工程师、产品工程师还需保证每天芯片的生产任务，不会因为测试逻辑 Bug(故障)而延迟。

3.6.2　功能验证

芯片设计流程中的功能仿真、静态时序分析(static timing analysis，STA)及门级仿真都是在系统芯片设计阶段需要进行的验证工作，下面将一一介绍。功能仿真，又称功能验证，通常包含 RTL 级仿真和 FPGA 原型验证。

1) RTL 级仿真

RTL 级仿真指的是在寄存器这一级别对电路的数据流方式进行描述。通常，设计人员使用数据流级硬件描述语言(主要有 Verilog HDL、VHDL)来描述电路系统在不同时间的时序行为。RTL 级仿真，即通过使用 EDA 工具来检查 HDL 代码中的语法错误以及行为的正确性，并对功能进行仿真。如果没有实例化一些与器件相关的特殊底层元件，这个阶段的仿真可以做到与器件无关，没有门延迟和布线延迟，考虑的是理想化的情况。在芯片设计的初期阶段，这种方法提高了代码的可读性和可维护性，同时提高了仿真效率。

2) FPGA 原型验证

FPGA 原型验证技术通过将 RTL 移植到 FPGA 来验证 ASIC 和 SoC 的功能及性能。

RTL 级的仿真测试往往只能针对小规模的测试样例，对于复杂的、软硬件协同的测试样例，FPGA 能够表现出更接近实际芯片的性能。针对 SoC RTL 的 FPGA 实现也可以用作软件开发、硬件/软件协同验证和软件验证的基础。芯片设计人员可以根据 FPGA 上的验证结果进行快速的设计迭代，软件设计人员能够提早进行系统级的软件调试，并提供给硬件设计人员相关的设计意见，而这些验证并不需要额外的成本。

采用 FPGA 进行原型验证有助于降低设计成本并缩短上市时间，降低重新调整的风险。一个可用的 FPGA 原型也可以用于产品演示和现场试验。

在继电保护 SoC 芯片的前期设计中，RTL 级仿真和 FPGA 原型验证是主要的功能测试方法。表 3.6 列出了继电保护 SoC 芯片设计中一些典型的功能级测试样例。

表 3.6 SoC 芯片功能级测试样例

序号	任务项	序号	任务项
1	UART 接收、中断功能测试	12	Flash 读写擦测试
2	DMA(直接内存访问)查询发送、中断接收测试	13	TRNG 随机数生成测试
3	USB 发送接收测试	14	SM2 加解密测试
4	随机数发生器测试	15	SM3 哈希值计算测试
5	变频测试	16	SM4 加解密测试
6	验证 CK802 在 80MHz 主频下是否能正常运行	17	WTD(看门狗)
7	Flash 擦写时间测试	18	定时器(timer)
8	COS 在 80MHz 下测试	19	GPIO
9	COS 文件系统测试	20	I^2C 发送接收测试
10	MAC 测试	21	SPI 发送接收测试
11	UART 发送、中断功能测试	22	Flash 读写擦测试

3.6.3 静态时序分析

静态时序分析是一种穷尽分析方法，通过对提取的电路中所有路径上的延迟信息的分析，计算出信号在时序路径上的延迟，找出违背时序约束的错误，如建立时间和保持时间是否满足要求。静态时序分析的方法不依赖于激励，而且可以穷尽所有路径，运行速度快，占用内存少。静态时序分析是检查 SoC 芯片系统时序是否满足要求的主要手段。

静态时序分析工具首先读入门级网表、时序约束等信息，然后进行静态时序分析。分析过程可以分为 3 步。

(1)将电路分解为时序路径，即将电路转换为时序路径的集合。时序路径是一个点到点的数据通路，数据沿着时序路径进行传递。它的起点是输入端口或者寄存器的时钟，终点是输出端口或者一个寄存器的输入引脚，每个路径最多只能穿过一个寄存器。这样时序路径就可以划分为：输入端口到寄存器、寄存器到寄存器、寄存器到输出端口、输入端口到输出端口。

(2)计算每个路径上面的延时。在一个路径上，可能包含这几类延时：连线延时、组合逻辑的单位延时(影响因子有输入信号的转换时间，该值也决定输入晶体管的翻转速度、负载、单元本身的固有延时、制程、电压、温度等)、寄存器从 clk 端到 Q 端的延时。一个路径上的延时是该路径上所有连线的延时与单位延时的综合。延时一般定义为从输入跳变的 50%时刻到输出跳变的 50%时刻之间的时间。

(3)检查路径时序约束是否满足。路径时序约束主要指的是建立时间约束和保持时间约束。在寄存器的综合库描述中对寄存器的 D 端定义了建立时间和保持时间的约束。所谓建立时间是指在采样时钟到达之前，数据应该稳定的时间；保持时间是指在时钟到达之后，数据应该保持的时间，以保证寄存器正确地锁存数据。

以往时序的验证依赖于仿真，采用仿真的方法，覆盖率跟所施加的激励有关，有些时序违例会被忽略。此外，仿真方法效率非常低，会大大延长产品的开发周期。静态时序分析工具很好地解决了这两个问题，它不需要激励向量，可以报出芯片中所有的时序违例，并且速度很快。

3.6.4　门级仿真

门级仿真也称为后仿真、时序仿真，需要利用在布局布线后获得的精准延迟参数和网表进行仿真，验证网表的功能和时序是否正确。布局布线后，EDA 工具提供一个时序仿真模型，这种模型中也包括了器件的一些信息，同时还会提供一个标准延时格式(standard delay format，SDF)文件来输入延时信息。之所以称为门级仿真是因为综合工具给出的仿真网表已经与生产厂家的器件的底层元件模型一一对应，因此必须在仿真过程中加入厂家的器件库，并对仿真器进行一些必要的配置。

门级仿真的主要作用和重点如下。

(1)后端在各个步骤中会对综合后的网表进行改动，虽然会做一致性检查，但是还是需要进行功能性的门级仿真，以保证网表的正确性。

(2)存在一些 STA 检查不到的时序问题。STA 可以检查大多数的时序违反(timing violation)，但是也有力所不及的地方，如异步模块和端口的时序检查(timing check)，但是在门级仿真中能更直观直接地反映出来。

(3)功耗评估。布局布线后的网表能更加真实地接近实际的芯片，提供的功耗评估值更有参考价值。

(4)验证初始化复位(reset)流程的正确性。实际芯片在刚上电的时候，理论上大多数信号都是在不确定态，需要经过复位流程来进行初始化。只有在门级仿真中，才能更真实充分地反映复位流程的正确性。

参 考 文 献

[1] 刘利军, 于龙. 电力系统继电保护现状及发展状况综述[J]. 科技视界, 2014, 26: 49.

[2] 中国南方电网有限责任公司电网技术研究中心, 南方电网科学研究院有限责任公司, 北京四方继保自动化股份有限公司. 一种芯片化数字化继电保护系统: CN201410501183.5[P]. 2015-01-28.

[3] 习伟, 姚浩, 陈波, 等. 基于 SOC 系统数据交互的保护装置设计[J]. 电力科学与技术学报, 2017, 32(3): 121-125.

[4] 张宇蓉. 电力系统继电保护的现状与发展[J]. 硅谷, 2009, 5: 126.

[5] 杨奇逊, 刘建飞, 张涛, 等. 现代微机保护技术的发展与分析[J]. 电力设备, 2003, 4(5): 10-14.

[6] 刘向军, 李明, 文亚凤, 等. 基于 DSP 的继电保护装置硬件平台的研究与实现[J]. 高压电气, 2007, 43(1): 62-64.

[7] 田国政, 余英, 段小华. 多 CPU 单片机系统在继电保护装置中的应用[J]. 微型机与应用, 2001, 20(10): 27-29.

[8] 曹飞飞. 大容量单芯片微机继电保护装置解决方案研究[D]. 保定: 华北电力大学, 2008.

[9] 张桂青, 冯涛, 王建华. EDA 技术在数字保护继电器中的应用[J]. 继电器, 2002, 30(6): 17-20.

[10] 蔡月明, 梅军, 曹晓华. CPLD 在继电保护装置中的应用[J]. 继电器, 2001, 29(10): 42-44.

[11] 席建国. 电力系统继电保护技术发展历程和前景展望[J]. 黑龙江科技信息, 2009, 26: 24.

[12] 吴汉明, 史强, 陈春章. 集成电路设计中 IP 设计及其产业发展特点[J]. 微纳电子与智能制造, 2019, 1(1): 20-28.

[13] 郭炜等. SoC 设计方法与实现[M]. 北京: 电子工业出版社, 2007.

第4章　继电保护嵌入式操作系统

4.1　嵌入式操作系统概述

4.1.1　嵌入式操作系统的基本概念

嵌入式操作系统(embedded operating system，EOS)是指用于嵌入式系统的操作系统。嵌入式操作系统是一种用途广泛的系统软件，通常包括与硬件相关的底层驱动软件、系统内核、设备驱动接口、通信协议、图形界面、标准化浏览器等。嵌入式操作系统负责嵌入式系统的全部软、硬件资源的分配、任务调度、控制、协调并发活动。它必须体现其所在系统的特征，能够通过配置不同模块来实现系统所要求的功能。

嵌入式操作系统硬件平台的局限性、应用环境的多样性和开发手段的特殊性，使它与普通的操作系统有着很大的不同，其主要特点如下[1]。

(1)微型化。嵌入式系统芯片内部存储器的容量通常较小(1MB 以内)，一般也不配置外存，加上电源的容量较小以及外部设备的多样化，因而不允许嵌入式操作系统占用较多的资源，所以在保证应用功能的前提下，嵌入式操作系统的规模越小越好。

(2)实时性。目前，嵌入式系统广泛应用于生产过程控制、数据采集、传输通信等场合，这些应用的共同特点就是要求系统能快速响应事件，因此要求嵌入式操作系统有较强的实时性。大多数嵌入式系统都是实时系统，而且多是强实时多任务系统。

(3)可剪裁性。可剪裁性是嵌入式操作系统最大的特点。由于其目标硬件配置的差异性，嵌入式操作系统必须能够适应不同的硬件配置环境，所以要求它具有良好的可剪裁性。

(4)易移植性。为了适应多种多样的硬件平台，嵌入式操作系统应可在不做大量修改的情况下能稳定地运行于不同的平台。

(5)高可靠性。一般来说，嵌入式系统一旦开始运行就不需要人的过多干预。在这种条件下，要求负责系统管理的嵌入式操作系统具有较高的稳定性和可靠性。

(6)可扩展性。嵌入式操作系统具有较强的可扩展性，可以很容易地在嵌入式操作系统上扩展新的功能。例如，随着 Internet 的快速发展，嵌入式系统提供强大的网络功能，支持传输控制协议/互联网协议(transmission control protocol/internet protocol，TCP/IP）及其他协议，提供传输控制协议/用户数据报协议/互联网协议/点对点协议（transmission control protocol/user datagram protocol/internet protocol/point to point protocol，TCP/UDP/IP/PPP）及统一的 MAC 访问层接口，为各种移动计算设备预留接口。

目前在嵌入式领域广泛使用的操作系统有嵌入式操作系统 μC/OS-Ⅱ、嵌入式 Linux、Windows Embedded、VxWorks 等，以及应用在智能手机和平板电脑的 Android、iOS 等。

由于嵌入式系统存储器的容量较小，因此嵌入式系统的软件一般只有操作系统和应用软件两个层次。嵌入式系统结构如图 4.1 所示。

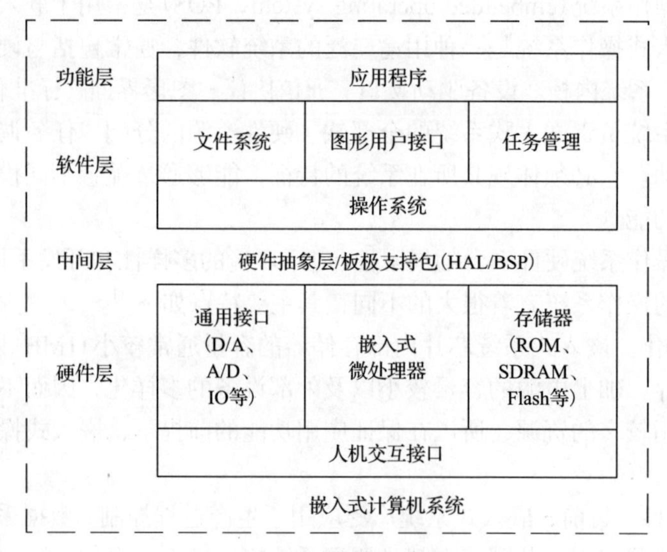

图 4.1　嵌入式系统结构图

4.1.2　宏内核与微内核

内核（kernel）是操作系统的核心部分，它管理着系统的各种资源，其主要功能之一是进行任务调度。所谓调度，就是决定多个任务的运行状态，即哪个任务应该处于哪种状态。内核最核心的服务就是任务调度，也包含了操作系统的初始化、时钟滴答服务、任务的创建和删除、任务的挂起及恢复、多种时间管理及中断管理[2]。

内核可以看成连接应用程序和硬件的一座桥梁，是直接运行在硬件上的最基础的软件实体。在操作系统内核的设计上有两种结构：宏内核（monolithic kernel）结构和微内核（micro kernel）结构[3]。

宏内核的内部可分为若干模块（或者是层次或其他）。但是在运行时，它是一个独立的二进制大映像。模块间的通信不是通过消息传递的，而是通过直接调用其他模块中的函数来实现的。

在微内核中，用以完成系统调用功能的程序模块通常只进行简短的处理，而把其余工作通过消息传递交给内核之外的进程来处理。对于微内核，用户服务和内核服务分别运行在不同的地址空间中；在典型情况下，每个系统调用程序模块都有一个与之对应的进程，微内核部分经常仅仅是一个消息转发站，这种方式有助于实现模块间的隔离。

宏内核与微内核架构如图4.2和图4.3所示。

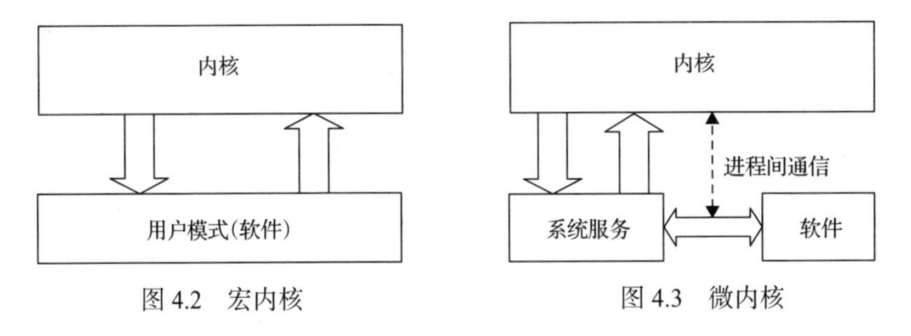

图4.2　宏内核　　图4.3　微内核

4.1.3　任务的管理与调度

1. 任务管理

任务管理是嵌入式操作系统的核心和灵魂，决定了操作系统的实时性能。它通常包含优先级设置、时间的可确定性、任务状态与迁移等。

1) 优先级设置

嵌入式操作系统支持多任务，每个任务都具有优先级，任务越重要，赋予的优先级应越高。优先级的设置分为静态优先级和动态优先级两种。静态优先级指的是每个任务在运行前都被赋予一个优先级，而且这个优先级在系统运行期间是不能改变的；动态优先级则是指每个任务的优先级(特别是应用程序的优先级)在系统运行时可以动态地改变。

2) 时间的可确定性

嵌入式操作系统函数调用与服务的执行时间应具有可确定性。系统服务的执行时间不依赖于应用程序任务的多少。基于此特征，系统完成某个确定任务的时间是可预测的。

3) 任务状态与迁移

任务管理实现的核心和基础是任务状态和迁移时序。在内核的设计过程中，最先应考虑的是任务的状态以及迁移时序，然后根据此状态设计相应的队列，如就绪队列、等待队列等。

在多任务状态中，任务要参与资源的竞争，只有在所需资源得到满足的情况下任务才能得到执行。然而，任务拥有的资源情况是不断变化的，这将导致任务状态也表现出不断变化的特性。不同的实时内核实现方式对状态的定义不尽相同，但都包括以下三种基本状态。

(1)等待态：任务在等待 IO 完成或者等待某个事件的发生。

(2)就绪态：任务已经得到需要运行的资源，并等待获得处理器资源。

(3)运行态：任务获得处理器和其他所有需要的资源，相关代码正在被运行。

在单处理器系统中，任何时候只有一个任务处于运行态。如果没有任何任务需要运行，那么内核会运行一个空闲任务。任何一个可以执行的任务都必须处于就绪态，实时内核会从所有就绪的任务中，使用合适的调度策略选择一个运行。当出现一个任务请求 IO 操作，或者等待信号量的情况时，系统将会处于等待态。

在一定条件下，任务会在不同的状态之间进行转化，称为任务状态迁移，如图 4.4 所示。

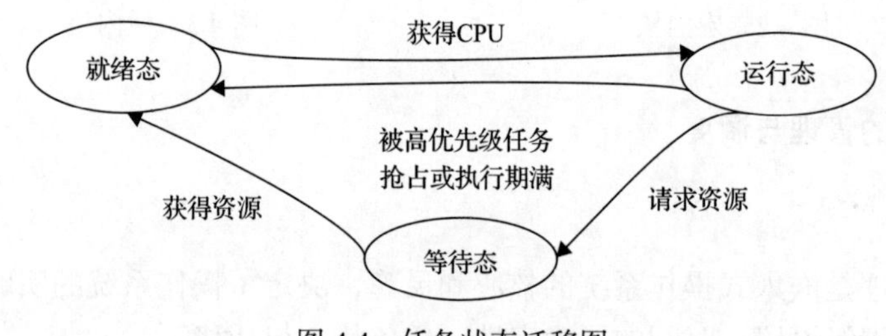

图 4.4　任务状态迁移图

图 4.5 描述了三个任务状态迁移过程。图中包含三个任务和一个调度程序。调度程序确定下一个需要投入运行的任务，因此调度程序本身也占用一定的处理时间。

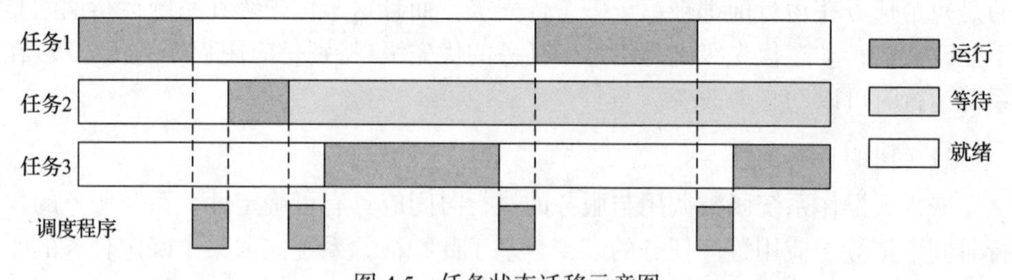

图 4.5　任务状态迁移示意图

2. 任务调度

调度是内核的主要职责之一，任务调度主要是协调任务对计算机系统资源的争夺使用。对系统资源非常匮乏的嵌入式系统来说，任务调度尤为重要，它直接影响到系统的实时性能。通常多任务调度就是通过一个算法在多个任务中确定运行哪个任务。做这项工作的函数就称为调度器。

1）调度算法

(1)时间片轮转调度算法。当两个或两个以上任务有同样优先级时，内核允许一个任务运行事先确定的一段时间，该段时间称为时间片，然后切换给另一个任务。内核在满足以下条件时，把CPU控制权交给下一个就绪态的任务：①当前任务运行的时间片到期；②当前任务在时间片还没结束时已经完成了。

(2)基于优先级的调度算法。每个任务都被赋予优先级。任务越重要，赋予的优先级就越高。优先级的分配方式可分为静态分配和动态分配。静态优先级是指应用程序执行过程中诸任务的优先级不变。在静态优先级系统中，各个任务以及它们的时间约束在程序编译时是已知的。动态优先级指应用程序执行过程中，任务的优先级是可变的。嵌入式操作系统多采用基于静态优先级的可抢占的调度，任务优先级是在运行前通过某种策略静态分配好的，一旦有优先级更高的任务就绪就马上进行调度。

2）调度器实现

在整个任务管理中，任务调度无疑是系统的核心，任务调度通常由内核中的调度器实现。调度器的实现与任务运行状态迁移、任务队列有密切的联系，可以说任务运行状态迁移和任务队列决定了调度器的实现。调度器的主要作用是在就绪队列中选择优先级最高的任务运行，如果优先级最高的任务不止一个，则选择队头的任务运行。

对于实时系统来说，中断处理程序执行完毕后，应该马上执行调度，这是因为中断常常伴随着有新的任务处于就绪队列中，在这些任务中可能会有高优先级的任务就绪，所以在实时内核中要求必须支持在中断后马上进行任务调度。不管是在实时系统中，还是在其他系统中，调度器的性能显得非常重要，常常要求调度器的时间复杂度至少应该为线性，当然常数是最好的。对于不同的处理器架构，其提供的通用寄存器、状态寄存器都有很大的区别，调度器应该留出良好的接口给不同的处理器，以便以后移植。

调度器实现时，基本上考虑了上面的几个问题。根据任务状态迁移、内核队列等方面的内容，在byCore中实现了一个名为scheduler( )的调度程序。在scheduler( )中调用几个与硬件相关的函数，这几个函数主要用于实现任务硬件上下文的切换，这部分代码用汇编完成，并且与处理器有关。图4.6描述了scheduler( )的算法流程图。

该调度程序的算法非常简单，首先，在允许调度的情况下，如果有高优先级任务就绪，则进行任务切换。任务切换会发生在两种处理器模式下，一种是处理器处于正常的运行态，另一种发生在中断态中。因此，内核使用两组函数分别处

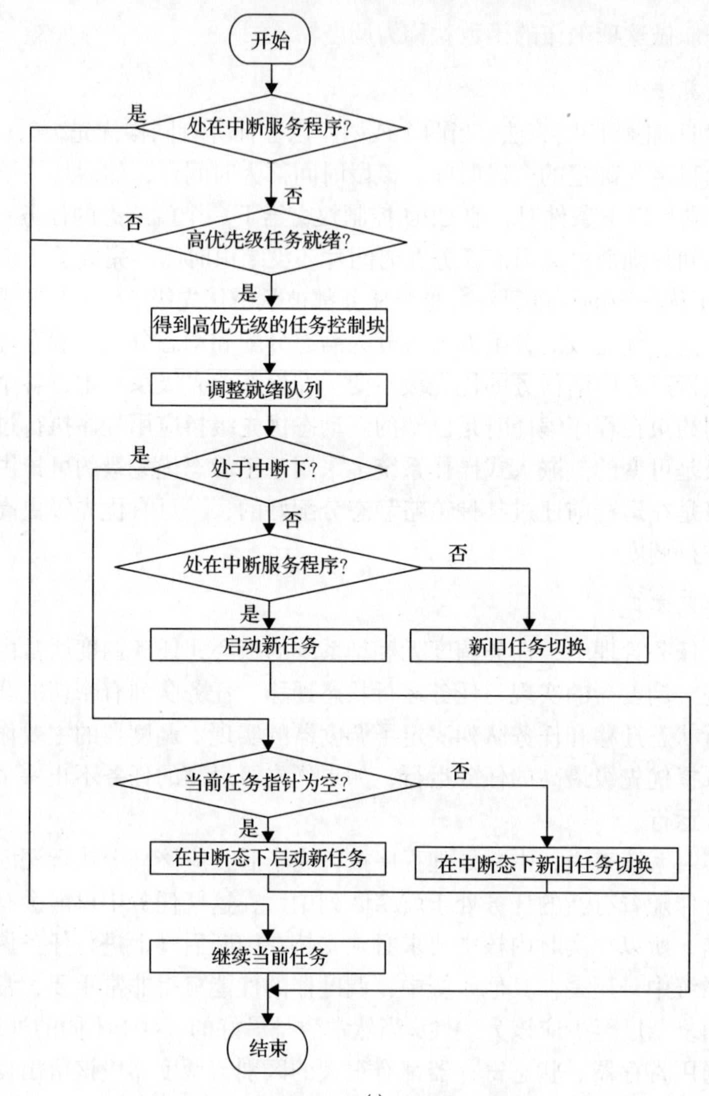

图 4.6　scheduler( )的算法流程图

理这两种情况。在两种处理器状态下都有"启动新任务"和"新旧任务切换"函数接口完成最后的任务切换工作，这两组函数与处理器有关，并由汇编代码实现。"启动新任务"的主要功能是将任务的初始上下文复制给处理器的各个寄存器，包括通用寄存器、堆栈指针寄存器、状态寄存器和指令指针寄存器等。这些初始值在新任务创建时被初始化。"启动新任务"发生的时机有两种情况：第一种情况是内核初始化完毕后，启动第一个任务；第二种情况为任务主动结束后，当前任务指针被置为 NULL 时。"新旧任务切换"发生在两个任务之间，一个是被切换出去的任务，另一个是将要执行的任务。任务切换函数也由汇编代码实现。它所要完成的工作主要有两个，第一是将旧任务(被切换出去的任务)的上下文保存到自己的栈中；第二是新任务(将要执行的任务)将保存在栈中的上下文复制到处理器的相关寄存器中。“新旧任务切换”的发生时机有：①当前任务执行时间到；②当前任务被高优先级任务抢占；③当前任务休眠或等待某个事件发生。只有设置好了任务的相关内容，才能很好地实现任务的调度。

4.1.4　中断和时钟

1. 中断

中断是一种硬件机制，用于通知 CPU 有异步事件发生。异步事件是指没有一定时序关系的、随机发生的事件。当中断产生时，由硬件向 CPU 发送一个异步事件请求，CPU 接收到请求后，中止当前的工作，保存当前的运行环境，转去处理相应的异步事件，这个过程称为中断。事件处理完毕后，CPU 后续执行的程序为以下 3 种情况[4]。

(1)在前后台系统中，程序回到后台程序。

(2)在不可剥夺型内核中，程序回到刚才被中断了的任务继续执行。

(3)在可剥夺型内核中，让进入就绪态的优先级最高的任务开始运行，若没有高优先级任务准备就绪，则回到被中断了的任务。

中断机制使 CPU 无须连续不断地查询是否有新的事件发生，只需在有事件发生时才做出响应。CPU 可以通过两条特殊指令控制中断，关中断指令和开中断指令，可以让微处理器不响应或响应中断。虽然可以控制中断的打开和关闭，但在实时环境中，关中断的时间应尽量短。显然，关中断影响中断延迟时间。关中断时间太长可能会引起中断丢失。

微处理器一般允许中断嵌套，也就是说在中断服务期间，微处理器可以识别另一个更重要的中断，并服务于那个更重要的中断，如图 4.7 所示，任务的执行

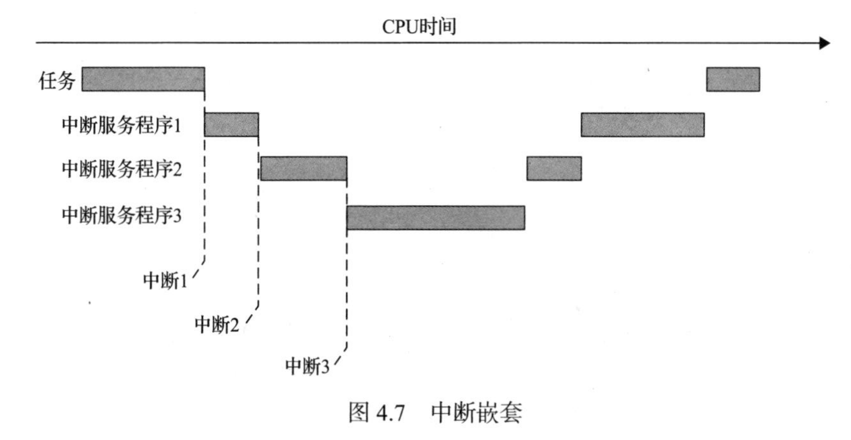

图 4.7　中断嵌套

被中断 1 中断，中断 1 的中断服务程序(interrupt service routine，ISR)开始执行，被中断 2 中断，中断 2 的 ISR 开始执行，被中断 3 中断，中断 3 的 ISR 开始执行，执行完毕，转到中断 2 的 ISR 继续执行，执行完毕，转到中断 1 的 ISR 继续执行，执行完毕，转到任务继续执行。

中断延迟表示一个时间长度，就是在这个时间段内，系统无法响应任何中断。所有嵌入式系统在进入临界区代码段之前都要关中断，执行完临界代码之后再开中断。关中断的时间越长，中断延迟就越长。这个时间的长短对系统的性能有很大的影响。

中断响应时间定义为从中断发生到开始执行用户 ISR 代码来处理这个中断的时间间隔。中断响应时间包括开始处理这个中断前的全部开销。典型地，执行用户 ISR 代码之前要保护现场，将 CPU 的各寄存器压入堆栈保存，这个处理过程花费的时间也称为中断响应时间。

实际上，中断响应时间是指系统在最坏情况下响应中断的时间，假定某系统经测试，100 次中有 99 次在 100μs 之内响应中断，只有一次响应中断的时间是 250μs，只能认为中断响应时间是 250μs。

中断恢复时间也是一个很重要的衡量嵌入式系统性能的时间。中断恢复时间定义为从 ISR 执行完毕，到微处理器返回到被中断了的程序代码开始执行所需要的时间。

图 4.8～图 4.10 先后显示了前后台系统、不可剥夺型内核、可剥夺型内核三种不同类型的嵌入式系统相应的中断延迟、中断响应和中断恢复过程。从中可以分析得出三种系统在中断技术方面的异同。

如图 4.8 所示，前后台系统运行机制下，当后台程序正在运行时，系统发出一个中断请求，因为中断关闭等因素，后台程序仍然执行一段时间，相当于中断

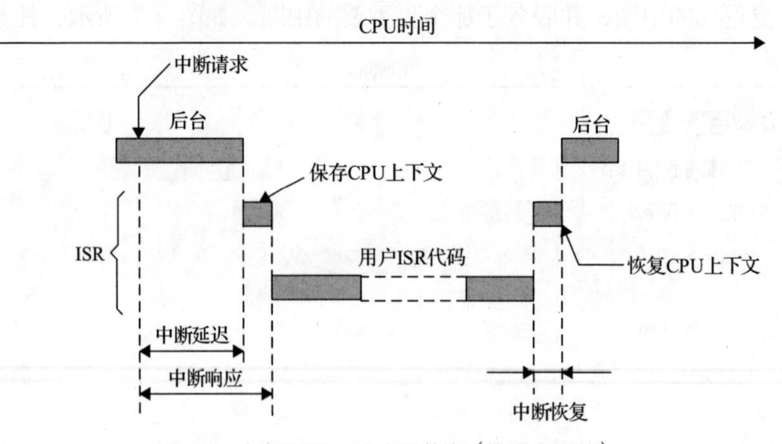

图 4.8　中断延迟、响应和恢复(前后台系统)

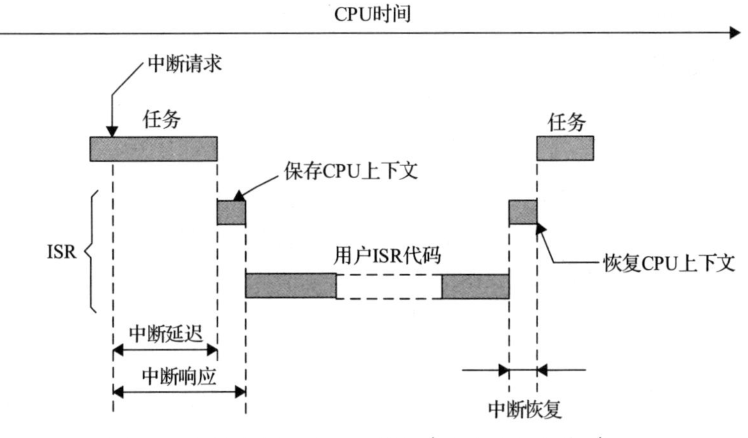

图 4.9　中断延迟、响应和恢复(不可剥夺型内核)

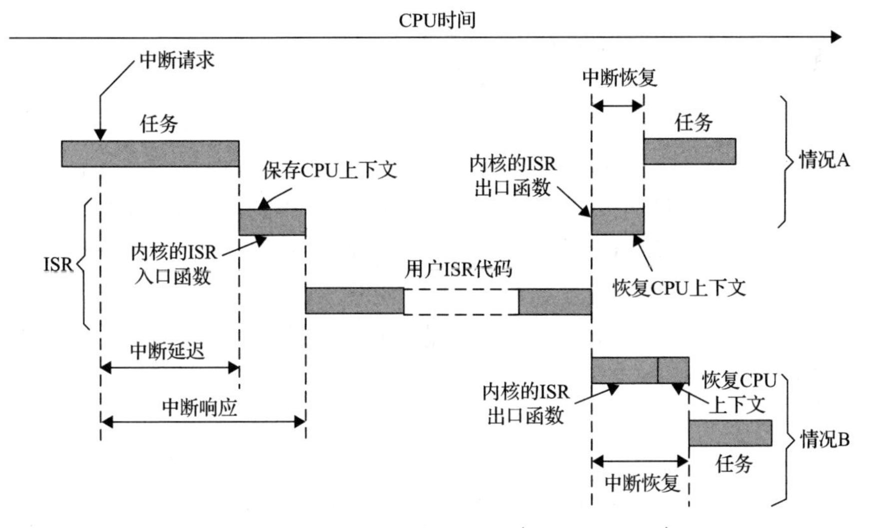

图 4.10　中断延迟、响应和恢复(可剥夺型内核)

延迟的时长，然后，开始响应该中断，保存 CPU 上下文，保存完毕。从发出中断请求，到 CPU 上下文保存完毕这段时长，称为中断响应时间。然后，CPU 开始执行用户 ISR 代码，直至用户 ISR 代码执行完毕，CPU 进行后台程序的 CPU 上下文恢复等中断恢复工作，可以这样理解，整个 ISR 是从保存 CPU 上下文开始，到 CPU 上下文恢复结束。完成后，CPU 继续执行后台程序。图 4.8 展示了前后台系统的一个中断处理过程。

如图 4.9 所示，不可剥夺型内核运行机制下，当某个任务程序正在运行时，系统发出一个中断请求，随后的处理过程同上，不再赘述。完成后，CPU 继续执行刚才被中断的任务程序代码。

如图 4.10 所示，可剥夺型内核运行机制下，当某个任务程序正在运行时，系统发出一个中断请求，因为中断关闭等因素，任务程序代码仍然执行一段时间，相当于中断延迟的时长，然后，开始响应该中断，CPU 执行上下文保存，保存完毕，再执行内核的 ISR 入口函数，从发出中断请求，到执行完内核的 ISR 入口函数的这段时长，称为可剥夺型内核的中断响应时间。然后，CPU 开始执行用户 ISR 代码，直至用户 ISR 代码执行完毕，CPU 执行可剥夺型内核的 ISR 出口函数，根据 ISR 出口函数的执行结果，执行流程在图 4.10 中的情况 A 和情况 B 中，选择一种情况执行。完成后，CPU 继续执行选中的被恢复上下文的任务程序代码。图 4.10 展示了可剥夺型内核的一个中断处理的过程。

注意，对于可剥夺型内核，中断出口函数，即中断返回函数将做出决定，如图 4.10 情况 A 部分所示，返回到被中断的任务，或如图 4.10 情况 B 部分所示，如果 ISR 使一个优先级更高的任务进入了就绪态，则新进入就绪态的这个优先级更高的任务将得以运行。在后一种情况下，恢复中断的时间要稍长一些，因为内核要做任务切换，而不是简单的 CPU 上下文切换。

2. 时钟节拍

嵌入式操作系统与其他计算机系统相同，具有时钟计时装置。计时方式就是产生既定周期性时钟节拍。时钟节拍是一种特定的周期性中断，在嵌入式操作系统中起到“心脏”的作用。操作系统的多任务能够同步，最根本的硬件条件是系统在统一的时钟下工作。通过对硬件的设置，通常在 1～200ms 的时间间隔内产生一次时钟中断。时钟的节拍式中断，是实时内核进行所有计时的标准和依据，使得实时内核可以实现任务延时，以及当任务等待事件发生时，提供等待超时的依据。

各种实时内核都有将任务延时若干个时钟节拍的功能。然而这并不意味着延时的精度能达到 1 个时钟节拍，只是在每个时钟节拍中断到来时，对任务延时做一次到时判断。时钟节拍对任务进行延时的影响，可以通过图 4.11～图 4.13 进行说明。

图 4.11～图 4.13 中，t_1、t_2、t_3 指前一个任务结束开始延时起至后一个任务结束开始延时的时间间隔。所有任务将自身延迟一个时钟节拍的执行时序。时钟节拍 ISR 阴影部分是各部分程序的执行时间。请注意，相应的任务程序运行时间是长短不一的，这反映了程序中含有循环和条件转移语句的情况。时间节拍 ISR 的运行时间也是不一样的，因为每次执行的流程会因为处理条件有所不同，所以花费的时间也不同。

第一种情况如图 4.11 所示，优先级最高的任务和中断服务超前于要求延时 1 个时钟节拍的任务运行。可以看出，虽然该任务想要延时 20ms，但由于其优先级的缘故，实际上每次延时多少是变化的，这就引起了任务执行时间的抖动。显然，

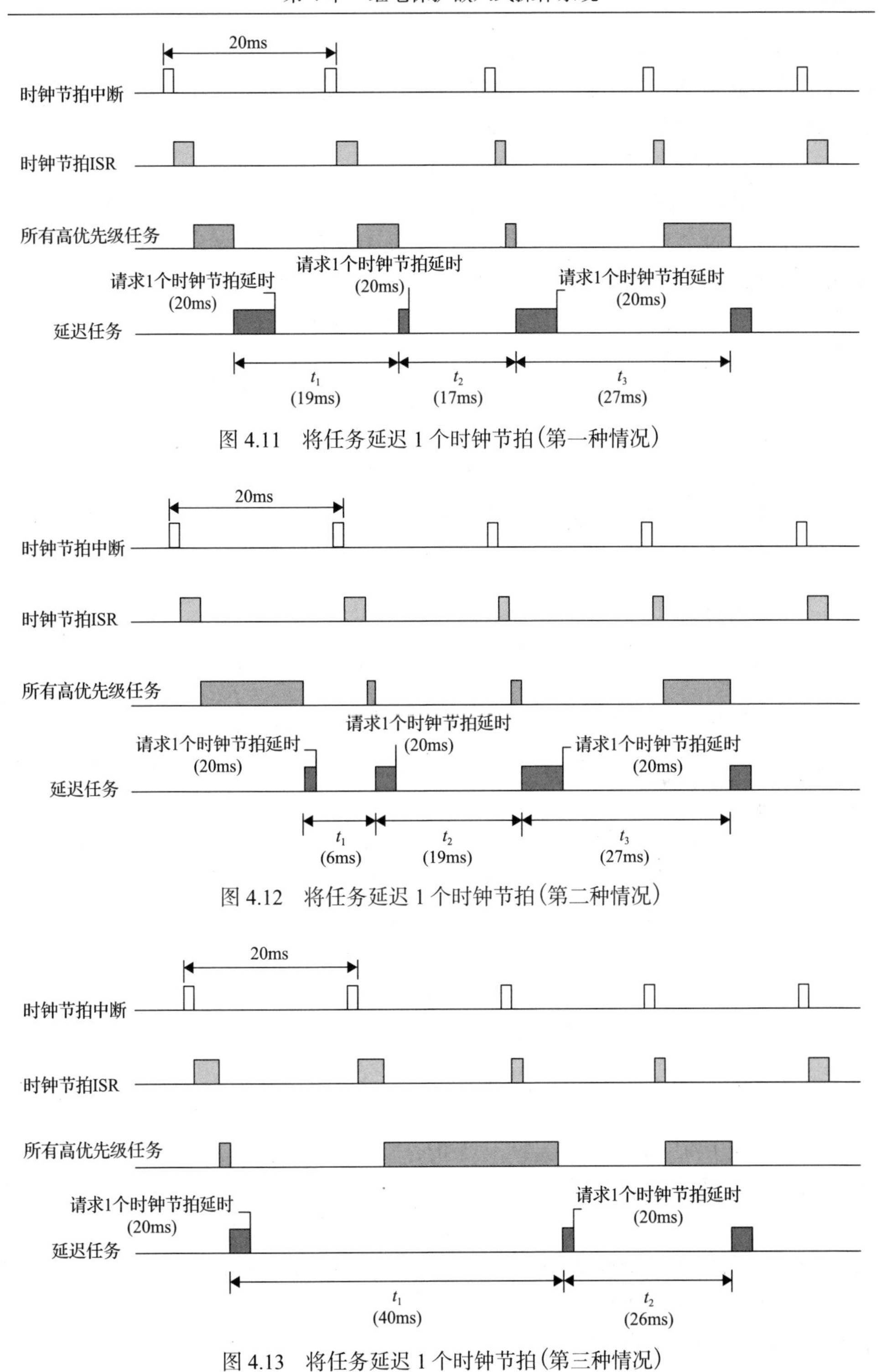

图 4.11　将任务延迟 1 个时钟节拍(第一种情况)

图 4.12　将任务延迟 1 个时钟节拍(第二种情况)

图 4.13　将任务延迟 1 个时钟节拍(第三种情况)

任务的实际执行时间对嵌入式软件的运行性能至关重要。从图 4.11 可分析得出，时钟节拍中断是 20ms 发生一次，每当发生时钟节拍中断时，时钟节拍 ISR 就执行一次，每次执行完 ISR，一个此时优先级最高的任务就开始运行，该任务执行一遍自己的流程后，就请求延迟 20ms，主动放弃了 CPU 的执行权。

第二种情况如图 4.12 所示，所有高优先级的任务和中断服务的执行时间都略微小于 1 个时钟节拍。如果任务将自己延时 1 个时钟节拍的请求刚好发生在下一个时钟节拍之前，则这个任务的再次执行几乎立即开始。因此，如果要求任务的延迟至少为 1 个时钟节拍，则要多定义 1 个延时时钟节拍。例如，如果想要将一个任务至少延迟 5 个时钟节拍，在程序中应设计延时 6 个时钟节拍。

第三种情况如图 4.13 所示。在这种情况下，拟延迟 1 个时钟节拍的任务实际上在 2 个时钟节拍后开始运行，引起了延迟时间超时。这在某些应用中或许可以，而在多数情况下不可接受。

上述情况在所有的实时内核中都会出现，这与 CPU 负荷有关，也可能与系统设计不正确有关。总之，不管怎样，任务执行时间的抖动总是存在的。

4.1.5 动态内存管理

1. 嵌入式操作系统动态内存管理的基本目标和基本方法

嵌入式应用程序在运行中，由于某些功可能临时需要获取内存空间，作为一个功能完善的嵌入式操作系统应该具备动态分配内存的能力。能否合理有效地对内存进行分配和管理，是衡量一个操作系统品质与性能的指标之一。特别是对于实时操作系统来说，还应该确保系统在动态分配内存时，花费的执行时间可确定。所以，碎片问题以及分配内存、释放内存执行时间不固定问题，是嵌入式内核内存管理必须解决的问题[4]。

在 ANSI C(美国国家标准协会(ANSI)对 C 语言发布的标准)中，可以用 malloc()和 free()两个函数动态地分配内存和释放内存。但是，在嵌入式操作系统中，如果利用 C 语言多次这样进行动态内存的分配和回收，会把原来很大的一块连续内存区域，逐渐地分割成许多非常小而且彼此又不相邻的内存区域，也就是所谓的内存碎片。这些碎片的大量存在，使得程序到后来连非常小的内存也分配不到，导致内存利用率降低。另外，由于内存管理算法的原因，malloc( )和 free( )函数的执行时间不确定。

嵌入式操作系统内核内存管理的方案主要是通过改进 ANSI C 的分配内存函数 malloc( )和释放内存函数 free( )，使之可对大小固定的内存块进行分配和回收操作，从而使 malloc( )和 free( )函数的执行时间可确定，即为常数，满足了实时操作系统内核与应用程序对执行和响应时间的要求。

2. 基于内存池的动态内存管理

嵌入式操作系统基于内存池的动态内存实现方法描述如下。

在系统中，把连续的大块内存按分区来管理。每个分区中包含整数个大小相同的内存块，如图 4.14 所示，共有 1 个内存分区，该内存分区分为 6 个内存块，内存块大小相等。基于这种分区机制，操作系统内核在 malloc( ) 和 free( ) 函数的基础上，实现分配和释放大小固定的内存块、malloc( ) 和 free( ) 函数执行时间固定。

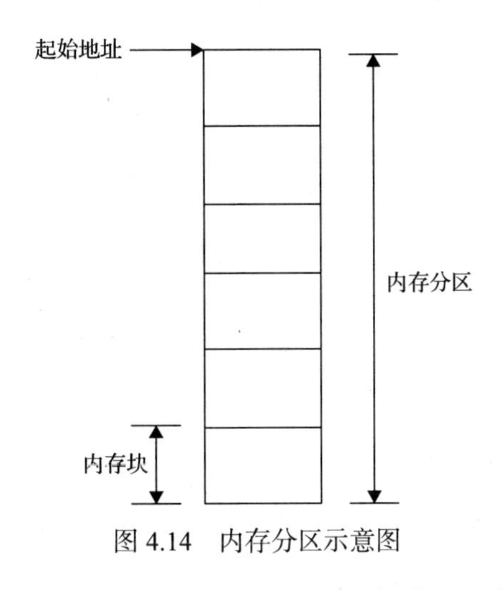

图 4.14　内存分区示意图

如图 4.15 所示，在一个系统中可以有多个内存分区，各个内存分区的内存块大小不一。图 4.15 中共有 4 个内存分区，每个内存分区的空间不同，内存块数量

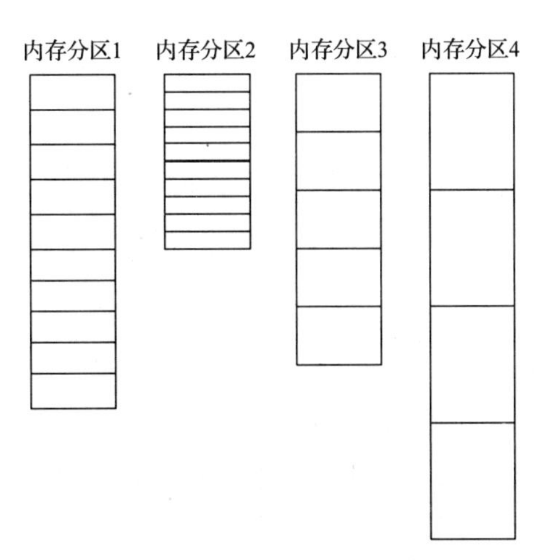

图 4.15　多个内存分区示意图

不同，内存块大小不同。用户应用程序可以根据自身需求，从不同内存分区申请不同大小的内存块。当然，指定内存块释放时必须重新放回它以前所属的内存分区，不破坏分区一致性和完整性，采用这样的内存管理算法，内存碎片问题就可以解决。

4.2　继电保护专用操作系统的开发背景

4.2.1　为什么继电保护装置需要操作系统

继电保护装置按其实现技术可分为整流型、晶体管型、集成电路型以及微机型等几类。目前，微机继电保护装置已经成为主流。

微机继电保护装置内部包含装置运行的“大脑”——CPU。该 CPU 内部运行有专门设计的程序。在微机继电保护装置最初研发时期，嵌入式系统缺乏可用的操作系统，因此当时几乎所有的微机继电保护装置均采用了“裸机”程序的工作方式。该“裸机”程序的运行方式非常简单，CPU 的运行状态被分为两个状态：①执行时间关键任务的中断上下文；②执行事务性任务的普通上下文。该“裸机”程序的运行时序示意如图 4.16 所示。

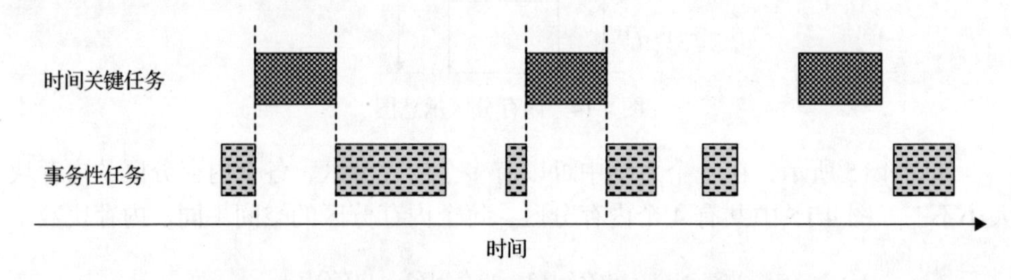

图 4.16　事务性任务与时间关键任务的运行时序示意图

随着继电保护装置的发展，其功能集成度和复杂度越来越高，目前的“裸机”程序越来越难以满足保护发展需求。首先，时间关键任务有多个，且各自的操作完成时限存在不同的限制；其次，事务性任务也越来越多，实现时间关键任务之间的平衡以及突发状态下事务性任务的运行时序设计等的复杂度越来越高。复杂度的提升对“裸机”程序的设计提出了越来越高的要求，极大地提高了开发的难度、加大了后续的维护成本。

有部分厂家在继电保护装置中引入了操作系统，并借用操作系统中的多任务机制灵活地实现了继电保护装置的功能。在保证速动性、可靠性外，实现了更加友好的开发与维护，并为后续继电保护装置集成新功能、实现新特性等预留了资源。

4.2.2　继电保护装置对操作系统的要求

目前，操作系统已广泛应用于继电保护装置，但由于继电保护装置的硬件设计限制及外部特性要求，其所能够采用的操作系统有特定的要求。

1) 小型化

继电保护装置是嵌入式装置的一种。与个人计算机或手机相比，继电保护装置受限于运行环境，采用的 CPU 性能较低，且各项资源非常受限。相比于手机 4GB 及以上的运行内存，目前常见的继电保护装置的内存仅为其 1/16。因此，在继电保护装置中能够运行的嵌入式操作系统必须具备较小的操作系统内核，从而可以在极为受限的内存以及运算资源下正常运行，且预留出足够的资源供继电保护装置的各项任务正常运行。

2) 实时性

由继电保护装置的速动性可知，继电保护装置对于故障发生到给出反应之间的时间是有着严格要求的，这一要求在操作系统领域称为实时性。当继电保护装置运行“裸机”程序时，该实时性由中断这一特殊的运行上下文保证。而定时发生的中断必然会在一个可预知的最长时限内完成内部的运算并对外给出反应。在嵌入式操作系统中，中断被操作系统接管，直接在中断上下文中运行复杂的逻辑会受到极大的限制。因此，嵌入式操作系统必须能够提供在中断外的“实时性”，即高实时性要求的任务能够在限定的时间内得到执行。

3) 可靠性

继电保护装置作为保障电网安全运行的第一道防线，其运行的可靠性对电力系统的可靠运行具有重大意义。继电保护装置的故障会直接造成用电故障，甚至可能导致大面积停电事故。因此，继电保护装置的可靠性是其非常重要的特性。

与常见的消费类产品或是普通的工业产品不同，继电保护装置的单次运行周期非常长，有时甚至会达到数十年。因此，继电保护装置的可靠性要求以及运行特性对其所运行的嵌入式操作系统提出了非常严苛的要求。要求该嵌入式操作系统在长期连续运行中保持运行正常，且可以随时对故障做出快速反应。

4) 专用性

继电保护装置是一种专用的电力保护设备，在目前的电力系统中有着其独特的定位以及应用场景。而电力系统内部有非常多的专用接口与协议。例如，GOOSE 是 IEC 61850 标准中用于满足变电站自动化系统快速报文需求的机制，该标准已经广泛应用于目前的智能变电站通信系统中。而针对 GOOSE 中各种已知的攻击的防护能力等亦是目前保证继电保护装置可靠运行的重点。例如，IEC 61850-9-2[等同于国内标准《电力自动化通信网络和系统　第 9-2 部分：特定通信服务映射(SCSM)-基于ISO/IEC 8802-3的采样值》(DL/T 860.92—2016)]实现了间隔层内和过程层内以及间隔层和过程层之间通信的映射，映射到ISO/IEC 8802-3的采样值。而采样值是继电保护装置最重要的信息输入，必须对数据的有效性进行校验，并进行额外的选择、订阅等操作，而这些均是在对IEC 61850-9-2的语义理解的基础上进行的。这些功能在目前常用的操作系统中一般不存在，却是继电保护装置的核心功能。因此，继电保护装置运行的操作系统必须能够针对电力设备的特性进行行业功能的定制化开发。

4.2.3　专用操作系统的开发背景

虽然目前已经有非常多款不同的实时嵌入式操作系统，但其主要针对消费类、通用工业应用以及物联网等领域，无法完全满足继电保护装置的操作系统应用需求。

部分实时嵌入式操作系统做得非常全面，其内部包含了多种不同服务以及功能支持，具有非常完善的网络协议栈支持，具有通用化特点。通用化固然可以让该操作系统能够适应各种各样的应用需求，但该操作系统的代码规模非常庞大，代码的整体操作逻辑比较复杂。面对继电保护装置对可靠性要求苛刻的应用场景，该操作系统存在较大的应用风险。

部分实时嵌入式操作系统做得非常精简，其内部仅包含了一个操作系统内核，几乎是必须包含的线程调度以及一些简单的多线程的同步控制用的信号量，其他几乎不再支持。这样的实时嵌入式操作系统更多地面向一些功能单一、资源非常受限的嵌入式应用场景，如门锁、小型家用开关等设备。其对于目前继电保护装置的功能丰富性的支持较差。而且由于该类实时嵌入式操作系统的网络服务实现过于简单，基本无法满足目前继电保护装置对于网络通信越来越高的功能需求。

另外，目前所有的嵌入式实时操作系统对于电力系统应用的特殊性均未能考虑。以网络通信为例，网络通信分为两个部分，即通信链路以及通信协议。目前绝大多数的嵌入式实时操作系统均以中断的方式驱动通信链路。而对于继电保护应用，通信链路需要按照系统内部的运行节拍进行按时读取和处理，从而保证继电保护应用的实时性及整体运行时序的可靠性。而对于通信协议，目前有部分实时操作系统的协议栈仅能够实现对较为基础的地址解析协议(address resolution protocol，ARP)、Internet控制报文协议(internet control message protocol，ICMP)、TCP、UDP等常见的网络协议的支持，有部分操作系统可以实现对更加复杂的Internet组管理协议(internet group management protocol，IGMP)、虚拟局域网(virtual local area network，VLAN)等的支持，但对于电力专用的IEC 61850相关的网络协议，如GOOSE、SV等报文几乎无法实现解析和处理。对继电保护装置而言，IEC 61850的这些协议才是平时主要处理的网络协议，因此仅能够在应用层面添加较多的本应由操作系统层面提供的协议处理代码，并由于应用与内核之间的层级差异，系统整体运行效率下降。

而且，继电保护行业目前已经发布了非常多的标准和规范，对于继电保护装置提出了非常多的要求，对操作系统本身也提出了较为严格的要求，如网络协议栈的完备性、安全性；IEC 61850 相关的协议的处理的健壮性、可靠性；各种故障情况下的自查、自纠、告警等的处理方式。

因此，目前无法找到完全符合需求的嵌入式实时操作系统，根据该继电保护 SoC 进行专用操作系统的开发是一个更好的选择。

4.3　继电保护嵌入式操作系统及应用

继电保护装置中使用操作系统后，前后台程序不再由程序员控制多个任务的执行顺序、任务间的同步状况，而由操作系统实现任务调度。因此，程序员可以集中精力编写各个任务，不需要再考虑任务切换、任务同步机制等问题，降低了程序实现的难度。

几乎所有的操作系统均提供了硬件抽象层，实现了对底层物理硬件的抽象，并对上层应用屏蔽了硬件的具体实现细节。当使用了操作系统后，在不同的处理器以及板卡之间的程序移植也变得更加简单。

除了操作系统必须提供的任务调度、任务同步等核心服务外，操作系统通常还提供丰富的经过验证的中间件，如进程间通信模块、IO 系统模块、文件系统、协议栈等，充分使用这些模块可以大大缩短装置的开发时间。

4.3.1　微内核架构

操作系统一般包括运行在特权模式的内核空间，以及运行在用户模式的用户空间。操作系统的内核管理着系统的全部资源并为上层应用提供服务，因此运行在内核空间中。

根据内核实现功能的差异，可将内核划分为微内核和宏内核。微内核架构中，内核服务和用户服务运行在不同的地址空间中；宏内核架构中，内核服务和用户服务都由内核统一管理，它们运行在同一地址空间中。在不同的内核架构中，系统服务的提供方式及硬件驱动的实现方式不同，因而，其系统性能及开发难度也不同。

最早出现的内核架构是宏内核，UNIX、MS-DOS、Linux 等操作系统都是宏内核架构。在宏内核架构中，所有基础服务都运行在内核空间中，因此内核中的所有模块不需要额外的开销就可直接调用各种基础服务，因此执行效率较高。宏内核也有自身固有的缺点。宏内核中包含了所有的基础服务，因此内核代码的数量庞大，造成内核的编译、调试、排错工作复杂，内核的验证也比较困难。

微内核架构是 20 世纪 80 年代中后期出现的，目标是解决宏内核的扩展困难和代码维护困难的问题。微内核架构的核心设计思想是减少内核实现的功能，在内核中仅提供最基础的服务，包括调度、进程间通信(inter process communication, IPC)、IO 控制等，其他系统服务则放到用户层实现。

宏内核与微内核的对比如表 4.1 所示。

表 4.1　宏内核与微内核对比表

对比项	宏内核	微内核
地址空间	内核和用户代码在同一个地址空间	内核运行在内核空间，用户代码运行在用户空间
内存尺寸	大	小
执行速度	快	慢
可扩展性	不容易	容易
可靠性	单个服务崩溃影响整个系统	单个服务崩溃不影响全局
代码维护	调试及维护困难	维护较简单

宏内核与微内核不同服务运行的空间区域如图 4.17 所示。

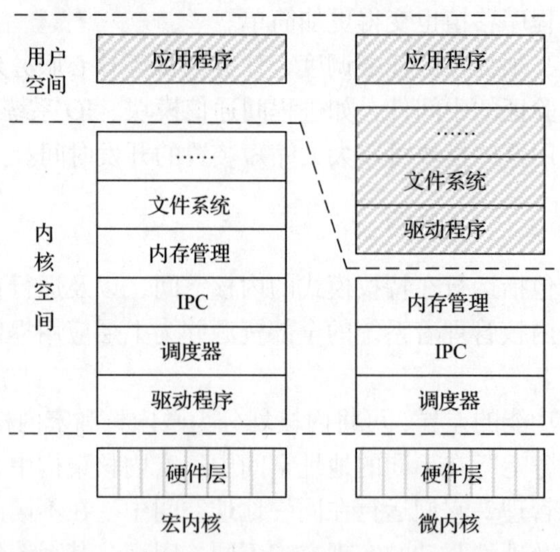

图 4.17　宏内核与微内核不同服务运行的空间区域

微内核的发展大致可以分为三代。第一代微内核的代表是由卡内基梅隆大学开发的 Mach，该微内核具有进程和线程管理、内存管理、IO 管理的功能。在该内核开发和应用过程中，微内核容易模块化设计、维护简单、可靠性高的特点显现了出来，不过由于该内核的 IPC 功能较弱，没有得到广泛应用。第二代微内核出现在 20 世纪 90 年代，通过对第一代微内核性能较差问题的研究和反思，研发人员开发出了新一代的微内核操作系统，其中以德国国家计算机技术研究中心(German National Research Center for Computer Science)设计并开发的 L4 为代表。L4 内核将 Mach 中 140 多个系统调用精简到 7 个，IPC 的开销也从 Mach 的 230μs 缩短到 20μs，系统性能大大提高。第三代微内核在第二代微内核的基础上提升了安全性，其中以澳大利亚国家信息和通信技术中心(National Information and Communication Technology of Australia，NICTA)组织开发的 seL4(secure embedded L4)为代表，seL4 是全球首个通过形式化验证的操作系统。

微内核实现可靠性的重要方法是将关键服务和一般服务分别放在了内核空间和用户空间。为了实现内存空间的分离，需要有硬件上的支持。在中高端处理器中通过内存管理单元(memory management unit，MMU)来实现，在低端处理器中通过内存保护单元(memory protection unit，MPU)来实现。

MMU 可以实现虚拟地址和物理地址的映射。以 CK810 内核为例，4GB 的内存空间被映射为 4 个区段，如图 4.18 所示。用户模式的程序只能访问地址空间 0x00000000 ~ 0x7FFFFFFF，当用户模式的程序访问 0x80000000 以上的空间时会出现错误。0xC0000000 以上的空间可以通过 MMU 的 TLB 灵活地进行映射。

图 4.18　CK810 内存区段

MPU 比 MMU 功能少，可以对内存访问进行权限检查。以 ARMv7-M 架构为例，它有 8 个可单独设置的区域，每个区域都有一个对应的访问属性寄存器，从而形成了可访问的地址空间。

4.3.2 单核操作系统应用

1. 单核应用内存方案

了解内存布局是理解系统启动过程、加快系统及应用调试的基础。内核与用户程序存放在虚拟内存中不同的区域中。操作系统内核相关的内容以操作系统镜像(image)文件存放于外部存储中。操作系统镜像中包含了程序段(.text)、数据段(.data)、已定义未初始化数据段(.bss)等部分。操作系统镜像由二级 Boot 加载到内存中，内核代码运行在特权级。应用程序由操作系统内核加载到用户空间中，相关虚拟内存和物理内存的对应关系如图 4.19 所示。

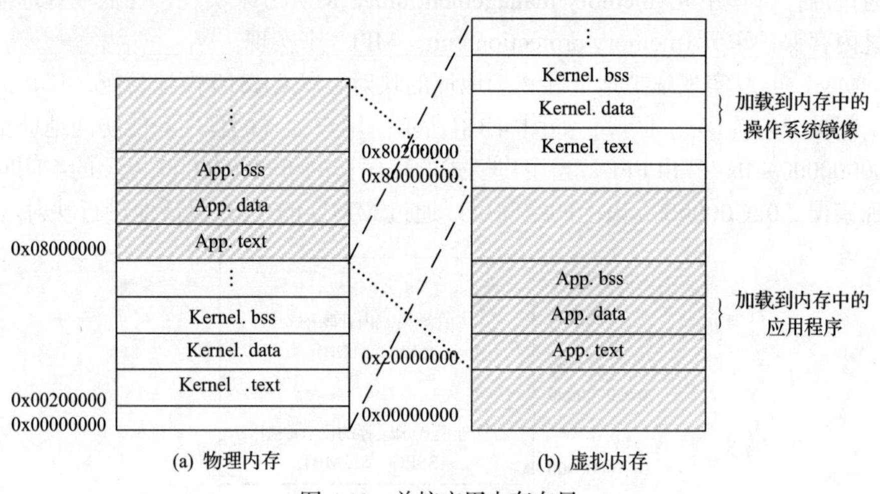

图 4.19　单核应用内存布局

2. 单核应用启动方案

一个处理器的最小系统中包含了处理器、非易失存储器(如 SPI NOR、NAND Flash、eMMC 等)和 RAM(如 DDR)，如图 4.20 所示。

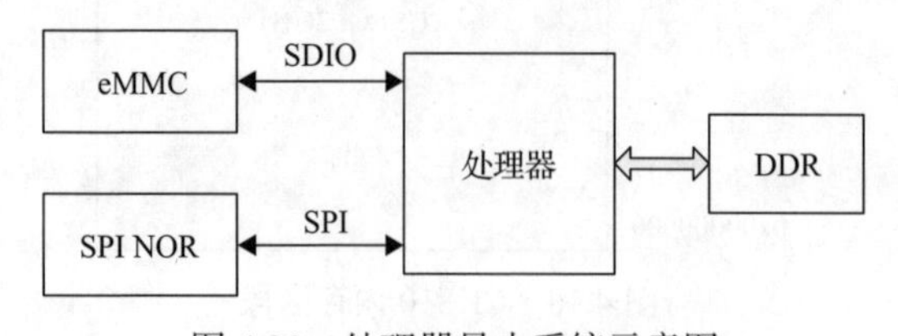

图 4.20　处理器最小系统示意图

不同非易失存储的特性有很大差异(表 4.2)，因此适合不同的应用场景。

表 4.2　非易失存储对比表

对比项	SPI NOR	NAND Flash	eMMC
容量	小	较大	大
读取速度	较快	较慢	快
擦写速度	慢	较快	快
擦写次数	高	低	较高
每兆字节成本	高	较低	低
可靠性	高	低	高
其他	—	制程变化快	—
应用	BootROM 操作系统镜像 应用程序	用户数据	操作系统镜像 应用程序 用户数据

以使用了 SPI NOR 和 eMMC 的最小系统为例说明单核应用启动的过程。在本系统中，将二级 Boot 和操作系统镜像保存在 SPI NOR 中，将应用程序保存在 eMMC 中。SPI NOR 中的存储空间排布如图 4.21 所示。eMMC 上使用文件系统，应用程序保存在文件系统中。

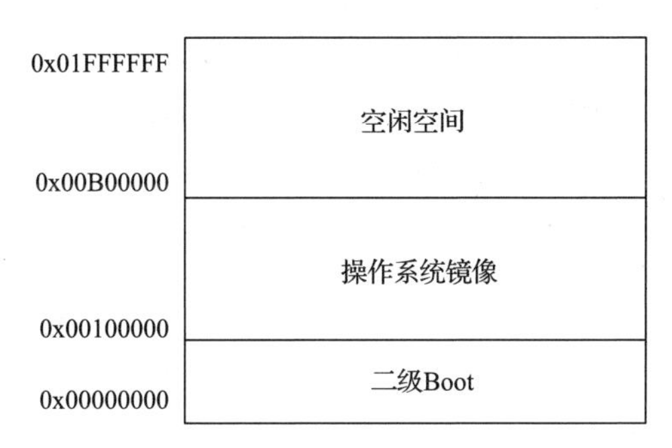

图 4.21　单核应用中 SPI NOR 的存储空间排布

单核应用加载过程可以分为 5 个步骤，如图 4.22 所示(图中 DDR 地址空间按物理地址来表示)。图中的箭头表示各段程序加载的发起者和程序存储的目标地点，(1)～(5)表示程序在哪里依次执行。在处理器内部固化了一段启动代码，该代码一般称为一级 Boot。它可以读取处理器引脚配置的启动方式，接着从对应的启动外设中读取相应的二级 Boot 信息并进行相应的初始化。

(1)处理器上电后，一级 Boot 开始执行，判断出启动外设是 SPI NOR。由于无法在 SPI NOR 上片内执行(execute in place，XIP)，因此一级 Boot 将 SPI NOR 中的一段初始化代码(图 4.22 中二级 Boot 中的灰色部分)复制到处理器的片上 RAM 中。

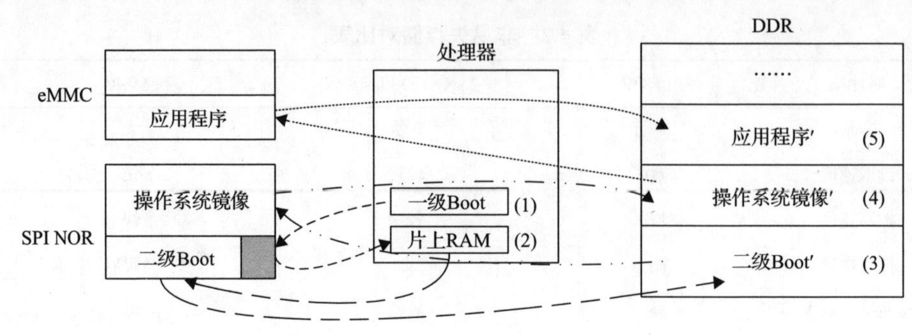

图 4.22 单核应用中程序加载过程

(2)程序跳转到片上 RAM 中的初始化代码中执行，该代码完成 DDR 初始化，接着将二级 Boot 复制到 DDR 中成为二级 Boot′ 。

(3)程序跳转到 DDR 中的二级 Boot′中执行，二级 Boot′从 SPI NOR 中读取操作系统镜像并复制到 DDR 中成为操作系统镜像′。

(4)程序跳转到操作系统镜像′中执行，执行的过程中完成 eMMC 等各种外设的初始化、中断初始化、网络初始化等工作，操作系统完全运行起来。接着从 eMMC 的文件系统中加载应用程序。一般应用程序以 ELF 格式存储在文件系统中，操作系统在加载过程中将 ELF 文件中的各个段(text 段、data 段等)复制到 DDR，并且将 bss 段填充成全 0，完成应用程序执行前的准备工作。

(5)根据启动脚本，执行对应的应用程序。整个启动过程完成。

3. 单核操作系统应用方案

目前常见的继电保护装置多核处理器应用方案中，一个内核不带操作系统，运行继电保护程序；另外一个内核带操作系统，运行人机接口(human machine interface，HMI)程序，该方案的优点是不带操作系统运行时，没有操作系统额外的开销，通过操作系统的内核可以很方便地使用文件系统、TCP/IP 等通信协议，可以方便地实现进程间通信。但在这样的应用方案中，两个核之间的通信方式需要自定义，并且不带操作系统的内核的相关驱动程序要进行额外编写，工作量较大。

4.3.3 双核操作系统应用

随着继电保护装置对功能和性能要求的不断提升，单核处理器的资源变得越来越紧张，双核或多核处理器是解决这一问题的良好方式。在高压保护装置中，可以将多个任务部署到不同的内核上运行；在低压保护测控装置上，可以用一个核运行保护程序，另外一个核运行人机接口程序。本节以低压保护测控装置的应用场景来说明双核处理器上操作系统的应用方案。

1. 双核分区方式及资源配置方法

在使用了继电保护 SoC 芯片含两个 CK810 内核的应用场景下，每一个 CK810 均可以运行一个独立的操作系统映像，从而可以有效地利用继电保护 SoC 的运算能力。

继电保护 SoC 中仅包含两个 CK810 的运算核心，其芯片内部的绝大部分外设资源均仅有一份，无法同时被两个 CK810 所使用，因此无法在两个 CK810 核心上运行完全相同的操作系统映像，必须根据两个 CK810 核心的功能安排对各自运行的操作系统映像所包含的功能进行划分，此即为双核的功能分区。

需要注意的是，一个外设资源之所以无法在两个运算核心之间共享是出于对运算性能提升的考虑。几乎所有的外设资源在访问时都有一定的时序要求，即完成功能 A 需要按顺序不间断地执行操作 A_1、操作 A_2 及操作 A_3。由于这一顺序及时序的要求，当该外设资源被某一操作主体访问时，必须通过某种方式阻止所有其他操作主体对该外设资源的访问，在一个操作系统实例中通常采用互斥信号量来实现。而对于运行在两个独立的 CK810 核心上的两个操作系统实例，如果同时访问同一个外设资源，则需要这两个操作系统在资源访问上互斥，这将造成两个 CK810 的运算核心出现互相等待的情况，严重影响两个操作系统映像的运行效率。

因此，必须对双核运行的两个操作系统映像进行资源的分区，尽量避免两个操作系统互相等待的情况，从而有效地提高两个操作系统的运行效率。把两个 CK810 用到的资源分为两个区。

根据是否独占资源，对资源的分区有两种方式。

(1) 共享资源的分区。每一个 CK810 的运行均需要内存、中断等资源，这些硬件资源无法由某一个 CK810 独享，因此必须在核间进行共享。由于内存、中断等资源对多任务的同时访问进行了专门的设计，共享是很容易实现的。

内存连接至芯片内部总线会添加一个仲裁器，并对所有同时的内存访问进行直接的优先级排序、访问排队等操作，从而可以有效地避免并行的物理访问造成访问出错的情况。因此，每一个 CK810 仅需根据预先划分好的独立的物理内存区域配置各自的内存使用区域，即可以保证内存共享访问的正确性。

中断会对每一个 CK810 提供一份“影子”寄存器，每一个 CK810 访问的均是这个“影子”寄存器，由中断控制器自身进行仲裁及确定最终的操作，可有效避免寄存器同时访问产生的问题。因此，每一个 CK810 仅需要配置各自使用的中断源，并保证每一个 CK810 不使用同一个共享中断源即可。

(2) 独享资源的分区。对于绝大部分的外设，由于其各自的操作时序要求，必须以独享的方式划分给某一个 CK810 进行全部的操作，从而可以有效地避免两个操作系统的互相等待。继电保护 SoC 内部，除了内存、中断等非常有限的资源外，几乎均为仅能工作在独享工作方式的外设资源。

根据资源类别的不同，对于资源的分区有两种方式。

(1)内存的分区。内存与其他外设不同，其与操作系统的运行相关性过高。目前该部分的分区直接通过板级支持包中的配置功能实现。通过修改操作系统的启动地址、内存范围等宏定义，并且同步修改链接脚本及修改操作系统映像所使用的内存物理地址范围，避免核间的物理应用内存的重叠即可。

(2)外设及中断的分区。中断与外设有着较强的对应关系，在完成外设分区后通常也自然带来了中断分区，因此这里合并在一起说明。对于外设资源的分区，目前通常是通过配置文件实现的。为每一个操作系统映像设计一个设备树(device tree，DT)描述，并利用开源的设备树编译器(device tree compiler，DTC)生成设备树。操作系统在基础的操作系统服务初始化完成后，通过读取该设备树二进制并根据设备树内部的设备列表确定该操作系统所分配到的外设资源，并对这些外设进行逐一的初始化。通过为两个操作系统映像设计不同的设备树，最终实现外设及中断的分区。

2. 双核应用内存布局

双核应用中，不同内核的虚拟地址可以设置得完全一致，在映射过程中，将不同区段的物理地址通过 MMU 映射到各个核的虚拟地址，如图 4.23 所示。

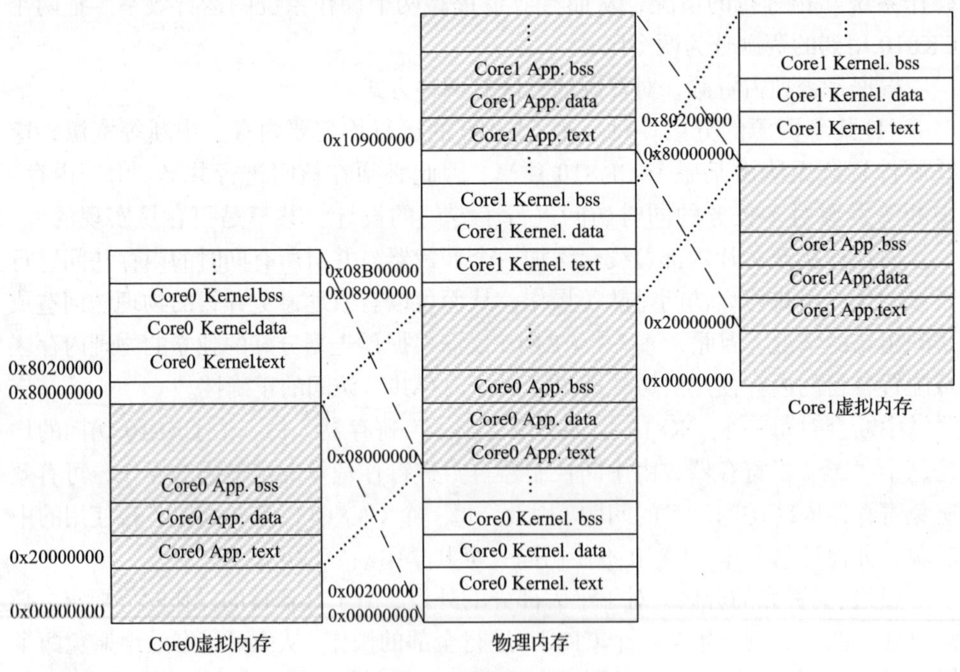

图 4.23　双核应用内存布局

3. 双核应用存储划分

对于内存空间的使用，底层软件在物理层面建立物理内存和虚拟内存之间的映射关系。应用在设定的虚拟内存地址空间范围内，通过内存操作函数访问内存，无须在应用层面进行存储划分。对于片外非易失性存储空间，区分为 NOR Flash（以下简称为 NOR）管理和 eMMC 管理两部分，如图 4.24 所示。

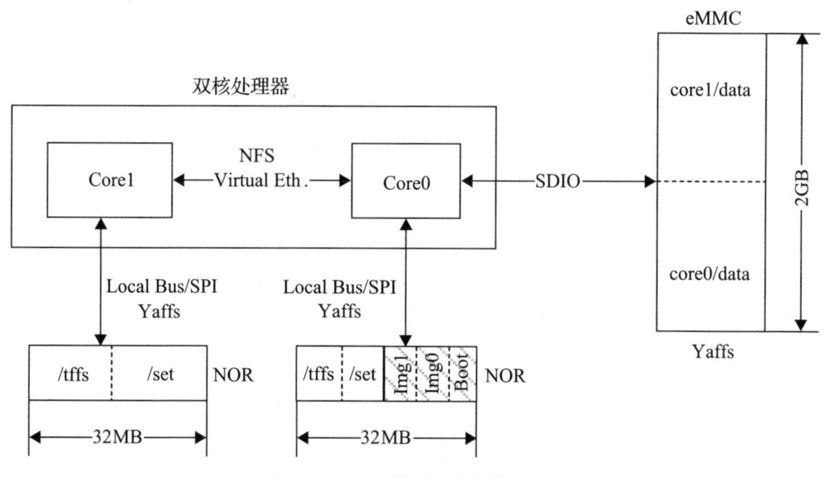

图 4.24　双核应用存储布局

图 4.24 中，Core0 和 Core1 分配独立的 NOR，存储空间大小为 32MB。经 Local Bus 或 SPI 口互联。连接在 Core0 上的 NOR 分成两大部分，一部分不使用文件系统，如图 4.24 右侧 NOR 中阴影部分所示，包含了 BootROM(图 4.24 中的 Boot)和两个 Core 的操作系统镜像(Img0 和 Img1)。在 NOR 剩余的区域中，在 NOR 驱动之上建立 Yaffs(yet another flash file system)文件系统。连接在 Core1 上的 NOR 的全部空间都使用 Yaffs。针对每个 Core 管理的文件系统，都建立/tffs 和/set 一级目录，分别用于程序/配置存储、整定值存储。

双核处理器配置唯一的 eMMC，空间大小为 2GB，由 Core0 统一管理。Core0 经 SDIO 口与 eMMC 互联，在 eMMC 驱动之上建立 Yaffs 文件访问系统，Core0 通过文件系统直接访问 eMMC。Core1 与 Core0 之间建立 Virtual Eth. 互联，通过 NFS(network file system)文件系统经由 Core0 访问 Yaffs 文件系统。在 eMMC 之上，Core0 和 Core1 分别建立/data 一级目录，存储数据信息。

4. 双核应用文件方案

基于以上应用存储划分，在文件系统一级目录之上，除/boot 文件目录外，包括/tffs、/set 和/data 目录，建立双核应用文件方案。文件说明及使用策略说明如

表 4.3 所示。

表 4.3　双核应用文件方案

一级目录	二级目录	说明	使用策略
/tffs	/prog	运行程序	上电时读取，仅在升级时修改
	/version	版本信息	
/set	/ini	系统参数	包括定值、压板等信息文件，整定时写，平时读
	/set	整定信息	
/data	/log	日志	触发条件满足时写入，在界面、后台或 PC 机调试软件操作时读取
	/evt	事件	
	/rec	录波信息	

双核均独立创建以上应用文件系统，分别完成程序与版本信息存储、参数与整定信息存储以及数据文件存储。同时考虑文件的可靠性，从对应用功能影响角度区分文件为关键文件和非关键文件进行分目录存放，防止文件操作之间的干扰。

5. 双核应用启动过程

双核应用加载过程总体的流程和单核应用类似，都是按照一级 Boot→最小系统初始化代码→二级 Boot→操作系统内核→应用程序执行的步骤执行的。最大的差异点是第二个内核的唤醒。在处理器上电后，Core0 开始执行，在一个合适的时间点，需要将 Core1 唤醒，这个时间点安排在 Core1 的操作系统镜像加载完成后。

使用双核后，如果仅使用一片 SPI NOR，Core1 的操作系统镜像也保存在 SPI NOR 中，如图 4.25 所示。

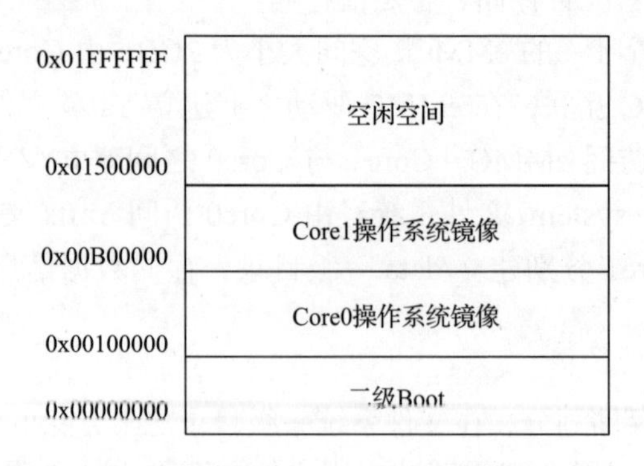

图 4.25　双核应用中 SPI NOR 的存储空间排布

双核应用加载过程如图 4.26 所示，其中第(1)、第(2)步和单核应用加载的第(1)、第(2)步相同。

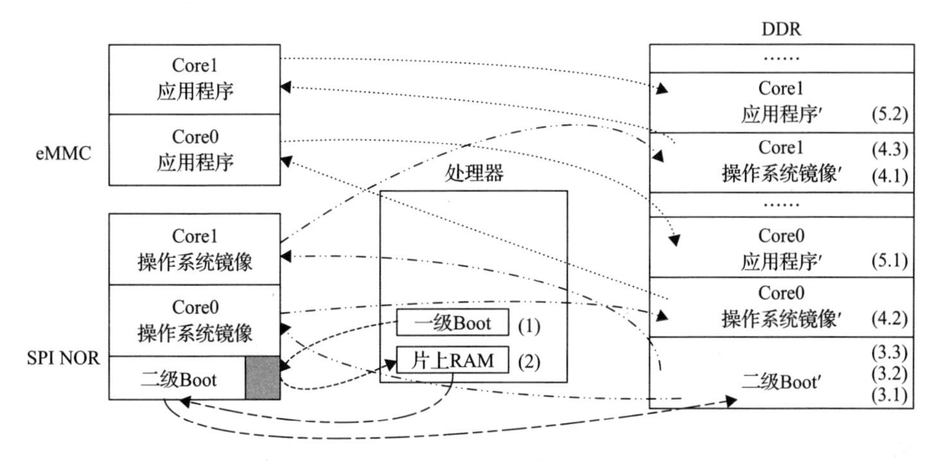

图 4.26　双核应用中程序加载过程

第(3.1)步：程序跳转到 DDR 中的二级 Boot′中执行，二级 Boot′从 SPI NOR 中读取 Core0 操作系统镜像并复制到 DDR 中成为 Core0 操作系统镜像′。

第(3.2)步：二级 Boot′从 SPI NOR 中读取 Core1 操作系统镜像并复制到 DDR 中成为 Core1 操作系统镜像′。

第(3.3)步：二级 Boot′激活 Core1。

第(4.1)步：Core1 进行操作系统初始化，并等待 Core0 操作系统镜像初始化完成。

第(4.2)步：Core0 跳转到 Core0 操作系统镜像′中执行，执行的过程中完成 eMMC 等各种外设的初始化、中断初始化、网络初始化、NFS 初始化等工作。然后从 eMMC 的文件系统中加载 Core0 应用程序到 DDR 中成为 Core0 应用程序′。

第(4.3)步：Core1 完成 NFS 初始化，并通过 NFS 从 eMMC 的文件系统中加载 Core1 应用程序到 DDR 中成为 Core1 应用程序′。

第(5.1)步：Core0 根据启动脚本，执行对应的 Core0 应用程序。

第(5.2)步：Core1 根据启动脚本，执行对应的 Core1 应用程序。整个启动过程完成。

使用双核初始化的时序如图 4.27 所示。

6. 双核间通信机制

Core0/Core1 双核之间通过片上高速缓存进行通信，高速缓存设置为 Mailbox

机制，基于 Mailbox 机制实现双核间数据分类传输，如图 4.28 所示。

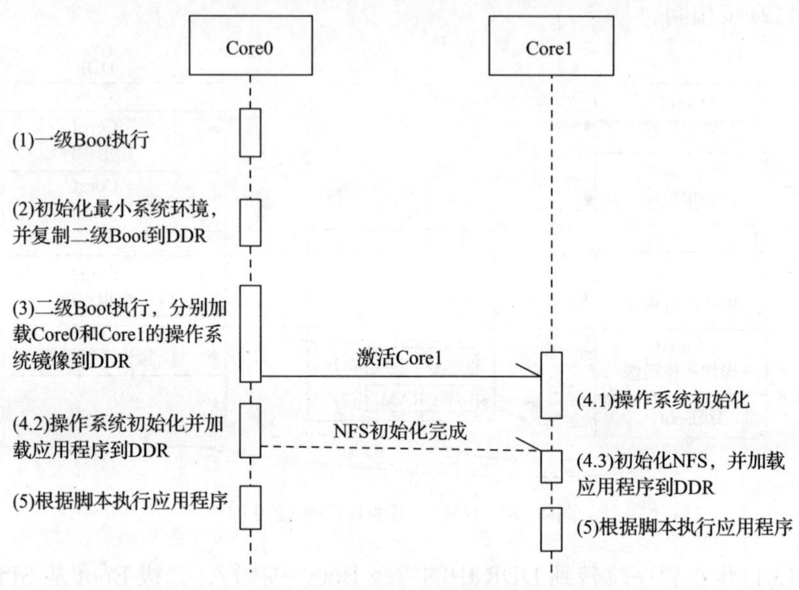

图 4.27 双核应用初始化时序

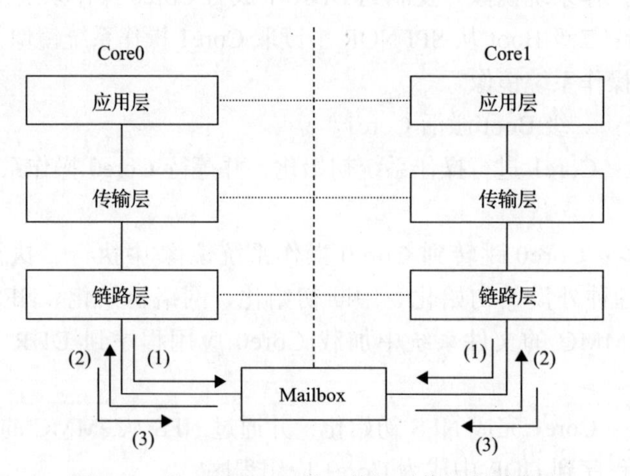

图 4.28 基于 Mailbox 的双核间通信机制示意图

针对 Mailbox，Core0/Core1 均完成以下 3 步。

(1) 写入数据至 Mailbox。

(2) Mailbox 接收后通过中断通知 Core 读取。

(3) Core 从 Mailbox 读取数据。

通过以上步骤完成链路层数据收发。在链路层之上实现传输层和应用协议，建立双核之间的可靠通信。传递数据的分类如表 4.4 所示。

表 4.4　双核间传递数据分类表

序号	优先级	类别
1	高优先级	实时数据获取类
2		实时数据设置类
3		实时数据取代类
4		突发上送类
5		控制命令类
6	中优先级	定制压板类
7		文件目录操作类
8		系统服务类
9	低优先级	描述获取类
10		设备升级类

表 4.4 对传输的数据按优先级进行分类处理。数据量大、实时性要求低的文件传输等操作设置为低优先级任务；数据量小、实时性要求高的，如突发上送类为高优先级任务；其他为中优先级任务。该过程在传输层进行处理，包括可靠性保证机制，如反馈确认、重传以及和校验等。通过设立不同的数据报文缓冲队列实现高低优先级操作的划分。

7. 双核双操作系统应用方案

当处理器内核分别运行两个操作系统镜像后，两个内核可以分别加载继电保护程序和 HMI 程序，此时保护核与 HMI 核的交互就可以被当作两个独立的处理器板卡。在这样的模式下，两个内核的运行相对隔离，并且可以应用通用的板间通信方式(如 TCP/IP)，通过虚拟网络进行通信。由于使用了操作系统，因此所有的外设均由操作系统提供驱动程序，无须再开发额外的驱动，提高了装置程序开发的效率。

4.3.4　嵌入式操作系统应用总结

在继电保护装置中使用嵌入式操作系统不但能满足人机接口模块的开发需求，还可以降低继电保护程序的编写难度。嵌入式操作系统提供的任务调度机制、进程间通信机制等，让编程人员可以专注于特定的功能模块，而不用担心该功能模块和其他模块互相影响，提升了编程的可靠性。使用操作系统后还简化了程序的维护，提升了程序的可移植性。

参 考 文 献

[1] 任哲, 房红征，曹靖. 嵌入式实时操作系统 μC/OS-Ⅱ原理及应用[M]. 北京：北京航空航天大学出版社, 2005.
[2] 卢有亮.嵌入式实时操作系统 μC/OS-Ⅱ原理及实践[M]. 2 版. 北京：电子工业出版社, 2014.
[3] 任哲. 嵌入式实时操作系统 μC/OS-Ⅱ和 Linux[M]. 北京：北京航空航天大学出版社, 2006.
[4] 牛欣源. 嵌入式操作系统: 组成、原理与应用设计[M]. 北京：清华大学出版社, 2013.

第5章　芯片化保护装置

5.1　芯片化保护装置系统架构

芯片化保护装置是将继电保护 SoC 芯片作为核心处理单元，以单一芯片的多核替代传统装置的多 CPU 芯片和多板卡，完整实现保护采样、计算、管理、通信等功能，具有高可靠性、高效率、易管理等特征的新一代继电保护装置。

芯片化保护装置基于继电保护 SoC 芯片非对称异构计算的特点，采用芯片级软硬件协同系统架构，以单一芯片内软硬件协同、多 CPU 核、共享内存分别取代多通用芯片协同、多板卡、板间通信，将复杂的保护算法与采样、监测等功能通过纳米继电器、多处理器内核实现，突破传统通用处理架构的性能瓶颈，实现了保护装置数据和功能的分层分级处理和算法分布式计算。

芯片化保护架构设计主要包括实时计算、管理通信等功能模块的片内布局，并重点解决在单片内高实时性任务和多系统服务任务的并存性问题，两者既要实现完全解耦独立运行，又要有机结合，合理分配共享资源。由于多核 SoC 芯片集成多个处理器核及专用逻辑电路单元，软硬件资源丰富，在具体装置实现上，多核 SoC 芯片及片内各处理器核的功能可根据需要灵活配置。例如，一部分处理器核集中实现传统保护装置中的保护插件功能，被统称为保护核；另一部分处理器核集中实现传统保护装置中的管理插件功能，被统称为管理核。

5.1.1　SoC 芯片内核功能分布

1. 保护核

保护核基于裸金属(bear metal，BM)模式，无操作系统参与，替代传统数字化继电保护装置中的保护插件。在保护核中，需要实现对实时性要求很高的保护和基础服务等功能。

在保护核中，为装置的保护应用软件设计了一整套用于调用功能模块的驱动接口。通过系统函数提供了内存管理功能，确保应用软件各个功能逻辑能够正常运行，根据外部的 B 码或 1588 时间同步报文统一管理系统所有时间信息，给保护核和管理核的各个业务功能提供外部时间信息。

芯片化保护装置位于变电站的间隔层，通过以太网向上能以 MMS 协议与站控层的监控、远动、故障信息子站等设备通信，向下能与过程层的合并单元、智能终端等设备进行通信，取消电缆硬连接，简化二次回路。

保护核需要支持 SV 报文及 GOOSE 报文通信，满足智能变电站需求，使得装置可以遵循 IEC 61850-9-2 协议与过程层合并单元通信，接收 SV 报文；也可以按照 IEC 61850 定义的 GOOSE 服务与间隔层其他装置进行信息交换完成逻辑配合，与过程层智能终端进行通信，实现对一次设备的信息收集和控制功能。

为了实现高实时性的海量 IEC 61850 SV 报文和 GOOSE 报文的发布和订阅，保护核配合电力专用子系统为应用程序提供了一整套快速的以太网报文接收处理功能，并为应用程序提供了统一的调用接口。对于 SV 报文和 GOOSE 报文，管理核需要根据装置的实际发布订阅虚端子配置文件，对所需的报文进行处理，将采样数据和开入状态等信息进行报文解析和预处理等工作。

保护核的应用软件主要执行三部分业务功能：主程序、采样中断程序、故障处理中断程序。

正常时运行主程序，完成装置的硬件自检、投切压板、固化定值、上送报告等功能。每隔一个采样间隔执行一次采样中断程序，进行电气量的采集、录波、突变量启动判别等。故障处理中断程序也是每隔固定时间执行一次，完成保护功能的逻辑和 PT(电压互感器)异常、CT(电流互感器)异常判别等。如果有异常，则发出相应的告警信号和报文。

对于普通告警(保护运行异常)，发出信号提示运行人员注意检查处理；对于危及保护安全性和可靠性的严重告警(装置故障)，发出信号的同时闭锁保护出口。

当电力系统发生故障时，在故障处理中断程序中完成相应保护功能，直到整组复归，返回正常运行的主程序。

2. 管理核

管理核基于继电保护自主嵌入式操作系统主要完成 IEC 61850 规约、测控和管理功能，替代传统数字化继电保护装置中的“管理插件”。

管理核的驱动部分需要能支持操作系统的相关功能和基本依赖项，包括以下内容。

(1)系统引导支持 NFS 挂载、RAMDISK(压缩或非压缩)形式的根文件系统；从 FLASH 中引导压缩或非压缩系统内核。

(2)基本辅助功能强大的操作系统接口功能；可灵活设置、传递多个关键参数给操作系统，适合系统在不同开发阶段的调试要求与产品发布；支持目标板环境参数多种存储方式，如 FLASH、非易失性随机访问存储器(non-volatile random access memory，NVRAM)、带电可擦可编程只读存储器(electrically erasable programmable read only memory，EEPROM)。

(3)CRC32 校验可校验 FLASH 中内核、RAMDISK 镜像文件是否完好。

(4)设备驱动串口、SDRAM、FLASH、以太网、EEPROM、键盘、USB、RTC 等驱动支持。

(5)上电自检功能，包括自动检测 SDRAM 容量和 FLASH 容量、SDRAM 故障检测、CPU 型号检测等。

此外，管理核的驱动部分具备基本的串口、网口及 FLASH 读写驱动，可自动加载内核镜像及根文件系统，同时支持参数配置及存储功能，可灵活选择内核加载方式。

管理核的管理通信软件负责对保护测控系统的配置和数据进行交互与管理，以及提供相应的灯光告警，并通过 IEC 61850 通信规约与后台进行通信。主要针对软件平台的通用性和可扩展性进行架构设计和模块划分，各模块和接口相对独立，易于替换和移植，并且便于进行二次开发。整个设计既要考虑平台的灵活性，又要考虑系统开发简易和便于维护。

管理通信软件采用客户/服务器(client/server，C/S)架构，在实际应用中可根据具体产品设计灵活部署，既可部署到同一个板卡中，也可以分属到不同的板卡，使整个系统更加灵活。管理通信软件中的数据主要分为运行信息、实时数据、资源数据、历史报告数据。

在 C/S 架构体系中，Client 端负责数据展现，Server 端负责数据处理。C/S 间的通信通过以太网进行数据传输，数据通过安全文件传送协议(secure file transfer protocol，SFTP)制定的格式进行通信。Server 端负责采集和提供数据。接口服务负责提供数据请求和响应服务，是消息接收和发送的处理模块。数据存储负责 Log 信息存储和实时库管理。数据管理是数据加工的地方，负责内部数据处理分发，对板卡上送的数据进行分类处理，如 Client 端请求的数据、外部命令数据、定时上送的 Log 信息、打印请求数据、控制灯信息、消息回应等，并负责向内部数据处理层下发数据请求消息和板卡设置命令。内部数据处理功能负责向各个板卡收集数据和下发用户设置。

5.1.2　多核通信机制

IEC 61850 大大提升了变电站设备通信的标准化水平，继电保护装置就地化也更为简单易行，为运行设备实时监测能力和保护自动化设备运行可靠性提供了理论上的提升空间。

在传统继电保护装置中，标准插箱架构的保护的大致数据处理流程如下。

(1)SV 数据进入 SV 接口插件—SV 订阅解析—以保护 CPU 需要的采样频率和数据格式提供给保护 CPU。

(2)开关状态以 GOOSE 报文的形式进入 GOOSE 接口插件—GOOSE 解析—

得到虚拟开入信息—通过装置内部网络传送给保护 CPU。

(3)保护 CPU 计算得到工频和谐波矢量，比较启动、动作条件，配合开关状态，输出开关动作命令—通过内部网络送往 GOOSE 接口插件—GOOSE 插件转译为 GOOSE 命令，发往智能操作箱。

可以看到，上述实现方式，由于功能模块划分清晰，硬件上便于标准化制造，这是标准插箱架构的主要优点。但它的缺点也非常明显，由于模块基于硬件插卡划分，内部的信息交换环节过多，相应的信息传递效率无法提高。目前国内使用的数字化保护装置，内部各逻辑节点往往分布在不同板卡或处理芯片内，通过内部通信总线交换数据，通信调度不同步，调度颗粒在 1ms 以上级别，导致数据处理和交换时间增加，通常比常规保护增加 10ms 左右的延时。这也是目前国内智能变电站技术推广使用过程中的一个大难题。

考虑到保护特殊的实时性和可靠性要求，芯片化保护装置的 SoC 芯片采用了非对称多处理(asymmetric multi-processing，AMP)架构。物理上 SoC 的两个核可以共享地址空间，出于安全考虑，增加了额外的保护机制，保证多核互不影响，从而满足继电保护装置的高性能要求。

芯片化保护大致的数据处理流程如下。

(1)SV 数据进入电力专用子系统—按照配置进行 SV 订阅解析—将保护核需要的采样数据写入内存。

(2)开关状态以 GOOSE 报文的形式进入电力专用子系统—按照配置筛选 GOOSE 报文—写入特定内存进行 GOOSE 解析—解析出的开关量信息通过变量传递给保护核。

(3)保护核计算得到工频和谐波矢量，比较启动、动作条件，配合开关状态，输出开关动作命令—GOOSE 任务通过变量得到开出信息，转换为 GOOSE 报文通过电力专用子系统发往智能操作箱。

由此可知，相比标准插箱架构，芯片化保护装置中实现保护功能的采样值和开关量等信息都是在芯片内通过内存交换，对于保护核来说，关键数据都以特定内存地址映射的形式提供，无须再考虑数据处理过程的同步调度，因此芯片化保护有天然的数据同步和共享的优势。

由于交换信息所需的数据格式大大简化，相应的时间开销也大大降低了，通信任务调度的时间颗粒度可以在 100μs 级别，相比保护通过傅里叶计算等方法识别物理量所需要的时间，这些信息传递开销几乎可以忽略，具体如下。

(1)SV 接口到保护核的数据传递，SoC 片内将 SV 订阅的数据信息写入内存比标准插箱架构的 SV 接口板发送到 CPU 板会缩减 1ms 左右。

(2)开关量输入，SoC 片内解析 GOOSE 后直接通过内存共享给保护核比标准插箱架构的 GOOSE 接口插件解析 GOOSE 后通过内部网络传输给保护插件会缩减 1～2ms。

(3) 开关量输出，保护核将启动、跳闸命令直接通过内存共享给 GOOSE 模块组包输出比标准插箱架构的保护插件通过内部网络将启动、跳闸命令传输给 GOOSE 接口插件然后组包输出可以缩减 1～2ms。

(4) 保护核的故障处理任务和 SV、GOOSE 处理任务在共享内部对时同步服务的条件下同步处理，可以缩减 0.5～2ms。

可见，芯片化保护装置系统在简化任务之间的数据同步的基础上，可以大大缩减保护动作时间，平均下来，可以缩短 5ms 左右的时间。并且硬件架构更加简单，理论上系统的可靠性也相应提高。

共享内存作为特殊的内存资源，用于保护核和管理核之间各业务模块的相互通信，替代传统继电保护装置中，各插件与管理插件之间通过装置内部总线进行相互通信的功能。在此部分空间中，每一项通信业务需求，都需要单独划分一片专用的内存资源，在保护核和管理核内对应配置专用于每一项通信业务的内存地址数据，并约定双方的读写方式，只可一方读取一方写入，不可同时读写。

基于共享内存读写的数据通信业务，为确保共享内存的数据能够相互读写同步，要通过中断的方式实现读写配合。中断配合的方式有以下两种。

(1) 中断同步方式，因为“芯片化”系统运行于同一个芯片内，电力专用子系统可同时给保护核与管理核发出中断信号，对于需要强同步配合的数据通信业务，在两个核心的程序开发时，使用相同的中断进行数据的发送和处理，并可通过传递中断触发计数器的方式，实现发送方和接收方的同步校验，可确保收发双方能够实时同步进行数据的传递。

(2) 中断触发方式，保护核和管理核之间可以相互触发软中断，因此在内存共享的通信过程中，发送方确认数据写入共享内存后，主动触发接收方的软中断，接收方直接在共享内存中读取发送方写入的数据，避免了接收方浪费运算时间，持续等待发送方完成写入，也保证了在接收方读取数据时，数据是写入完整的，不会出现双方同时要求对某内存地址进行读取和写入操作的危险情况，保证了通信过程的安全可靠。

5.1.3　前置数据处理实现

继电保护 SoC 芯片电力专用子系统的核心功能之一是对以太网前置数据的处理，实现该功能的模块被称作前端模块。

1. 设计思路

前端模块的核心功能思想是基于以太网报文协议中的 ETHTYPE（协议种类）

与 APPID 对过程层报文的分发和过滤，对于站控层的单播报文进行单播 MAC 地址的匹配，匹配后的单播报文再进行流量控制和风暴抑制，对站控层的组播报文(含广播报文)进行流量控制和风暴抑制。

由于 SV/GOOSE 的 APPID 过滤统计功能不识别报文来自哪个网口，所以增加网口输入报文总帧数统计功能。

当使能网口输入报文总帧数统计功能时，APPID 过滤结果要参考网口输入总帧数统计。

(1)若超出 APPID 过滤阈值但此 APPID 报文所在网口输入总帧数统计未超出网口阈值，拯救此帧，将其上送至核间高速数据交互接口。

(2)若超出 APPID 过滤阈值且此 APPID 报文所在网口输入总帧数统计超过网口阈值，丢弃此帧。

(3)若未超出 APPID 过滤阈值，则不考虑此 APPID 报文所在网口输入总帧数统计结果，正常上送此帧至核间高速数据交互接口。

当不使能网口输入报文总帧数统计功能时，按实际 APPID 的过滤结果输出。

2. 功能实现

前端模块只对标准以太网报文进行处理，支持最大 18 个分发条目输出。

对每一帧以太网报文的处理一般需要两个步骤，先进行分发，再进行过滤。

1)分发功能概述

分发条件有必选分发条件和可配置分发条件。必选分发条件是指物理端口掩码输入，可配置分发条件是 ETHTYPE 识别分发。

前端模块支持最多 16 个物理端口的以太网报文输入，采用掩码方式标记物理端口，用于每一个分发输出条目的端口识别。

前端模块每一个分发输出条目支持最多 8 种 ETHTYPE 的识别，可设置为选择某一种/某几种 ETHTYPE，也可设置为剔除某一种/某几种 ETHTYPE。确定的某一分发输出条目在一个应用中只能设置为选择或者剔除，同一分发输出条目中选择和剔除属性不能同时存在。

2)过滤功能概述

过滤功能是可配置选项，可以使能，也可以关闭。

过滤功能是对分发条目的输出报文做处理，每个分发输出单独统计过滤。

过滤条件有过程层 SV/GOOSE 的 APPID 过滤及流量控制配置，站控层单播 MAC 地址的匹配地址过滤及风暴抑制、流量控制配置，站控层组播报文(含广播报文)的风暴抑制和流量控制配置。

3）对 SV/GOOSE 报文的处理方式

（1）通过ETHTYPE（0x88BA/0x88B8）和APPID（0x0000～0x7FFF）识别出标准 SV/GOOSE 报文，APPID 校验失败的报文会被丢弃。

（2）可通过下发配置实现对标准 SV/GOOSE 报文 MAC 地址前三个字节的校验，开启校核功能时校验失败的报文会被丢弃。

（3）只对标准 SV/GOOSE 报文进行 APPID 过滤。

（4）所有分发输出条目一共支持最多 64 个 APPID 配置，每个分发输出条目的 APPID 配置个数可以自由分配。

（5）可开启 APPID 的流量控制功能，所有 APPID 采用一套配置参数，但对每个 APPID 单独统计配置时间内的报文个数，超出配置总数时，报文丢弃。

4）单播相关

（1）对标准 SV/GOOSE 报文之外的非丢弃报文识别单播报文。

（2）可开启单播 MAC 地址的匹配过滤功能，所有分发输出条目一共支持最多 3 个单播 MAC 地址匹配，每个分发输出条目的单播 MAC 地址配置个数可以自由分配，不同分发输出条目相同 MAC 地址配置要分别统计。

（3）只有开启单播 MAC 地址的匹配过滤功能，才能使能单播 MAC 地址的风暴抑制和流量控制。

（4）可开启单播 MAC 地址的风暴抑制功能，所有单播 MAC 地址采用一套配置参数，但对每个 MAC 地址单独统计处理，风暴抑制策略是：CRC 相同的报文即视为相同报文。模块内部存储 4 个 CRC 特征值，每个特征值具有独立配置时间窗老化计数，在配置时间窗内未出现相同报文时，该特征值失效即被清除；在配置时间窗内出现相同报文时，保留该特征值，同时重载时间窗老化计数。4 个 CRC 特征值占满且又新来一个 CRC 特征值时，使用新 CRC 特征值替换 4 个 CRC 特征值中最老的。

（5）可开启单播 MAC 地址的流量控制功能，但对每个单播 MAC 地址单独统计处理，在配置时间内统计有效报文个数，超出配置总数时，报文丢弃（当风暴抑制功能开启时，有效报文为丢弃相同报文后的剩余报文；当风暴抑制功能关闭时，有效报文即为实际分发报文流）。

5）对组播报文的处理方式

（1）对标准 SV/GOOSE 报文之外的非丢弃报文识别组播报文，广播报文视为特殊组播报文，随组播报文一同处理。

（2）可开启组播报文的风暴抑制功能，所有组播报文采用同一套配置参数，但对每个分发输出条目的组播报文单独统计处理，其风暴抑制策略与单播报文的风暴抑制策略相同。

⑶可开启组播报文的流量控制功能，但对每个分发输出条目的组播报文单独统计处理，在配置时间内统计有效报文个数，超出配置总数时，报文丢弃(当风暴抑制功能开启时，有效报文为丢弃相同报文后的剩余报文；当风暴抑制功能关闭时，有效报文即为实际分发报文流)。

5.2　芯片化保护装置硬件平台

5.2.1　高压保护装置架构

1. 装置概览

110kV 及以上芯片化保护装置根据使用场景有两种类型。

1）高防护型芯片化保护装置

高防护型芯片化保护装置采用一体化全铝密封机壳高防护等级机箱，运用SV/GOOSE/MMS 三网合一技术，减少了对外端口数量，配合装置低功耗散热技术、热敏感芯片接触散热技术、高防护等级航空插头接口技术，装置体积得到有效缩减，并具备 IP67 防护等级及较强的抗电磁干扰能力，可适应现场复杂恶劣的运行环境条件，能满足就地安装于一次设备的体积和环境要求，并减少了占地面积，降低了安装成本。

2）通用型芯片化保护装置

通用型芯片化保护装置采用高度为 4U（Unit）、宽度为 19/2in（1in=2.54cm）的机箱，实现了小型化和室内集中灵活组屏，有利于组屏优化，减少屏柜数量，节省占地面积。保护功能采用双继电保护 SoC 芯片冗余架构，管理功能通过独立硬件实现，保护与管理功能解耦，提高了可靠性。采用网络采样、网络跳闸方式，基于延时可测技术实现网络直采，跨间隔保护功能不依赖于外部时钟同步，二次回路实现光纤化、数字化，有效降低了二次回路风险。

本节主要阐述高防护型芯片化保护装置的硬件方案。

2. 装置设计方案

综合考虑装置的运行环境要求，结合功能需求，装置设计方案要点如下。

⑴一体化全铝密封机壳高防护等级机箱。

⑵机箱正面放置 3 个指示灯，分别为运行灯、动作灯、告警灯。

⑶机箱侧面放置 2 个航插连接器，分别是电源接口和通信接口，其中电源采用常规电缆供电，通信采用光纤传输信号。

⑷装置安装方式为四角螺钉固定，可适用于户外无防护安装。

⑸装置内部由 CPU 板、接口板和电源板构成，各板卡之间通过连接器相连，

装置板卡如图5.1所示。

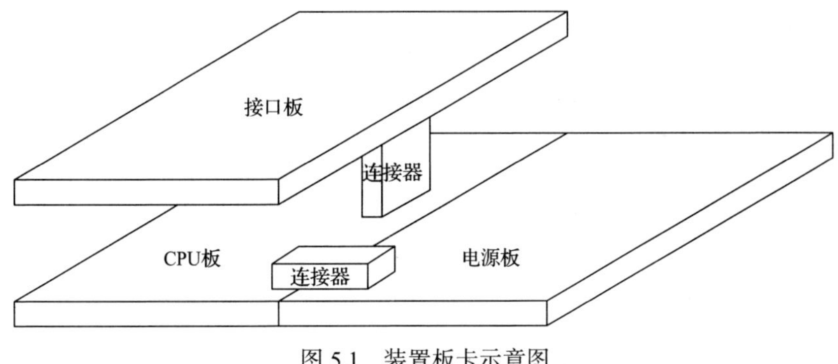

图5.1　装置板卡示意图

3. CPU板设计方案

CPU板系统框图如图5.2所示，CPU板使用单片继电保护SoC芯片实现保护算法和通信管理功能。继电保护SoC芯片最小系统包括DDR3芯片、FLASH芯片、EEPROM芯片、电源芯片、看门狗芯片等。CPU板上除SoC最小系统器件外，只有少量外围器件，整体集成度较高。

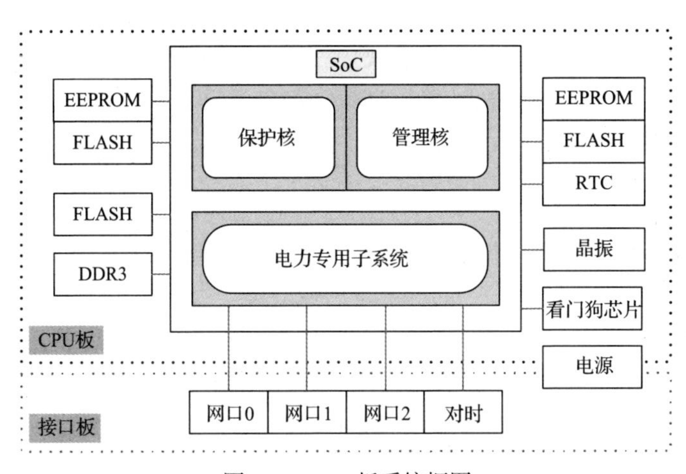

图5.2　CPU板系统框图

下面分别阐述各主要模块的设计方案。

1) 电源系统

CPU板电源系统框图如图5.3所示。继电保护SoC芯片及外围电路所用电源包括1.1V、1.5V和3.3V，使用集成式电源芯片统一供电并控制各电源上电时序。各芯片附近就近放置适当的退耦电容组合，组成电源分配网络，将电源的纹波与噪声抑制在电压值的2%以内，保证各个器件能够稳定可靠工作。

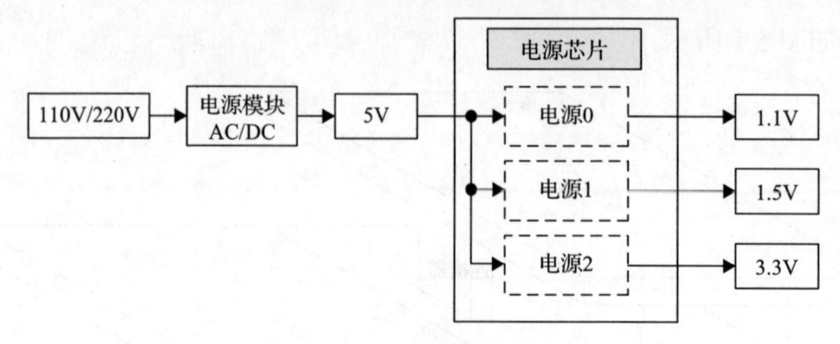

图 5.3　CPU 板电源系统框图

2) 时钟系统

CPU 板时钟系统框图如图 5.4 所示。

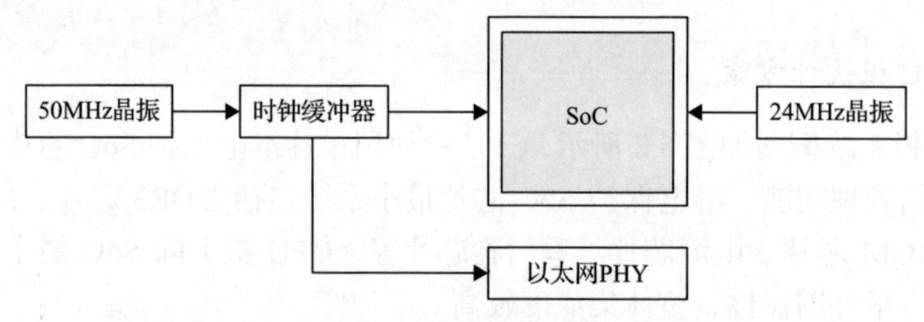

图 5.4　时钟系统框图

使用 1 片 24MHz 晶振为继电保护 SoC 芯片提供主时钟信号。使用 1 片 50MHz 晶振，将其输出的时钟信号输入至时钟缓冲器后，分成多路同频同相时钟信号，提供给 SoC 芯片以太网 MAC 模块及以太网 PHY (physical layer device) 芯片。

3) 存储系统

CPU 板存储系统框图如图 5.5 所示。SoC 芯片配备了 2 片 16 位宽 DDR3 芯片组成 32 位宽大容量内存，由保护核、管理核与电力专用子系统共享。

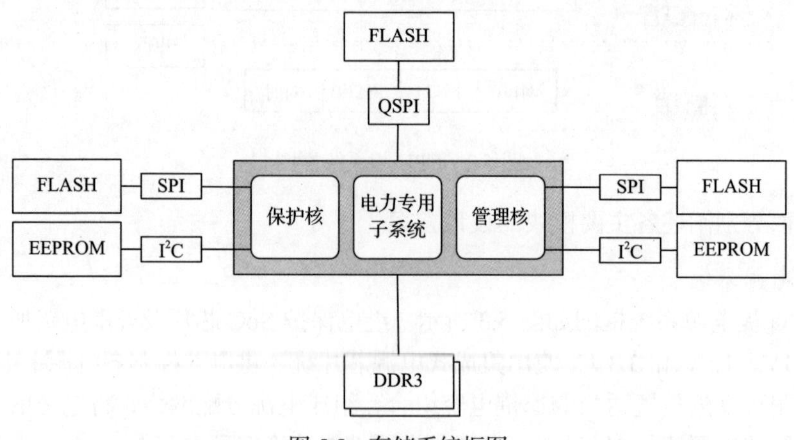

图 5.5　存储系统框图

整个芯片配备了 1 片 QSPI FLASH 芯片，用于存储保护核、管理核及电力专用子系统的程序文件；保护核配备了 1 片 SPI FLASH 芯片用于存储数据文件，1 片 EEPROM 用于存储配置信息；管理核配备了 1 片 SPI FLASH 芯片用于存储数据文件，1 片 EEPROM 用于存储配置信息。

4) 通信系统

CPU 板通信系统框图见图 5.6。继电保护 SoC 芯片通过电力专用子系统扩展的信号，经过高速连接器与以太网 PHY 芯片相连，可实现多路高速光纤以太网接口，为 SV/GOOSE/MMS 三网合一提供物理层支持。IRIG-B 码对时光口也位于接口板。

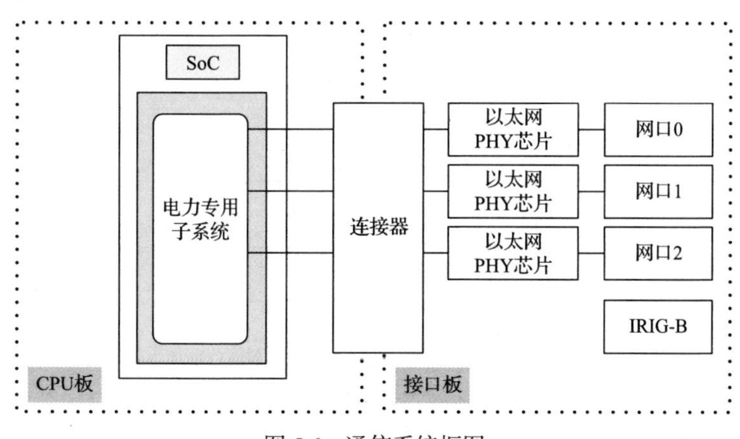

图 5.6　通信系统框图

4. 信号接口板设计方案

接口板放置 3 个高可靠性、小体积的 SFF(small form factor)光模块，光纤接口类型为 LC(lucent connector)，能可靠稳定地传输千兆以太网信号。

板上还放置 1 个光纤接口类型为 ST(straight tip)的光模块，用于接收 B 码对时信号。

5. 电源板设计方案

电源板兼容 110VDC、220VDC、110VAC、220VAC 宽电压范围输入，输出 5V/12W 电源为装置内各板卡供电。电源入口处放置防护器件，可有效提高电磁兼容抗扰性能，保证装置安全可靠运行。

5.2.2　低压保护装置架构

1. 装置概览

110kV 以下芯片化保护装置机箱外形尺寸、插件功能划分、插件端子定义等均按照标准要求进行设计，具备高性能、高可靠、高通用、高兼容等特性，可兼顾常规变电站和智能变电站的应用。

2. 装置设计方案

装置设计方案如下。

(1)使用高度为 6U、宽度为 19/3in 的不锈钢材质机箱。

(2)装置内包含 CPU 插件、交流插件、出口插件、操作插件、电源插件、背板、MMI(man machine interface)插件，各插件通过背板进行固定和连接，并通过背板总线相互通信。装置系统框图如图 5.7 所示。

(3)装置各插件端子定义均符合标准规范。

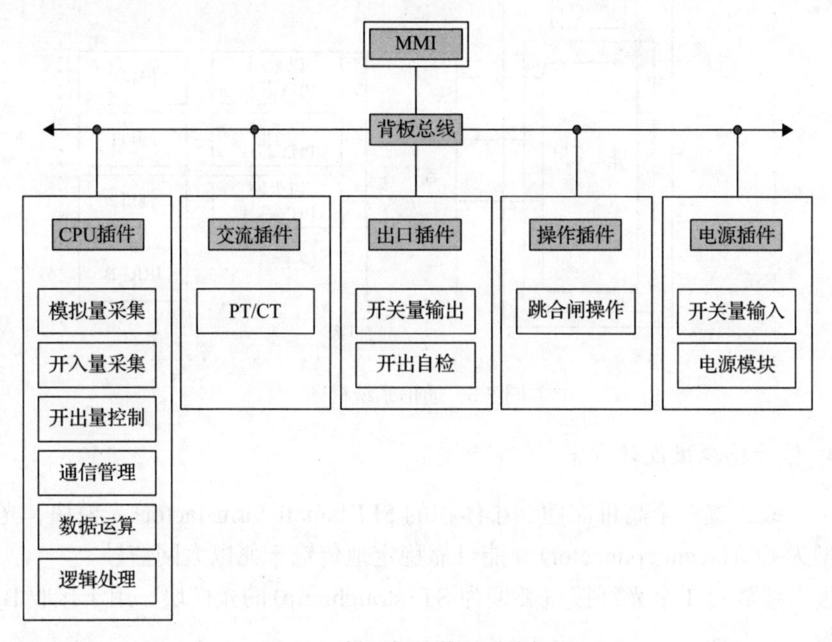

图 5.7　低压保护装置系统框图

3. CPU 插件设计方案

CPU 插件是装置的核心插件，使用单片 SoC 芯片实现保护算法和通信管理功能，其最小系统包括 DDR3 芯片、FLASH 芯片、EEPROM 芯片、电源芯片、看门狗芯片、RTC 芯片、有源晶振、串口等。

CPU 插件主要模块包括：继电保护 SoC 芯片最小系统、ADC 采样模块、开入量(digital input，DI)采集模块、开出量(digital output，DO)控制模块和以太网 PHY 等。

CPU 插件系统框图如图 5.8 所示。

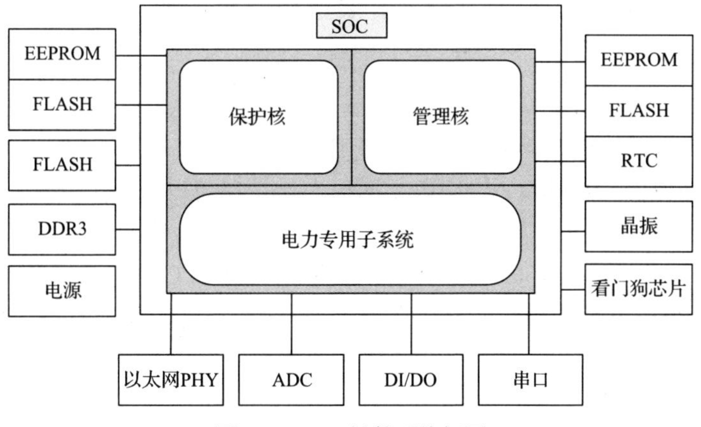

图 5.8　CPU 插件系统框图

1) 电源系统

CPU 插件电源系统框图如图 5.9 所示。

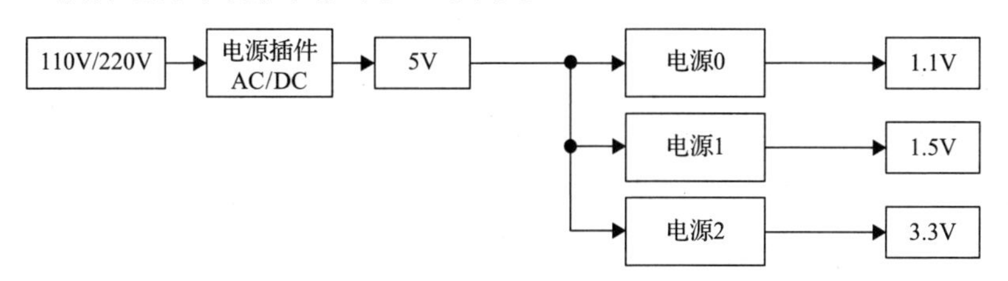

图 5.9　CPU 插件电源系统框图

2) 时钟系统

CPU 插件时钟系统框图见图 5.10。

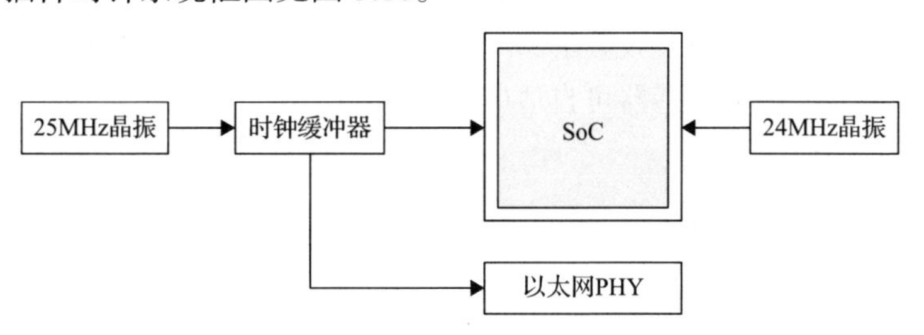

图 5.10　CPU 插件时钟系统框图

使用 1 片 24MHz 晶振为继电保护 SoC 芯片提供主时钟信号。

使用 1 片 25MHz 晶振，将其输出的时钟信号输入时钟缓冲器后，倍频并分成多路同频同相时钟信号，提供给继电保护 SoC 芯片以太网 MAC 模块及以太网 PHY 芯片。

3)存储系统

CPU 插件存储系统架构与高压保护装置 CPU 板一致。

4)通信系统

继电保护 SoC 芯片的保护核与管理核均通过电力专用子系统扩展连接多路以太网 PHY 芯片，实现 SV/GOOSE/MMS 通信。

MMS 网口为 100Mbit/s 电缆以太网口，连接器与以太网 PHY 芯片之间使用变压器隔离，增强抗干扰能力。

SV/GOOSE 网口为 100Mbit/s 光纤以太网口，搭配 LC 型光纤接口的 SFP(small form-factor pluggable)光模块，支持多模 1310nm 光信号。

此外，继电保护 SoC 芯片的电力专用子系统还扩展了 1 路 RS485 电平的 B 码对时信号输入接口。

5)模拟量采集系统

继电保护 SoC 芯片保护核通过电力专用子系统扩展连接双套 ADC 芯片进行冗余采样，冗余算法保证了模拟量采集的可靠性。

6)开入量采集及开出量控制系统

继电保护 SoC 芯片保护核通过电力专用子系统扩展连接内部开入开出总线，通过背板连接开入插件和开出插件，由继电保护 SoC 芯片直接采集开入量和控制开出量。

4. 交流插件设计方案

交流插件的主要功能是把外部的强电压电流信号，转换成弱电压信号，使之可被 CPU 插件的 ADC 芯片采集，并起到与外部强信号隔离的作用。

交流插件模拟量通道最大数量为 15 路，其中 CT 与 PT 的数量、位置可以根据需要任意组合，电流互感器可自适应额定电流 1A/5A，电压互感器可自适应额定电压 120V/150V/180V。

5. 出口插件设计方案

出口插件的主要器件为继电器，由 CPU 插件的 SoC 芯片的保护核经电力专用子系通过内部开出总线直接控制，确保开出的可靠性与快速性。

6. 电源插件设计方案

电源插件集成了开入模块与电源模块。

开入模块最多支持 24 路输入，所有开入信号经光耦隔离后进入内部开入总线，由继电保护 SoC 芯片电力专用子系统直接读取并传递至 SoC 芯片保护核。

电源模块提供 AC/DC 转换，兼容 110VDC、220VDC、110VAC、220VAC 宽电压范围输入，输出 5V/40W 电源为装置内各插件供电。

7. MMI 插件设计方案

MMI 插件使用分辨率为 320×240 的液晶屏，液晶屏亮度和对比度可以通过软件进行调节。MMI 插件支持 19 个红绿双色面板指示灯，支持连接薄膜按键。

5.3　芯片化保护装置软件平台

5.3.1　总体架构

芯片化保护装置软件平台可分为 4 层，分别是应用层、系统层、驱动层和前端处理层，如图 5.11 所示，其中应用层和系统层是两类内核(保护核与管理核)独立运行自己的模块，驱动层和前端处理层属于公共的资源模块。采用层次化软件设计可以从功能上对软件进行分割，有利于软件的开发和维护，同时每层之间通过标准化接口可以嵌入自测试函数，上面一层可以实现对下面一层的软件测试。采用模块化软件设计可以有效地进行知识共享，引用成熟的软件模块，提高系统的可靠性。

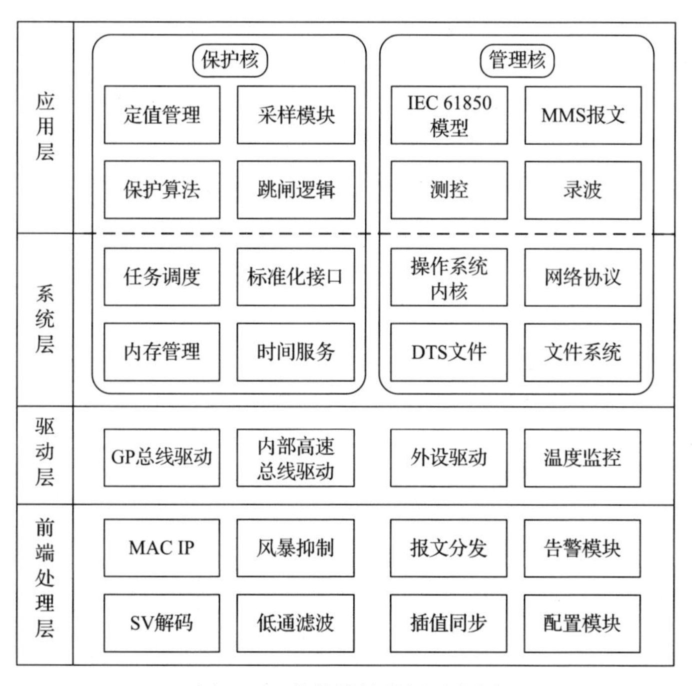

图 5.11　软件模块分层示意图

1. 应用层

保护核主要完成保护功能，部分关键模块采用成熟的软件，主要功能模块如下。

(1)定值管理：定值配置、修改等。

(2)采样模块：定时采样 SV 数据，进行数据格式转换。

(3)保护算法：完成所有保护功能，包括差动保护、距离保护、零序过流保护等。

(4)跳闸逻辑：完成一次系统的故障、异常的判断，并给出相应跳闸或告警指令。

管理核主要完成 IEC 61850 规约、测控和管理功能，主要的功能模块如下。

(1)IEC 61850 模型：IEC 61850 模型的建立、配置、修改等。

(2)MMS 报文：MMS 报文编解码。

(3)测控：遥信、遥测、遥控等连锁功能。

(4)录波：完成对故障时刻的数据记录，包括模拟量信息、开关量信息，并转化为 comtrade 格式进行存储，供后续对故障分析时参考。

2. 系统层

保护核主要功能模块如下。

(1)标准化接口：降低应用软件和硬件耦合度。

(2)任务调度：控制不同优先级任务的切换、定时轮询等。

(3)内存管理：通过系统函数实现内存分区和互锁机制。

(4)时间服务：根据外部的 B 码或 1588 时间同步报文统一管理系统所有时间信息。

管理核主要功能模块如下。

(1)操作系统内核。

(2)网络协议，支持 TCP/IP 等协议。

(3)DTS(device tree source)文件，设备描述结构体，可将设备和驱动分离，将设备属性如寄存器地址、中断等信息剥离出来，单独描述。

(4)文件系统，对于外部 FLASH 统一转换为文件系统管理。

3. 驱动层

驱动层为保护核和管理核共享，主要包括继电保护 SoC 芯片的各外设功能驱动，包括内核相关驱动、通用事件外部中断、定时器的管理等。主要功能模块如下。

(1) GP (general purpose) 总线驱动，内核和电力专用子系统之间的中速通信总线。

(2) 内部高速总线驱动。

(3) SPI/QSPI，外接 FLASH 存储器。

(4) I^2C 驱动，外接 EEPROM 和 RTC 器件。

(5) ADC 驱动，内置 ADC 模块，用于测量各级工作电压及状态监测。

(6) 串口驱动，初始化 UART 串口，内部调试用。

(7) 以太网驱动，内核对应以太网接口初始化。

(8) 温度监控，外接温度传感器，用于状态监测。

4. 前端处理层

前端处理层为保护核和管理核共享，对外部以太网数据、对时和 HDLC 数据进行并行、灵活的处理。主要功能模块如下。

(1) MAC IP：标准以太网 IP 模块，支持 IEEE802.1Q 协议。

(2) 风暴抑制：以太网流量控制，滤除无效报文。

(3) 报文分发：根据 ETHTYPE 和 APPID 识别 SV/GOOSE/MMS/1588 报文。

(4) 告警模块：以 APPID 为单位，完成对订阅报文的统计及告警。

(5) SV 解码：MAC 报文解析功能。

(6) 低通滤波：对 SV 数据进行低通滤波，平滑采样点数据。

(7) 插值同步：对 SV 数据进行处理，插值再同步采用二次插值算法。

(8) 配置模块：可灵活配置网络风暴抑制参数、SV 参数和报文处理参数。

5.3.2　工作模式

1. 工作模式概述

从继电保护的“四性”中的可靠性来看，需要保护装置的各个功能都独立运行，互相不影响，多核异构处理器为这种可靠性提供了最大的便利性。

多核处理器一般有两种工作模式：对称多处理器结构 (symmetric multi-processing，SMP) 和 AMP。SMP 特征：只有一个操作系统实例，运行在多个 CPU 上，每个 CPU 的结构都是一样的，内存、资源共享。这种系统有一个最大的特点就是共享所有资源。AMP 特征：多个 CPU 内核，每个 CPU 内核运行一个独立的系统或同一系统的独立实例，每个 CPU 拥有自己独立的资源。这种结构最大的特点在于 CPU 内核互相独立，可靠性较高。

2. 芯片化保护采用的工作模式

继电保护经过了多年的实践对于多 CPU 协同合作、功能模块划分、时序配合等已经有一套行之有效的原则和实施方案值得借鉴和吸收。当前主流厂家保护装置的通用做法是实时性要求高的功能模块，如保护计算等功能由一个 CPU 完成，非实时性任务，如通信等其他辅助功能由另一个 CPU 完成。参考这种方式，芯片化保护装置对处理器与电力专用子系统进行如下分工。

(1)保护核采用 BM 模式完成对实时性要求高的保护计算，主要包括数据处理和保护算法。

(2)管理核运行继电保护自主嵌入式操作系统处理测控、人机界面、网络通信等非实时任务。操作系统具备丰富的网络支持资源，如带有 TCP/IP 协议栈，这给开发具有以太网通信能力的数字化继电保护装置带来极大的便捷，并且基于继电保护自主嵌入式操作系统的开发成本相对于进口实时操作系统来说也更低。

(3)电力专用子系统：网络风暴抑制、加解密、SV/GOOSE、插值模块、滤波模块(向量生成)、以太网模块等。

3. 软件设计

使用 AMP 模式配合电力专用子系统外围接口的运行模式，保护核和管理核分别运行 BM 软件和操作系统软件，将 BM 软件可控、高效、硬实时特点和操作系统完备的系统功能、网络功能等相结合，实现硬实时特性和完备操作系统等一系列功能。

在芯片化保护装置中，用保护核替代以前的 DSP 板卡功能，为保证代码具有良好的移植性且满足实时性要求，保护核以 BM 裸跑方式运行。管理核替代以前的 Master 板卡功能，用继电保护自主嵌入式操作系统替代进口实时操作系统，在保证实时性要求的前提下，节省生产成本。

保护核运行电网保护功能程序，负责电网数据的采集和保护动作，并负责对整个板卡的启动、内存和中断资源等进行整体管理；管理核主要负责对信息的处理、存储和转发。

4. 双核之间的软件设计

芯片化保护装置的开发结合了二次设备开发的模块划分、安全防护等经验和继电保护 SoC 芯片的特点，其主要设计如下。

保护核与管理核在物理上共享 4GB 地址空间，每个核都能访问所有的地址空间。与工业应用中双核大部分采用 SMP 架构不同，芯片化保护装置采用 AMP 架构，保护核与管理核均开启各自的 L1Cache 地址空间，各核只能访问属于自己的地址空间。双核共享中断控制器、512KB 的 L2Cache、SCU(snoop control unit)、程序 FLASH 等资源，保护核管理共享资源，管理核对共享资源只有使用权。双核软件无须对 Cache 做特殊操作即可实现高速数据共享，从根本上解决了常规装置采用 CPU 核与 DSP 核存在的数据共享效率及带宽问题。另外，只有保护核具有共享资源的配置和管理权限，有效保证了装置的安全性。双核使用 DDR 共享数据，相对多芯片架构的数据共享方式抗干扰能力更强。

5.3.3 驱动层

驱动层软件设计主要包括继电保护 SoC 芯片各外设功能的驱动设计，包括内核相关驱动、通用事件外部中断、定时器管理等。从驱动层往下，已经和硬件有关联，对于不同的硬件设计，只需维护驱动层以下的功能。

1. GPIO

GPIO 是内核和电力专用子系统之间的中速通信总线，其引脚可以供使用者由程控自由使用，引脚依现实考量可作为通用输入（general-purpose input，GPI）或通用输出（general-purpose output，GPO）或 GPIO。GPIO 拥有低功耗、集成 I^2C 从机接口、小封装、低成本等优势，使用灵活，布线简单，可更加方便地实现各种简单硬件功能的设计和实现。

通过 GPIO，内核可与电力专用子系统实现非高带宽要求的数据通信功能，如电力专用子系统运行状态的监测、电力专用子系统程序版本获取、对电力专用子系统部分功能模块的配置和控制等功能，还可用于外设接口的复用控制等。

通过 GPIO 内置的脉冲宽度调制（pulse width modulation，PWM）功能，还可实现板卡运行呼吸灯的控制、定时器的触发等功能。

2. 核间高速互联总线

核间高速互联总线是芯片内核与电力专用子系统之间的高速通信总线，主要用于装置以太网报文的收发处理。

传统继电保护装置对于 SV 和 GOOSE 报文的接收一般需要多块板卡，对于母差等接入数据量较大的装置，甚至需要主子机箱分体设计，用于配置更多的板卡进行数据接入处理。而芯片化保护装置通过组网的方式，将传统继电保护装置需要多块板卡接入的以太网 GOOSE 和 SV 数据，仅通过数个网口完成接入，因此对外部以太网的数据接入和前端处理能力有很高的要求。

外部以太网 GOOSE 和 SV 数据接入装置后，先通过电力专用子系统的前端处理模块，对以太网报文进行初步的分类、筛选、流控、风暴抑制等工作，然后将装置所需的报文通过核间高速互联总线推送给芯片各内核，由各个业务逻辑进行后续的处理和保护逻辑的计算。

3. SPI

SPI 是一种高速的、全双工、同步的通信总线，并且在芯片的引脚上只占用四根线，节约了芯片的引脚，同时为 PCB 的布局节省空间，更加方便。SPI 总线的硬件功能较强，所以软件开发人员可以更简单地实现与 SPI 有关的功能，使中央处理器有更多的时间处理其他事务。

在芯片化保护装置中，SoC 芯片通过 SPI 总线与芯片外部的 FLASH 存储器进行连接。FLASH 结合了 ROM 和 RAM 的长处，不仅具备 EEPROM 的性能，还可以快速读取数据(NVRAM 的优势)，从而数据不会因为断电而丢失。因此，FLASH 被用于存储装置所用的程序文件、配置文件、系统日志、配置参数等。

4. EEPROM

EEPROM 是一种掉电后数据不丢失的存储芯片。相比于 FLASH 芯片，EEPROM 在擦写次数上更有优势，一般可在 100 万次以上。因此，在芯片化保护装置中，对于需要掉电保持的一些运行数据，因其业务特性可能会在运行中经常被改写，因此如果将其通过 FLASH 芯片进行保存，就容易出现长时间运行后芯片擦写次数超限导致硬件损坏的问题。

在继电保护领域，装置的可靠性是很重要的设计指标。为保证芯片化保护装置存储芯片可在现场连续多年运行的情况下不被损坏，部分要求掉电保持的数据需要通过 EEPROM 进行存储。

5. ADC

ADC 是将模拟信号转换成数字信号的电路。通过采样、量化、编码的过程，将对应的连续的模拟量转化为离散的数字采样数据，传递给芯片读取。

ADC 模块用于测量和监测芯片化保护各级工作电压。ADC 模块用于实时采集板上各电源电压与温度等信息，将其提供给应用程序，用于监测装置自身的工作状态。

6. UART

UART 可将要传输的数据在串行通信与并行通信之间加以转换，作为把并行输入信号转成串行输出信号的芯片。

串口通常指 COM(cluster communication port)接口，其特点是通信线路简单，只要一对传输线就可以实现双向通信，从而大大降低了成本，但传送速度较慢。一条信息的各位数据被逐位按顺序传送的通信方式称为串行通信。

在芯片化保护装置中，通过UART实现芯片保护核与管理核的内部调试串口功能，通过串口将装置各功能模块的运行状态打印输出，并可通过串口调取装置内的相应配置功能。串口直接连接在继电保护SoC芯片上，不需要电力专用子系统或其他硬件设备，因此在装置内软件或硬件异常的情况下，只要SoC芯片仍在运行，就可以通过调试串口正常接收芯片监测到的装置信息。

7. 以太网

以太网是现实世界中最普遍的一种计算机网络，以太网可实现网络上多个节点间通信，基于IEC 61850的GOOSE、SV、MMS等智能变电站常用通信报文，均使用以太网传输。

芯片化保护装置中大量的GOOSE、SV、MMS等各类以太网报文，以及其他基于IP的通信报文，经电力专用子系统的前端模块处理后，通过核间高速互联总线接入继电保护SoC芯片中，通过以太网驱动对接收到的报文数据进行初步处理后，交由应用进行处理。

8. 温度监控

芯片化保护装置外接了温度传感器，用于实时监测装置的工作温度。继电保护SoC芯片因其在一个芯片内集成了传统继电保护装置多块板卡的业务功能，因此芯片的工作负载更大，而各类芯片都有其正常的工作温度范围，因此需要对装置进行温度监测，通过驱动将采集到的装置温度进行处理后提供给芯片化保护装置的应用程序，用于监测装置自身的工作状态，并将监测数据上送至后台。

5.3.4　系统层

从系统层开始，保护核与管理核的功能模块设计需要根据当前核心是运行在BM裸跑模式还是操作系统模式进行区分。

1. 保护核

保护核基于BM裸跑模式，负责对实时性要求很高的保护功能、高实时性的平台功能、基础服务。

1）标准化接口

芯片化保护装置在保护功能和原理上基本与传统继电保护装置一致，需要在软件平台的设计上尽可能兼容原有的保护功能代码，因此需要为保护功能等应用程序设计一整套用于调用各硬件资源的驱动接口，接口统一封装，使应用软件可以轻松地在不同的硬件设备上进行移植，降低应用软件和硬件的耦合度。

对于保护核所需调用的硬件设备资源，包括 FLASH、EEPROM、ADC 等，平台层提供完整的读写功能接口，接口参数的设计贴合应用实际业务需求，与保护 CPU 程序的原设计习惯相一致。

对于保护功能逻辑所需的采样数据和开入信息，驱动层和电力专用子系统提供了以太网的快速接入总线，以及基于 IEC 61850 规约的 GOOSE 和 SV 报文的基本筛选和流控等功能，在平台层基于共享内存功能，针对保护 CPU 的程序，设计了专用的采样数据格式和开入信息的存储格式，使保护功能逻辑可以直接调用进行计算。

2) 任务调度

中断是处理机处理程序运行中出现的紧急事件的整个过程。程序运行过程中，系统外部、系统内部或者现行程序本身若出现紧急事件，处理机立即中止现行程序的运行，自动转入相应的处理程序(中断服务程序)，待处理完后，再返回原来的程序运行，这整个过程称为程序中断。

为了给应用程序的各个不同业务功能提供符合需求的高实时性任务调用，平台层需要根据各个业务的需求，提供相应的定时中断和触发中断，包括外部由电力专用子系统触发的硬中断和由内部逻辑触发的软中断。

3) 内存管理

内存管理是指软件运行时对计算机内存资源的分配和使用，其最主要的目的是如何进行高效、快速的分配，并且在适当的时候释放和回收内存资源。

在芯片化保护装置中，为了使每个核心可分别实现以前需要一块单板才能实现的功能，并实现各任务之间的快速数据交互，需要将继电保护 SoC 芯片可使用的硬件内存资源根据地址进行划分，分别为管理核使用的操作系统私有内存、保护核使用的 BM 私有内存、由 CPU 外设辅助控制的共享内存，三片内存空间不可相互混用。

通过实现内存分区和互锁机制，可确保应用软件各个功能逻辑能够正常运行，确保保护核和管理核在同时运行时，不会出现相互干扰的情况，保证优先级较高、比较重要、实时性要求高的业务功能，在执行时得到足够的内存资源。

4) 时间服务

基于 IEC 61850 的芯片化保护装置在运行时所产生的各类事件和告警，都需要填写时标上送至后台，装置内具有高实时性要求的业务功能均需要依赖于时间服务模块提供稳定可靠的时间信息。

IRIG-B 码是智能变电站领域最常用的外部时钟源，时间服务模块通过解析 IRIG-B 码数据，获取外部时钟源的时间信息，将其提供给装置内部各业务功能所需的高速高精度的计时器，为保护核和管理核的各个业务功能提供稳定可靠的时间信息。

2. 管理核

管理核基于继电保护自主嵌入式操作系统，为高实时性的应用功能提供基础支撑。

1) 操作系统内核

操作系统内核实现了很多重要的体系结构属性。在或高或低的层次上，内核被划分为多个子系统。内核也可以看作一个整体，因为它会将所有这些基本服务都集成到内核中。

操作系统内核的系统调用接口提供了某些机制执行从用户空间到内核的函数调用。对于操作系统内核的进程管理子系统，重点是进程的执行。在内核中，这些进程称为线程，代表了单独的处理器虚拟化(线程代码、数据、堆栈和 CPU 寄存器)。内核提供了一个应用程序接口来创建一个新进程或停止一个进程，并在它们之间进行通信和同步。

操作系统内核所管理的另外一个重要资源是内存。为了提高效率，操作系统内核负责管理可用内存的分配方式，以及物理和虚拟映射所使用的硬件机制。

虚拟文件系统(virtual file system，VFS)为文件系统提供了一个通用的接口抽象。VFS 在 SCI（system call interposition）和内核所支持的文件系统之间提供了一个交换层。在 VFS 上面，是对 open、close、read 和 write 之类的函数的一个通用 API 抽象。在 VFS 下面是文件系统抽象，定义了上层函数的实现方式。

2) 网络通信协议

操作系统内核提供了标准的网络通信协议支持，包括 ARP 路由功能、TCP 和 UDP 等各类 IP 报文格式的收发等。

3) DTS 文件

DTS 文件是描述计算机的特定硬件设备信息的数据结构，可将设备和驱动分离，以便于操作系统的内核可以管理和使用这些硬件，包括 CPU、内存、总线、设备属性(如寄存器地址、中断等信息)等，便于针对不同板卡实现不同的定义。

芯片化保护装置 CPU 插件的硬件板卡资源中，需要操作系统支持的设备有：①以太网；②串口；③CAN 总线；④SPI FLASH、SPI；⑤EEPROM；⑥RTC 模块；⑦板卡电压和温度监控模块。

4) 文件系统

在操作系统内核中，普通文件和目录文件保存在存储设备上，在芯片化保护装置的系统设计中，为管理核提供了 FLASH 芯片作为存储设备。系统层程序将 FLASH 的存储空间统一转换为文件系统管理，为应用程序提供方便的文件操作接口，应用程序可以通过操作系统内核的 VFS 进行调用。

5.3.5 应用层

应用层包含保护核与管理核的相关功能，其中保护核为实时裸跑核，低延迟地完成保护功能相关控制集操作；管理核运行操作系统的管理程序，完成人机信息交互。

1. 保护核

保护核的主要功能要满足继电保护装置的“四性”要求，即快速性、灵敏性、选择性、可靠性。

1) 外部输入

(1) SV 数据：交流保护装置通过交流插件，采集保护区域内的电压和电流量，转换为装置内部二次信号(SV 数据格式)，保护 CPU 接收二次信号量，依据相关保护算法计算保护动作与否。

(2) 定值：保护定值决定装置功能实现的可靠性和灵敏性，可因现场差异，调整现场适配的保护定值。调整定值设置时，定值信息通过外部接口输入管理核，再由管理核共享给保护核。

(3) 压板：保护压板决定装置功能投入和退出，可因现场差异，适当调整相应的保护投入或退出。通过外部输入管理核，由管理核通过数据交换传递至保护核实现保护功能，具有较好的选择性功能。

2) 保护配置原则

交流保护系统采用双重化配置设计，即两套保护装置分别采取独立的测量回路、独立的保护算法模块、独立的保护动作出口。当两个保护 CPU 相同保护动作元件动作后，触发真正的保护跳闸，驱动开出插件的开出节点。双重化配置可避免因一套保护 CPU 误触发保护跳闸而误动作，提高了保护装置的可靠性。

3) 保护元件

保护元件包含主保护和后备保护，主要包括差动保护、过流保护、过压保护、零序过流保护、零序过压保护等。主保护和后备保护需兼容快速性和灵敏性。保护元件接入 SV 数据，进行相关模拟量的保护算法分析。待达到设定的保护动作阈值后，触发保护启动逻辑，满足跳闸条件后，发出跳闸指令。

4) 跳闸逻辑

保护装置采取双重化配置，当两个 CPU 同时满足保护动作时，启动保护跳闸逻辑，发 GOOSE 开出跳闸指令，驱动本地的 DO 板卡开出节点。跳闸回路仅接收 GOOSE 跳闸信息，具有快速性和灵敏性。

2. 管理核

管理核主要完成 IEC 61850 规约、管理功能、人机交互功能等。

1) MMS 报文收发

MMS 报文规范，是一种通用通信协议，可以用于多种通用工业控制设备之间的通信。在变电站 IEC 61850 规约下，MMS 用来实现站控层与间隔层之间的通信。MMS 是 OSI（open system interconnection）七层模型中的一种应用层协议，在变电站中主要用于控制指令下发、测量数据上报等。

2) 遥调、遥信、遥测、遥控

遥调：采用无源接点方式，常用于断路器的合、分和电容器及其他可以采用继电器控制的场合。

遥信：采用无源接点方式，即某一路遥信量的输入应是一对继电器的触点，或者是闭合，或者是断开。通过遥信端子板将继电器触点的闭合或断开转换成为低电平或高电平信号送入继电保护装置。遥信功能通常用于测量能够提供继电器方式输出的信号，包括：开关的位置信号、变压器内部故障综合信号、保护装置的动作信号、通信设备运行状况信号、调压变压器抽头位置信号、自动调节装置的运行状态信号等。

遥测：遥测往往又分为重要遥测、次要遥测、一般遥测和总加遥测等，常用于变压器的有功和无功采集，线路的有功功率采集，母线电压和线路电流采集，温度、压力、流量等的采集，周波频率采集和其他模拟信号采集。

遥控：采用无源接点方式，常用于有载调压变压器抽头的升、降调节和其他可采用一组继电器控制具有分级升降功能的场合。

3) 定值和压板

管理核负责定值和压板的手工调整设置。

4) 录波

保护动作元件在启动触发动作后，会发送信号标志位给管理核，管理核接收到启动存储录波指令后，启动保存当前时刻的模拟量和开关量信息，并保存为 comtrade 格式，为后续事故分析提供了依据。

5.4 芯片化保护装置外特性

5.4.1 小型化技术

1. 结构小型化设计

目前国内继电保护装置机箱尺寸宽度采用19in系统,高度采用U制系列尺寸。大部分产品为4U×19in标准插箱，还有6U、8U高度的机箱设计。传统装置结构比较复杂，装置体积大，安装方式单一。高防护型芯片化保护装置突破了传统结构，采用微型化设计技术，实现了保护装置壳体的小型化。

综合考虑应用需求，装置设计有3个面板指示灯，分别为运行灯、动作灯、告警灯；2个航空连接器接口，分别用作电源接口和通信接口，电源采用常规电缆供电，通信采用光纤实现；安装方式为四角螺钉固定，可适用于户外无防护安装。

结构设计综合考虑保护装置的现场运行环境、硬件设计需求、接口和布线需求以及节省项目投资等因素,保护装置体积设计为120mm×100mm×50mm(长×宽×高)。

芯片化保护装置壳体采取封闭式结构设计，壳体部分由上盖和底壳组成。装置壳体材料采用5052防锈铝，此材料有强度高、耐腐蚀等特点，在满足装置结构可靠性的前提下，能降低壳体厚度，为内部电气设计节省空间。

结构设计时，充分考虑装置散热需求，使用无散热片设计，进一步减少对装置内部空间的侵占。另外，在装置内部发热较多的元件上放置导热硅胶，主要成分为氮化硼陶瓷粉填充硅胶，是一种导热缝隙填充材料，具有高压缩率、低热阻、表面湿润性好等特点。

为了达到装置小型化的目的、充分利用装置内部空间，内部电路板采用堆叠结构。电源板较高，独立占用机箱左侧空间，CPU板和转接板(灯板)通过铜柱和螺钉连接，固定于机箱右侧空间。对装置内部配线进行优化设计，降低配线对装置内部空间的占用。

2. PCB小型化设计

PCB的面积直接影响装置的外形尺寸,因此进行PCB小型化设计是实现装置小型化最直接的手段。从PCB工艺设计和PCB小型化设计两个维度进行考量，使PCB面积尽可能小，进而达到装置小型化的设计目的。

合理进行元器件小型化选型和设计，促进PCB小型化。

1) 阻容小型化

当前继电保护控制装置一般以机箱结构为主，单板面积较大，因此对PCB小型化要求不高。所以，为提高焊接可靠性和单板直通率、降低焊接工艺要求，常规阻容元器件还是以0805和0603封装为主。一块单板尤其是CPU板，因为芯片数量较多，PCB上需要大量的去耦电容以及匹配信号的电阻。如果将0603封装的阻容器件，尤其是0805封装的阻容器件更换为0402封装，会节省很大一部分PCB空间，提高元器件的集成度，有效缩小PCB面积。因此在PCB设计时，在满足耐压和容值的前提下，电容优选0402封装，在满足功率要求的前提下，电阻使用0402封装。

2) 单板电源小型化

电源板输出为5V电源，CPU板和转接板除5V电源外还需要多个电压等级。CPU板如果选用5个电源芯片，会占用很大的PCB空间，难以满足现在的PCB尺寸要求。为减小电源占用的PCB面积，选用多路合一的DC/DC电源，将电源模块输入的5V转换成CPU板需要的各种电压等级电源。

3) 连接器小型化

CPU板与转接板之间需要传递千兆以太网信号，因此需要选择一款高速连接器。同时为了节省PCB空间，需使用高密度连接器。

4) LC光模块小型化

为了实现小型化结构设计，智能变电站常用的SFP和1×9封装的以太网光模块无法满足结构空间要求，所以需使用小封装千兆以太网光模块。

5.4.2　低功耗技术

智能变电站对于二次设备要求非常严酷，装置采用光纤直连方式通信，支持IEC 61850，对于运行环境在–40～70℃的温度范围，功耗较大，散热要求较高。

为了使芯片化保护装置在苛刻的环境条件下可靠运行，延长设备寿命，低功耗设计是一个必须进行的关键技术环节。通过低功耗设计，可以使得设备关键部件的发热尽量减少，器件的寿命可以得到更大的保证。

经过研究和测试，发现对装置功耗影响最大的几个因素是CPU芯片功耗、板卡数量、单板功耗、电源效率及装置散热措施等。

1. 低功耗CPU选型

继电保护装置要求采用无风扇散热技术，所以对元器件的功耗要求较高，其中CPU芯片的功耗占比最高，因此要解决芯片化装置功耗大的问题，首先要选择功耗低的CPU芯片。

芯片设计领域低功耗设计方向应用最多的就是优化芯片架构，包括升级生产工艺、降低芯片工作电压、采用不同速度的标准单元，分区域采用不同电压的电源以及模块关断等。而其中升级生产工艺是应用广泛、行之有效的方法之一。

表 5.1 对比了几款工控行业的主流 CPU 芯片型号的功耗指标。

表 5.1　不同内核 CPU 处理器功耗对比表

项目	南网芯	Altera	TI		Freescale	
	FUXI-H	Cyclone V	Tms320c6657	J5 DRX62X	P1013	i.max6 MCICX6
核心配置	CK860×2+ CK810×2	Cortex-A9×2+ FPGA	双核 DSP	Cortex-A8+ C674x	单核(e500v2)	Cortex-A9×2
主频	800MHz	800MHz	1250MHz	720MHz	400～1067MHz	1GHz
功耗	＜2.5W	＜2.5W	＞3W	≥2.5W	≤4W	双核>2W

2. 装置少板卡设计

基于传统 CPU 和 FPGA 芯片设计的数字化保护测控装置，继承了常规保护测控装置的体系架构，通过增加通信端口实现了 SV、GOOSE、MMS 等功能。装置的板卡种类和数量较多，光模块数量也比较多，发热量很大。

要降低装置功耗，必须减少板卡数量和光模块数量，为此提出芯片化保护和四网合一技术路线，芯片化保护测控装置和传统保护装置架构完全不一样，新的架构只需要 1 片 SoC 芯片和 2 路光纤以太网就可以实现所有保护测控功能。芯片化保护装置除电源板外，只有一块 CPU 板和一块转接板。

3. 单板低功耗设计

合理处理外设资源，因为使能的外设越多，功耗越大。关闭不需要使用的外设，临时使用的外设只能在使用期间使能，使用完后立即关闭。对于不需要一直工作的外围器件，在不工作时应关断该部分供电电源以达到功耗最低。采用 MOS 管电路配合 SoC 芯片控制实现局部电源开关从而实现电源管理。

合理选择上拉、下拉电阻值。

合理配置在 GPIO 输入输出触发时的电平状态，减小漏电流。

4. 电源高效率设计

单板电源系统一般由低压降线性稳压器(low dropout regulator，LDO)和 DC/DC 组成。LDO 的效率取决于输出电压与输入电压的比值，DC/DC 的效率取决于 DC/DC 器件本身的特性及负载电流大小。

对于输出电压和输入电压很接近且负载电流较小的电源选择 LDO 实现。

对于输出电压和输入电压差值较大且负载电流较大的电源选择 DC/DC 实现。

5. 装置散热设计

散热设计是装置结构设计的关键技术点，可靠有效的散热设计能降低机箱内部温度，提高装置可靠性，延长装置运行寿命。

针对环境温度较高、阳光直射的使用环境，设计了铝防护外罩。它与芯片化保护装置壳体结合，对壳体起到遮阳作用。外罩具有百叶窗式通风孔，可通风散热，防止壳体表面因阳光暴晒而温度过高，对装置正常运行产生影响。外罩设有排水孔，可防止雨水或其他液体在外罩与壳体之间蓄积。

装置壳体材料采用 5052 防锈铝，此材料有强度高、耐腐蚀等特点，铝材料本身的散热性比较好，为了具有更好的散热效果，在上盖上增加了条形散热通道的设计。

芯片化保护装置内采用传导散热方式，将主要发热器件，包括 CPU 芯片、电源芯片以及光模块通过导热硅胶垫与铝制机壳紧密压紧，绝大部分热量通过其接触面与机箱接触，热传到机箱。发热器件与机壳之间增加高导热系数的导热硅胶垫，热量通过机壳扩散到空气中。结构设计上需严格控制芯片、光模块与机壳之间的距离，在机壳内部增加 4mm 凸起的散热台，使机壳与芯片之间的距离更近，选用 1mm 厚度的导热硅胶垫，提高了散热效果。

5.4.3 高防护技术

目前，国内外现有的继电保护装置多采用插箱形式，U 制插箱的安装孔距离也为 U 制，一般只适用机架式的组屏安装环境。装置的防护等级仅限于 IP20、IP30、IP40，不能满足直接安装在户外使用环境的要求。

高防护型芯片化保护装置运行于户外，需要抵御降雨、高湿的气候环境，对设备的防护等级提出了更高的要求。为了达到该标准，设备防护等级按照 IP67 执行。当防水防尘等级达到 IP67 时，需要做到尘密，完全防止外物侵入，且可完全防止灰尘进入。当承受强烈喷水时，水无法进入装置内部，不会对装置运行产生影响。

1. 结构设计

芯片化保护装置壳上盖与底壳分别设计了沟槽与凸起的结构，在上盖的沟槽中安放密封圈，上盖通过安装螺钉固定到底壳上，同时对密封圈形成了压紧力，从而实现密封。指示灯开孔部分采用 O 型圈与导光柱配合的方式，再由压板压紧实现密封。外部接口采用了高防护等级航空插头，这样整个壳体就形成了全密闭结构，防护等级可达到 IP67，可满足户外环境使用要求。

2. 航空插头选型和设计

为了使装置达到IP67防护等级，机箱采用一体化设计，对外接口使用高防护航空插头连接。按照信号类型，将对外接口划分成2个航空插头，分别对外引出1个电口、1个光口。国内外航空插头连接器厂家对比如表5.2所示。综合对比各厂家实力，最后选用中航光电科技股份有限公司的产品。

表 5.2　国内外航空插头连接器主要生产厂家

序号	厂家名称	主要产品系列	应用领域及案例
1	中航光电科技股份有限公司	GJB599、GJB598、GJB2889、GJB4337、F（微圆形）、YM（船用）、YL、Y11、Y50、YDA30T等	主要应用于：航空、航天、舰船、兵器、铁路、电子、通信、电力等相关行业 光纤产品已有20余年生产应用经验，谱系齐全
2	贵州航天电器股份有限公司	GJB599、Y11、Y17、Y27、Y50、Y70等	军品占比80%。主要为航天型号配套。具有圆形光纤设计、生产能力，以GJB599系列为主
3	菲尼克斯	M系列工业级连接器	传感器等工业设备信号传输。以小型信号级圆形产品为主
	魏德米勒		主要应用于电力、通信、汽车、轨道交通、工程机械等相关行业
	德国哈丁		暂未见其常规圆形光纤产品
4	四川华丰企业集团有限公司	YB（GJB598B）系列、JY（GJB599A）系列	通信、火炮等，有少量圆形光纤产品
5	陕西华达科技股份有限公司	射频同轴产品	通信、电子领域，有少量圆形光纤产品

电口航空插头用于电源输入和告警接点输出，最终选定的型号为CT63A-1808。产品共8芯，插座装插针，壳体采用不锈钢材质，色带处涂绿色带并在绿色带上标记插座型号，接触件适压2.5mm^{2}导线。具体规格指标如表5.3所示。

表 5.3　电口航空插头技术指标

指标	数值
工作温度	−40～125℃
振动	10～500Hz，加速度98m/s^2
冲击	980m/s^2
机械寿命	500次
额定电流	23A
额定电压	1000V
耐电压	2300V
绝缘电阻	≥5000MΩ（常温常态）
盐雾	500h

光口航空插头用于以太网通信和光纤 B 码对时，最终选定的型号为 J599/20KC08A1N。插座具有 8 芯，均为多模光纤跳线，接口是 7 个 LC 和 1 个 ST。具体的规格指标如表 5.4 所示。

表 5.4　光口航空插头技术指标

指标	数值
工作温度	55～85℃(仅针对连接器，光缆组件的工作温度需参考连接器适配光缆的工作温度)
振动	10～2000Hz，功率谱密度 $0.4g^2/Hz$，加速度均方根值 23.1
冲击	$2940m/s^2$，持续时间 3ms，速度变化率 $2.96m/s^2$
机械寿命	500 次
插入损耗	≤0.6dB
单模的回波损耗	≥40dB
盐雾	1000h
防护等级	IP67(插合状态)

根据芯片化保护装置的功能需求，将对外航空插头的信号进行具体定义。其中电口航空插头包括电源输入和装置异常告警接点输出，光口航空插头包括冗余 SV/GOOSE/MMS/1588 合一光口(A/B 网)以及光纤 B 码对时接入。航空插头接口定义如表 5.5 所示。

表 5.5　航空插头接口定义表

插头类型	芯号	纤芯定义	备注
电口	1	电源+	
	2	空	
	3	电源–	
	4	空	
	5	空	
	6	空	
	7	告警接点+	备用
	8	告警接点–	备用
光口	1	SV/GOOSE/MMS/1588 合一光口发送 A	LC 光纤接口
	2	SV/GOOSE/MMS/1588 合一光口接收 A	
	3	SV/GOOSE/MMS/1588 合一光口发送 B	
	4	SV/GOOSE/MMS/1588 合一光口接收 B	
	5	备用	
	6	备用	
	7	备用	
	8	IRIG-B 光纤输入	ST 光纤接口

数字化和芯片化保护装置特性如表 5.6 所示。

表 5.6　数字化和芯片化保护装置特性

装置特性	数字化保护	芯片化保护
板卡数量	至少 7 块	1 块
装置体积	4U×19in×260mm	120mm×100mm×50mm
防护等级	IP20	IP67
使用环境	控制室内部	现场就地安装
供电电源	220VAC，220VDC，110VDC	220VAC，220VDC，110VDC
功耗	50W	8W
CPU 性能	CPU 主频在 400MHz 以下	CPU 主频在 800MHz 以上
对外通信接口	100Mbit/s 以太网，RS485	1Gbit/s 以太网
内部板卡通信	低速网络	芯片内部总线通信
显示	320×240 液晶显示器	无液晶显示器，有指示灯

5.5　芯片化保护装置可靠性机制

5.5.1　关键数据不出芯片

继电保护装置中与保护功能关系较大的数据称为关键数据，包括保护定值、压板、模拟量采样值、保护启动和告警标志等，其中有些数据是动态变化的，放在内部 RAM 中，既可以提高保护运算速度又可以保证数据的安全性。芯片化保护装置基于多核 SoC 芯片及内部存储实现采样值、保护动作标志等关键数据不出芯片，提升了数据可靠性，有效防止了各类外部干扰导致的数据异常。

目前国内使用的数字化保护装置，由于内部各逻辑节点往往分布在不同板卡或处理芯片内，通过内部通信总线交换数据，各类信息交互需经历多个环节。

在信息交互效率方面，由于模块基于硬件板卡划分，内部的信息交换环节过多，且受限于内部总线带宽，信息传递效率无法提高，存在较大的信息交互瓶颈；在信息校验方面，板卡之间的数据交换通常使用 CRC 校验方式，可以对报文正确性进行校验，对于丢失的报文则无法统计，每个芯片都采用外部存储器存储数据，靠硬件本身时序保证数据的正确性，一旦出现错误则无法识别；在信息交互可靠性方面，存在 SV 接口 CPU 向保护 CPU 转发采样值延时，保护 CPU 和 SV 接口 CPU 中断离散延时，保护、启动 CPU 间的离散延时，保护、启动 CPU 向 GOOSE 接口 CPU 发跳闸命令延时，GOOSE 接口 CPU 处理延时等，信息处理环节过多，不仅导致关键数据易遭受外部干扰，影响数据的可靠性，而且还导致数字化保护装置比常规保护装置动作时间延长 3～5ms。

关键数据不出芯片可以从物理上保证数据的完整性。如图 5.12 所示，装置上电后程序自动加载到外部 DDR 存储器，然后保护核先启动，从 EEPROM 中读取数据，把当前区定值和压板数据放到内部 RAM 中，模拟量采样值数据由外部 MU（合并单元）装置产生，通过千兆网接口给内部电力专用子系统前端数据处理模块，通过前端数据处理模块的报文分发、SV 解码、低通滤波和插值同步处理后直接存储到继电保护 SoC 芯片内部 RAM 中，保护核从内部 RAM 中获取采样值数据在二级缓存中进行逻辑运算，数据传输的每个环节都有 CRC 校验环节，整个过程都在芯片内部进行，外界温度变化时，芯片内部物理单元会同时发生变化，参数正负偏差是一致的，所以数据处理不会出现偏差。即使外部有较强的电磁干扰，也不会影响到芯片内部。

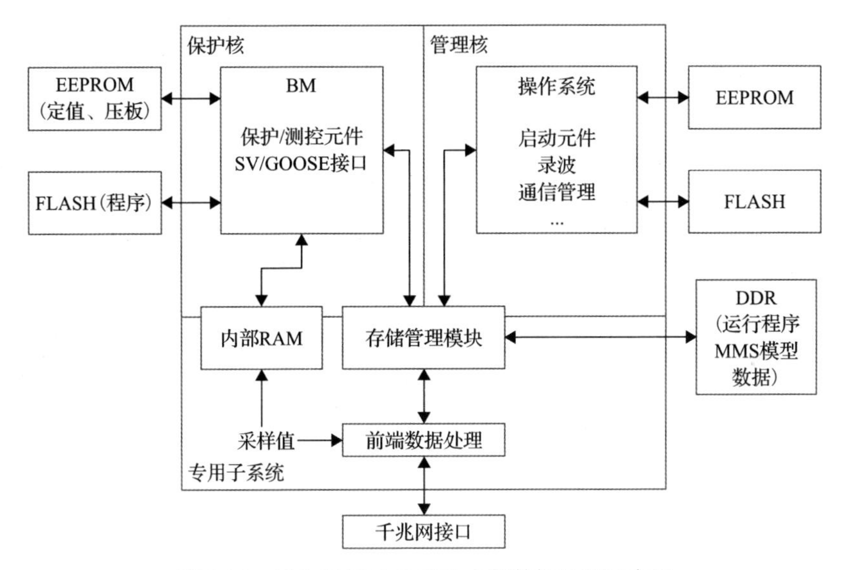

图 5.12　继电保护 SoC 芯片内部数据处理示意图

电力专用子系统和保护核通过芯片内部总线进行数据交换，内部 RAM 空间为 256KB，采用 16bit 总线模式，数据带宽可到 1Gbit/s，保护装置数据采样频率一般为 1200Hz，采样周期为 833μs，在每个采样周期内完成 FFT 算法和保护逻辑计算等功能的时间为 100μs，模拟量读取时间为 0.5μs，对运算处理性能没有影响。保护核、管理核和电力专用子系统都可以通过核间高速总线经存储管理模块访问外部 DDR 存储器，通过 DDR 存储器实现不同内核之间的数据交换。核间高速总线通信带宽可到 8Gbit/s，DDR 存储器为每个内核单独设置 32MB 存储空间，数据交换时间为纳秒级别，存储管理模块能够保证同一个时刻只有一个内核访问外设，数据总线不冲突，数据安全可靠。

表 5.7 为继电保护关键数据存放地址对比表，继电保护 SoC 芯片内部 RAM 空间为 256KB，SV 采样值空间为 2KB，定值数据空间为 2KB，软压板数据为 1KB，GOOSE 开入开出状态为 2KB，保护动作标志位 1KB，公共资源占用 128KB，总共用了 136KB。DDR 存储器空间为 1GB，其中操作系统空间 512MB，每个内核共享空间 32MB，共 96MB，预留空间 416MB。

表 5.7　继电保护关键数据存放地址对比表

关键数据	数字化保护装置		芯片化保护装置	
	数据位置	存放空间	数据位置	存放空间
定值	片外	RAM	片内	0～0x7FF
软压板	片外	RAM	片内	0x800～0xbFF
SV 采样值	片外	总线传输	片内	0xc00～0x13FF
GOOSE 开入	片外	总线传输	片内	0x1400～0x17FF
GOOSE 开出	片外	总线传输	片内	0x1800～0x1bFF
保护动作标志	片外	RAM	片内	0x1c00～0x1FFF
预留区	—	—	片内	0x2000～0x3FFFF

EEPROM 用于存储重要的配置和定值信息，其内部空间分配如表 5.8 所示。

表 5.8　EEPROM 内部空间分配

数据	起始地址	终止地址
板卡配置	0x0	0x1F
模拟量配置	0x20	0x3F
IP 地址	0x40	0x5F
软压板	0x60	0x7F
菜单	0x80	0x47F
事件索引	0x480	0x87F
预留区	0x880	0x1C7F
定值	0x1C80	0x5C5F
预留区	0x5C60	0xFFFF

注：64B 为一页，共 64KB。

5.5.2　多核共享资源的安全管理机制

近年来数字化保护装置功能越来越多，接入数据量越来越大，一般通过增加板卡数量实现功能的扩展，而板卡数目的增加，也带来了软件升级、配置修改、装置输入输出调试等工作量的大幅增长。保护的软件配置升级主要有如下问题。

(1) 调试接口无法直接访问到所有的板卡和芯片，要想实现一键式升级，升级数据流要经过多级转发，转发规则复杂，装置数据流复杂度提高、整体升级的可靠性降低。

(2) 装置内部网络多样。装置内部通信方式有内部以太网、内部 CAN 总线、内部 SPI 总线等多种总线方式，不同的总线速度不同、带宽不同，升级数据带宽设计只能按最低的进行，降低了升级效率。同时升级数据要考虑在不同总线上传输，要符合不同总线的协议要求、帧长度要求、应答机制要求等，升级方案的规约实现复杂，效率低。

(3) 装置内各板卡的功能不同，对板卡上芯片的性能要求也不同，从成本考虑，各类板卡使用的芯片也不同。各芯片的 boot 模式、程序存储和启动模式也各不相同。各芯片都要支持一键下载，除了需要设计复杂的通信规约，还需要设计满足在线升级功能的 boot 程序以及程序存储方案。

(4) 考虑到不同的单板有不同的软件、配置固化方法和调试方法，无论是设备制造商的工程人员还是运行单板的维护人员，都要对各个单板的特性、维护方法有一定的了解，这大大增加了工程调试和维护的复杂性与难度。因此，在多板卡插件的继电保护装置中调试和升级时，系统复杂性高，实现难度高，调试效率及可靠性较低。

芯片化保护装置则与上述常规数字化保护装置不同，它基于多核硬件的软件架构实现，软件采用 AMP 架构方式，保护功能通过裸跑程序实现，管理及通信功能通过操作系统来实现，可以兼容两者的优点，在保证可靠性的同时具备更强大的扩展功能。芯片化保护装置引入了多核共享资源保护机制、多核安全复位机制、多核 CPU 缓存共享机制，提升了整体软件架构的容错能力，保证芯片内部数据处理的安全性。现有的数字化继电保护装置采用多板卡、多芯片架构，板卡之间的数据交换通常用 CRC 校验方式。近几年 ECC 技术发展很快，能够对内存实现错误检查和纠正，但会增加硬件成本。

图 5.13 为继电保护 SoC 芯片软件模块示意图，为了数据保密和安全，将双核架构设计为 AMP 架构。保护核运行于 BM 模式，负责定值管理、采样模块、保护算法、跳闸逻辑和配置管理等模块；管理核运行于操作系统模式，负责 IEC 61850 模型管理、MMS 报文处理、对时管理、录波和规约管理等模块。保护核直接操作芯片寄存器，主要使用芯片内部数据，是安全等级最高的数据处理单元；管理核主要使用外部数据，是安全等级次高的数据处理单元。两个核之间通过存储管理模块共享内存方式交换数据，外部 DDR 存储器给每个内核分配 32MB 空间用于数据交换，32MB 又分为读区域和写区域，各占一半，通过配置文件可以设定不

同内核之间的数据读写地址。

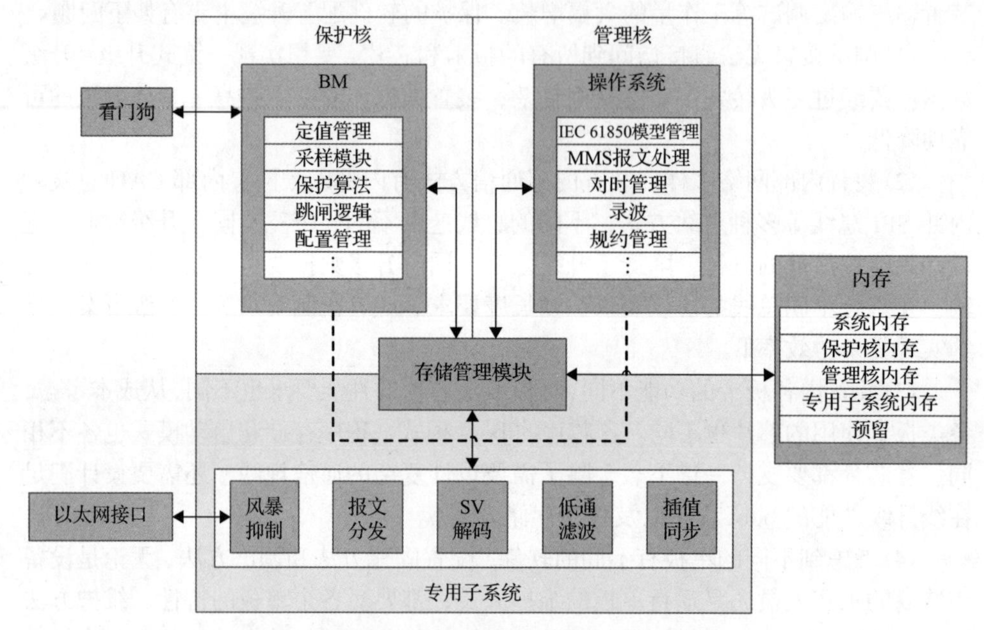

图 5.13　继电保护 SoC 芯片软件模块示意图

电力专用子系统收到报文后，会判断是不是正确的以太网报文、是否符合 IEC 61850 规范、是否为已经订阅的报文。在每个数据包结束的时候，对每包数据进行 checksum 计算，判断该包是否完整，如果完整，存储状态信息包序号、MAC 编号、包长、ETHETYPE、APPID、包时标、MAC IP 状态信息。发送时帧进行计数器校验和 CRC 校验，这样能保证数据传输过程中不丢帧、不错帧，最大限度地提高接口的安全可靠性。

功能标准化、模块化对于提高大规模工业生产效率、提高产品可靠性具有关键的意义。本书描述的单片 SoC 系统在规划阶段需把模块化、标准化作为优先级最高的约束条件。传统插箱架构使用硬件板卡实现模块化、标准化，本书则基于软件分层、面向对象建模等思路在软件层面保障模块化、标准化。软件分层设计，保证保护核心算法完全独立于硬件，保障了功能扩展和移植。

智能变电站主要的网络报文包括 SV、GOOSE、MMS 及 PTP（精确时间协议）等。目前国内智能变电站常用的网络拓扑形式为“直采直跳”，即过程层和间隔层设备间光纤直连，在提高可靠性的同时，带来了拓扑过度复杂的问题。

“共网共口”是针对目前智能变电站通信网络架构复杂、光纤接线繁杂、建设成本高、运维压力大等问题提出的解决方案，即保护装置采用“网采网跳”的网络拓扑形式，由“三网合一”的方式实现报文信息的接入。

各种报文物理上混杂在一个通道，带来了网络负荷增加、分拣开销加大、优先级需要区分等问题，需通过电力专用子系统实现通信前端处理，将大流量的以太网数据并行、灵活处理。

(1)首先对 SV、GOOSE 和 MMS 进行分流处理。

(2)采用业务优先级分层管理技术，保证 SV/GOOSE 数据的实时性。

(3)加入网络风暴处理机制，防止无效数据导致网络异常或瘫痪。

从开发灵活度的角度出发，处理器是多数据处理任务的核心，电力专用子系统扮演通信并行的协处理器角色。提高处理器和电力专用子系统之间的传输效率，简化传输流程以提高数据交换的可靠性，是这种架构最重要的一个设计要点。

传统的处理器+FPGA 架构，一般采用 DMA 方式，通过部署数据传输任务的方式，降低数据交换带来的处理开销。作为主管的处理器，需要高频率监视上行数据流量，根据报文数量，动态调整 DMA 长度，此复杂过程对架构和代码的设计均有很高要求。另外，片间通信也受到处理器的高速外设接口速率和印制板设计的限制。

SoC 架构在流程处理上有很大改善，表现如下。

首先，由于是片内系统，SoC 内各内核与电力专用子系统之间采用核间高速互联总线，数据带宽可以达到 8Gbit/s 的级别，比处理器+FPGA 架构提高了一个数量级。

其次，电力专用子系统根据配置，将分拣过滤后的数据封装为描述信息+数据信息的结构，直接写入内存，和处理器查询处理数据完全解耦，大大降低了处理器的任务复杂度和处理开销。这样做带来的另一个显著优点是，即使一帧数据传输由于可能的小概率事件失败，也不会影响到下一帧数据的传输，而 DMA 方式遇到这种异常，往往需要重启传输机制。从系统鲁棒性来说，SoC 架构提高了一个级别。

5.5.3　电力专用子系统的全过程监控机制

继电保护 SoC 芯片处理器内核(包括保护核与管理核)通过业务数据流对电力专用子系统进行状态监视及管理。通过对数据流的全程监视，继电保护 SoC 芯片处理器内核可及时发现和分析电力专用子系统处理过程中可能出现的异常情况，避免电力专用子系统无法监视黑盒运行带来的异常。

电力专用子系统会在每一个关键处理模块的进出位置，对业务数据流进行异常识别和统计，并将结果发送至相应的继电保护 SoC 芯片处理器内核。各处理器内核基于这些异常统计信息的对比，可识别出问题点，并及时发出告警信息。

下面以电力专用子系统中以太网报文处理模块的大致处理流程为例进行介绍。

(1)以太网报文处理模块从对外接口收到以太网报文后，判断以太网报文是否异常，例如，对于 SV、GOOSE 报文类型，判断是否符合 IEC 61850 规范(如 MAC 地址异常等)。

(2)以太网报文处理模块对每包已识别的订阅报文进行 checksum 计算，判断该包是否完整。

(3)以太网报文处理模块对从继电保护 SoC 芯片处理器内核发送过来的报文，在各处理环节进行帧计数器校验和 CRC 校验，同时还要检查各级缓存是否发生溢出错误，对于发现的异常进行统计并上送给发送该报文的处理器内核。

(4)处理器内核通过收到的异常统计记录数据，分析整个数据流在各环节的异常是否符合逻辑关系，可以准确地定位发生异常的位置。

通过对电力专用子系统数据处理过程的安全监视，提升了软件系统的容错能力，保证芯片内部数据处理的安全性，减少数据传输过程中丢帧、错帧的情况，同时能尽快发现问题或隐患并及时给出告警，从而较大限度地提高接口的安全可靠性，避免故障升级。

5.5.4　多核安全复位机制

芯片化保护装置采用了多重化容错技术、硬件纠错机制、报文重发逻辑及全面的程序监控功能。通过存储管理模块在软硬件方面设定安全措施，使用的安全措施如下。

(1)每个核只能访问自己的地址单元，采用加密锁机制，一旦越界就报错。

(2)CPU 读取内存数据都要进行数据一致性校验，异常告警。

(3)应用程序定期进行 CRC 校验，保证程序安全。

(4)重要的数据增加 CRC 校验，使用之前先校验正确性。

(5)由最高优先级任务监控整个程序运行，若问题严重则启动硬件看门狗复位。

(6)每个任务增加软件看门狗，记录每次执行的情况，如有异常，发出告警。

根据触发条件的不同，多核安全复位机制包括被动复位和主动复位两种。其中，被动复位一般是指由芯片的硬件机制检测出来并完成复位，通常是代码段错误，如前面列举的(1)和(2)；主动复位一般是指软件程序检测到数据错误而触发的芯片复位操作，通常是数据区错误，如前面列举的(3)～(6)。主动错误检测相对来说不涉及芯片硬件的支持，纯软件即可实现，相对难度较低；被动错误则与具体的硬件耦合非常紧密，技术难度高，实现困难，常被看作安全机制需要攻克的难点和重点。无论哪一种安全机制，最终都要触发芯片复位，最终服务于整个芯片的复位系统逻辑，成为复位系统的一个组成部分。图 5.14 给出了继电保护 SoC 芯片软硬件复位系统示意图。

由图 5.14 可知，外部看门狗接在保护核上，看门狗复位周期是 1.6s，当保护

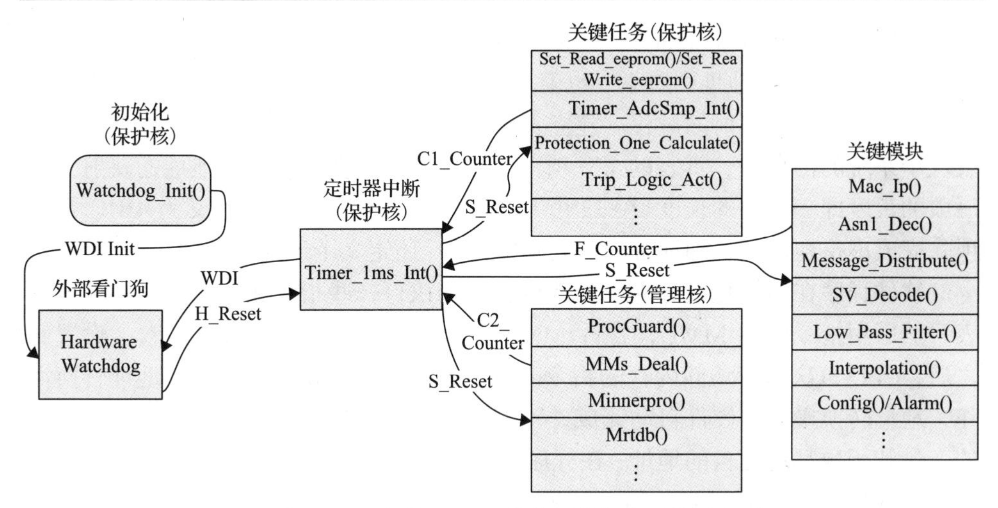

图 5.14　继电保护 SoC 芯片软硬件复位系统示意图

核工作异常时，外部看门狗可以在 1.6s 内复位保护核，重新加载程序。保护核软件优先级最高的定时器中断函数负责监视管理核和电力专用子系统，管理核会在 1s 周期内定时更新一个定时寄存器，保护核可以实时监视定时寄存器的状态，当定时寄存器在 1s 内没有刷新的时候，保护核会让管理核单独复位，重新从程序入口处执行。同样地，电力专用子系统也有个定时寄存器，定时刷新，当保护核发现定时寄存器不更新时会给电力专用子系统一个复位逻辑信号，所有电力专用子系统逻辑模块重新复位。在保护核和管理核内部还对各个任务状态进行监视，在保护核中用优先级最高的定时器中断来监视各个任务模块，如保护算法模块，保护算法模块每执行一次，会让状态变量加 1，这样软件看门狗模块会实时监视状态变量，当其在 1s 之内没有发生变化时就认为是软件故障，保护核会进行软件重启，这样的安全机制保证所有内核任务都能可靠地运行。

为了将芯片化保护装置的多核安全复位机制描述清楚，以形成清晰完整的概念，这里重点描述一下被动复位的相关技术细节。为了描述清楚被动复位，又必须详细介绍完成被动复位的核心硬件单元——MMU。

MMU 主要用来管理虚拟存储器、物理存储器的控制线路，也负责将虚拟地址映射为物理地址，以及提供硬件机制的内存访问授权、多任务多进程支持等。MMU 最初是为在物理内存不足时给程序提供大容量虚拟内存而设计的，如今在嵌入式 SoC 芯片中，却更多地被用来实现内存保护。

如果处理器没有 MMU，或者有 MMU 但没有启用，CPU 执行单元发出的内存地址将直接传到芯片引脚上，被内存芯片(以下称为物理内存，以便与虚拟内存区分)接收，这种地址定义称为物理地址(physical address，PA)，如果处理器启用了 MMU，CPU 执行单元发出的内存地址将被 MMU 截获，从 CPU 到 MMU 的地址称为虚拟地址(virtual address，VA)，而MMU将这个地址翻译成另一个地址发到CPU芯片的外部地址引脚上，也就是将VA映射成PA。MMU的实现过程，实际上就是一个查表映射的过程。建立页表是实现MMU功能不可缺少的一步。页表位于系统的内存中，页表的每一项对应于一个虚拟地址到物理地址的映射。每一项的长度即一个字的长度(在32位CPU中，一个字的长度被定义为4B)。页表项除完成虚拟地址到物理地址的映射功能之外，还定义了访问权限和缓冲特性等。

软件程序在初始化或分配、释放内存时会执行一些指令在物理内存中填写页表，然后用指令设置MMU，告诉MMU页表在物理内存中的什么位置。设置好之后，CPU每次执行访问内存的指令时都会自动引发MMU做查表和地址转换操作，地址转换操作由硬件自动完成，不需要用指令控制MMU去做。程序中使用的变量和函数都有各自的地址，在程序被编译后，这些地址就成了指令中的地址，指令中的地址就成了CPU执行单元发出的内存地址，所以在启用MMU的情况下，程序中使用的地址均是虚拟内存地址，都会引发MMU进行查表和地址转换操作。

MMU支持基于节或页的存储器访问，MMU可以用下面四种大小进行映射。

(1)节(section)构成1MB的存储器块。

(2)微页(tiny page)构成1KB的存储器块。

(3)小页(small page)构成4KB的存储器块。

(4)大页(large page)构成64KB的存储器块。

其中对于节映射仅需使用一级页表转换，而对于微页、小页、大页则需要使用一级页表和二级页表转换。

一级页表常使用4096个描述符来表示4GB空间，每个描述符对应1MB的虚拟地址，存储它对应的1MB物理空间的起始地址，或者存储下一级页表的地址。每个描述符占4B，格式见图5.15。

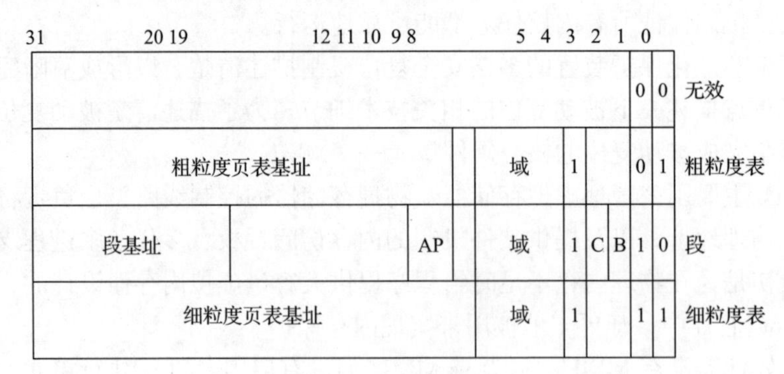

图5.15 地址空间

MMU的地址转换过程如图5.16所示，它使用变换后的虚拟地址(modified virtual address，MVA)，即MVA[31∶20]来索引一级页表(20～31一共12位，

2^{12}=4096，所以是 4096 个描述符)，MMU 在一级页表的基础上还支持更加灵活的二级页表，优点是控制颗粒度更细，缺点是需要多一级内存访问，效率更低，原理是类似的，这里不再赘述，仅以一级页表举例说明。

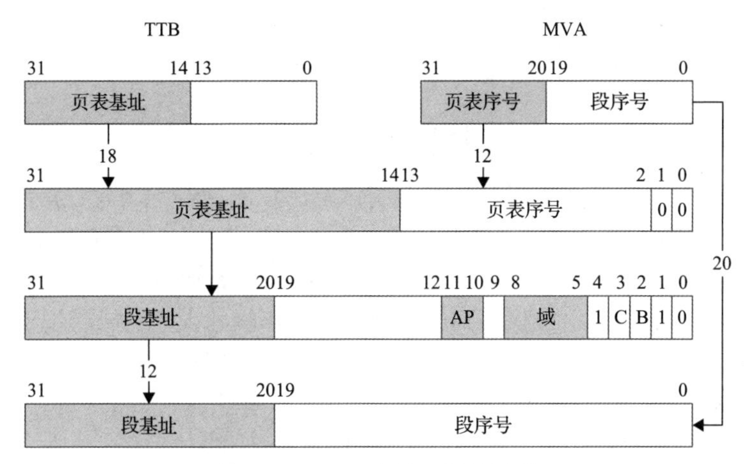

图 5.16　MMU 的地址转换过程

页表基址寄存器(translation table base，TTB)，即 TTB[31∶14]和 MVA[31∶20]组成一个低两位为 0 的 32 位地址，MMU 利用这个地址找到段描述符。

取出段描述符的位[31∶20](段基址，section base address)，它和 MVA[19∶0]组成一个 32 位的物理地址(这就是 MVA 对应的 PA)。

从 MVA 到 PA 的转换需要访问多次内存，大大降低了 CPU 的性能，为了提高性能，芯片化保护的硬件还设计了 TLB 加速技术。程序执行过程中，用到的指令和数据的地址往往集中在一个很小的范围内，其中的地址、数据经常使用，这是程序访问的局部性。由此，通过使用一个高速、容量相对较小的存储器来存储近期用到的页表条目(节、大页、小页、微页描述符)，避免每次地址转换都到主存中查找，这样就大幅提高了性能。这个存储器用来帮助快速地进行地址转换，称为 TLB。当 CPU 发出一个虚拟地址时，MMU 首先访问 TLB。如果 TLB 中含有能转换这个虚拟地址的描述符，则直接利用此描述符进行地址转换和权限检查，否则 MMU 访问页表找到描述符后再进行地址转换和权限检查，并将这个描述符填入 TLB 中，下次再使用这个虚拟地址时就直接使用 TLB 用的描述符。整个过程如图 5.17 所示。

MMU 内存保护机制如下。处理器一般有用户模式和特权模式之分。软件程序可以在页表中设置每个页表的访问权限，有些页表不可以访问，有些页表只能在特权模式下访问，有些页表在用户模式和特权模式下都可以访问，同时，访问权限又分为可读、可写和可执行三种。这样设定之后，当 CPU 要访问一个 VA 时，MMU 会检查 CPU 当前处于用户模式还是特权模式，访问内存的目的是读数据、

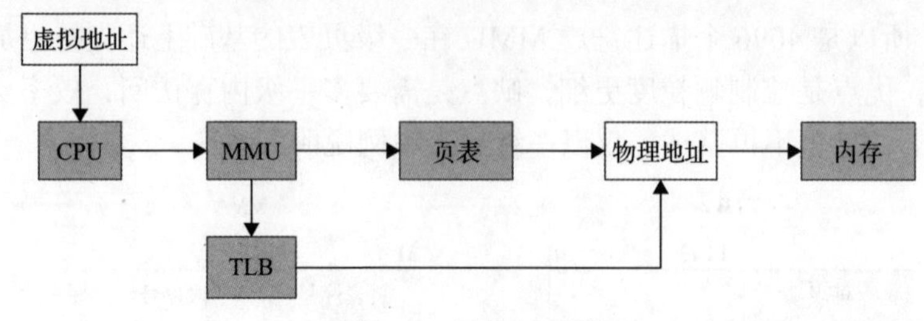

图 5.17 转换过程图

写数据还是取指令执行，如果与操作系统设定的权限相符，则允许访问，把 VA 转换成 PA；否则不允许执行，产生异常。由 MMU 产生一个异常，于是 CPU 从用户模式切换到特权模式，跳转到内核代码中执行异常服务程序。内核把这个异常解释为内存访问违例，根据不同的异常来源和影响的大小，或者把引发异常的进程终止掉，或者重新复位整个 CPU 核甚至是复位整个芯片。

5.6 芯片化保护装置运维技术

5.6.1 接口设计技术

芯片化保护装置可运行于户外，设备防护等级为 IP67。在定义的压力和时间下浸入水中时，不应有能引起损害的水量侵入。在接口设计技术中需考虑使用能够实现对应防护等级的连接器。

靠近一次设备的装置可能面临长期的微振动和短时的剧烈振动，所以设备需要按照标准要求，提高抗振动性能。

(1) 航空接插件插头、插座采用螺纹连接，具备防混插功能。

(2) 插头的插针与导线采用焊接方式。

(3) 内部固定连接部位应牢固可靠，不应有松动现象。

(4) 不拆卸的螺纹连接处应有防松措施。

(5) 整装置的振动性能需要满足的试验要求见表 5.9。

表 5.9 整装置的振动性能要求

测试类别	测试项目	参考标准	测试等级
机械性能试验	振动耐久试验	GB/T 7261—2016	Ⅰ级
	振动响应试验	GB/T 7261—2016	Ⅰ级
	冲击耐久试验	GB/T 7261—2016	Ⅰ级
	冲击响应试验	GB/T 7261—2016	Ⅰ级
	碰撞试验	GB/T 7261—2016	Ⅰ级

5.6.2 即插即用技术

1. 即插即用技术在芯片化保护装置运维技术中提出的背景

在常规变电站中，二次设备与一次设备之间、二次设备与二次设备之间均通过大量的电缆交换信息，智能变电站通过智能组件实现了一次设备的测量、控制就地数字化，从而以少量的光缆取代了大量的电缆，但是光缆、电缆的数量减少却不意味着工作量减少，硬件回路的简化增加了装置对信息的数字化、网络化的依赖，各种虚回路的配置工作量急剧增加。

智能变电站的虚回路设计数量多且复杂，一个 220kV 变电站的虚回路就数以万计，500kV 智能变电站的虚回路的数量更是惊人，而目前虚回路的设计大多由手工配置，设计效率低，回路的准确性难以得到保证。在智能变电站建设与调试阶段，即使采用软件进行配置，由于各厂家的模型编制标准不统一，也降低了工作效率和准确性。

为了解决信息数字化、网络化给当前智能变电站设计、建设、运行带来的沉重负担和隐患，必须提升和发展与之配套的自动化技术，以自动化技术推动新一代智能变电站的发展。在芯片化保护装置运维技术中，提出智能变电站间隔即插即用概念。实现智能变电站的间隔即插即用功能，目标在于减少间隔内设备配置及联调工作，整间隔装置接好通信线和电缆后免配置即可工作。

2. 实现即插即用的意义

实现整间隔二次设备的即插即用后，间隔内的芯片化保护装置、测控装置、合并单元、智能终端统一在设备生产商厂内进行整体组装和联调。间隔内二次设备的对外接口统一设计为一个航空插头或重载连接器，方便插拔。当二次设备运至现场后，只需将设备上的航空插头或重载连接器接入对应的一次设备和监控设备，二次设备就接入了系统，由系统对整间隔的二次设备进行自动配置。间隔即插即用在变电站扩建工程中，可以实现新增二次设备与原有设备功能上的快速匹配，减少公共设备，如母差、公用测控等装置的调试修改工作。

继电保护即插即用功能对于智能变电站技术具有重大意义。

在技术上，为智能变电站技术提供了新的模式，简化了智能变电站建设阶段和运维阶段复杂的配置过程；降低了智能变电站运维过程中的检修难度和工作量；降低智能变电站因继电保护装置故障而造成的停运风险。

在经济上，可以减少备用继电保护装置数量，减少重复建设和投资；减少占地面积，从而减少建设投资；减少变电站寿命周期内的总体成本，包括初期建设成本和运行维护成本；提高回路的准确性，减少设计、施工调试、运行维护的工作量；在变电站的运行阶段，可以实现继电保护装置的快速替换，当变电站内的原有继电保护装置出现故障时，其备用设备即可马上投入使用，减少停电损失；利用变电站继电保护配置架构的改进和继电保护功能迁移技术，可以降低保护退出导致一次设备停运的次数。

3. 变电站即插即用方案

1) 总体方案

目前智能变电站单个间隔内一般由保护、测控、合并单元和智能终端等装置组成，间隔层之间的设备通过 SV/GOOSE 传输模拟量和开关量数据，间隔层和站控层之间通过 MMS 报文交换数据。间隔层设备即插即用方案可以通过把所有间隔层设备集成在一起，实现保护、测量、监视、控制、SV 输入输出、GOOSE 输入输出等功能，适用于常规变电站和智能变电站。

间隔层设备采用芯片化保护装置架构，分为四大类：芯片化保护装置、芯片化测控装置、芯片化合并单元、芯片化智能终端，装置样式一致，可以把单个间隔的各个装置放到一个就地单元柜中，对外采用航空插头形式，通过航空线缆接线，方便更换。设备可以直接在户外靠近一次设备安装，每个功能单元可以带电安装拆卸，软件自动配置。

2) 间隔即插即用

变电站间隔即插即用是使二次间隔层设备在变电站内能够简化安装、自动配置、快速投入使用的技术，广义上包含了变电站设计阶段、调试阶段、运维阶段的即插即用。

变电站全寿命周期不同阶段，对间隔层设备满足即插即用有不同的要求。在设计阶段，设备即插即用主要体现在设计单位对于设备的信号的快速和可靠设计；在调试阶段，体现在设备之间快速的通信连接和调试校验；在运维阶段，体现在设备快速的备份、升级和替换。

实现即插即用技术需要有两方面的支撑：设备功能完备和回路标准化，即设备功能完备性和外(虚)回路一致性。回路标准化是即插即用的基础，设备功能完备是即插即用的保证。

回路标准化包括装置对外物理接口的标准化、虚端子及其回路的标准化两部分。

装置对外物理接口的标准化包括以下几方面。通信接口、调试接口、交流回路接口、开入开出接口。装置输出采用预置电缆和预置光缆，预置接口的个数、尺寸、芯数、顺序和定义均应采用统一的标准进行设计。

虚端子及其回路的标准化包括以下几方面。保护和测控装置的虚端子严格执行统一的标准进行定义，对外发布仅设置一个数据集，数据集中信号数量、顺序、语义、引用路径符合统一标准规范要求，不额外增加虚端子。智能终端、合并单元的保护用信号数量、定义和数据集划分参照已经统一的相应保护的订阅虚端子，保证保护用信号的完备性。合并单元和智能终端发布给继电保护的虚端子仅一个数据集。所有发布虚端子按照统一标准化设计规范标明引用路径，订阅虚端子不填引用路径，根据实际工程关联发布信号的路径。设备的通信参数设计涵盖命名、标识、地址、数据集名称、应用ID等，均采用统一的标准进行定义。能够通过工具方便地在线配置设备通信参数，实现一键式下装，根据统一的虚端子连接规范自动完成相关设备的连接(包括信号自动匹配、数据集自动关联、变电站按规模制定模版等)。装置功能配置应严格执行南方电网相关标准化设计规范。装置站控层信息输出应严格执行南方电网相关信息规范。装置模型文件应严格执行南方电网IEC 61850模型实施规范。

3)设备管理单元及厂站监控的即插即用

(1)设备管理单元。设备管理单元由模型管理中心、设备管理模块、设备在线诊断三个模块构成，设备管理单元安装于独立的服务器并布置在安全Ⅰ区。

(2)模型管理中心。变电站内的模型管理中心，首先有站内的基本配置信息，包括电压等级、间隔、接线方式、一次设备的标准命名、间隔层IED的IP地址和IED名称等；其次具备通信功能，当间隔层IED自动接入监控网络时，模型管理中心能自动发现IED，IED通过认证方式自动注册，模型管理中心自动获取IED的设备模型。模型管理中心的系统配置器自动生成变电站配置描述(substation configuration description，SCD)模型。同时，系统配置器通过间隔类型、接线方式以及简单的设置，能自动生成新增的间隔主接线图，最终实现变电站的全站主接线图的生成。

(3)设备管理模块。设备管理模块具备芯片化远程界面功能，能够远程显示装置的运行状态、调阅故障信息、操作定值和压板、远程调试等，全面模拟装置的液晶界面，实现对芯片化装置的远程监控与操作。此外，设备管理模块还具备对装置配置信息的管理功能，包括定值、配置、模型等文件的管理，通过设备管理模块可以实现对装置信息的一键式备份、一键式下装、模型和配置对比功能。

(4)设备在线诊断。继电保护系统智能诊断应包括监测预警、故障定位功能。

4)厂站监控即插即用

二次设备的模型应遵循标准化技术规范，系统配置器采用一次设备对应二次设备的装置能力描述(IED capability description，ICD)模型信息，通过规范的LD(logical device)、LN(logical node)使一二次设备的模型关联，基于主接线图和全站的SCD模型，生成规范化的系统规范描述(system specification description，

SSD)模型信息。

通过上述自动过程，生成包含 SSD 模型的全站全景 SCD 模型，包括了全站的 IED 的所有模型信息、全站所有间隔的间隔信息和全部一次设备信息，同时包括了一次设备的连接关系。

变电站的监控系统加载系统配置器所生成的全景 SCD 模型，通过解析可以在 SCADA 数据库中建立全部的一二次设备和相应的信息表，将 SCD 文件中的数据导入数据库中，步骤如下。

⑴在 SSD 段中解析出变电站电压等级、间隔、间隔类型、接线方式、一次设备。

⑵通过 SSD 中一次设备的连接关系，分析出变电站的拓扑结构。

⑶在 LD 段中解析出全部的二次设备 IED、LN、DATASET 等信息。

⑷在一次设备节点下，分析出每个一次设备关联的二次设备 LN 功能节点。

⑸上述信息通过导入 SCADA 实时库，在 SCADA 系统库中，自动建立完整的一次设备信息表和一次设备表：变压器、线路、电容器、电抗器、母线、开关、刀闸等。

⑹自动建立二次设备表，如测控、保护、PMU 等，SCADA 实时数据表，如遥测、遥信、遥控、遥调、遥脉等，一次设备的拓扑表、量测表等。

⑺监控系统根据以上的一次二次信息、一次拓扑、间隔类型，一二次关联关系，从而自动布局出主接线图，实现自动成图的功能。

⑻SCADA 的通信采集模块采用 IEC 61850 的通信协议，通过站控层的 MMS 网和间隔层的各个 IED 通信，将二次设备 IED 提供的 ICD 模型中的全部信息实时传输到 SCADA 中实时库的各个数据表中。

⑼SCADA 通过实时库的运行信息，展示出全站一次主接线、间隔、光字牌、二次网络、二次状态监测等各种监视图。

通过以上的自动配置过程，可以实现厂站监控系统的模型自动更新、自动建库、自动成图、智能配置、智能运维等功能，从而实现各种自动化智能应用，如动态着色、智能告警、数据辨识、智能开票、状态估计等。

第6章　芯片化保护信息安全防护技术

6.1　嵌入式可信计算

6.1.1　嵌入式可信防护体系概述

可信计算是保障芯片化保护装置信息安全的重要技术手段，可以从体系结构、操作行为、数据存储、策略管理等嵌入式系统的各个环节提供安全防护。可信计算技术贯穿嵌入式平台的整个体系结构，包括硬件启动代码、操作系统加载器、操作系统内核、嵌入式应用等计算机系统的全部层面，基于信任链构建技术建立从安全芯片到上层应用的整个信任体系，并对各个层面进行完整性度量及实时管控，达到保证整个嵌入式体系结构可信的目标。在系统运行时，可信计算能够对系统上发生的对安全性产生关键影响的操作行为进行监控，如内核模块加载、代码执行，及时度量这些操作行为并评估其是否会对设备的运行环境产生不安全影响。利用自主安全芯片的根密钥，可信计算技术扩展形成了密钥管理、数据封装、安全存储等安全数据存储功能，可实现对嵌入式系统数据的安全保护。可信计算提供的白名单机制能够限制运行在平台上的可执行代码，设备管理员可以根据这种管控机制为不同设备以及不同安全需求的应用场景制定相应的安全策略，实现基于安全策略的管控。

芯片化保护装置的嵌入式可信计算组件整体体系架构如图 6.1 所示。其中，硬件层基于安全启动 BootROM、安全启动密钥、固件证书、硬件安全模块等组件，为构建平台的完整信任链提供支撑。在可信链的支持下，进行完整性度量与搜集、白名单管理与控制，对完整性异常进行主动告警。

基于继电保护 SoC 芯片的硬件安全模块，嵌入式可信组件可保障操作系统启动后整个系统运行时的安全性，具备系统完整性度量与收集、白名单管控、主动报警、管控模式配置、完整性管理等功能，保证系统运行时的可信可控。

(1)完整性度量与收集：度量所有加载到系统的可执行代码，在代码运行前使用国密哈希算法对该代码进行度量，并将度量结果存储到度量日志中，该度量日志代表了当前平台的完整性信息，可基于该日志远程认证当前平台的运行状态。

(2)白名单管控：维护允许系统运行的可执行文件列表及每个可执行文件对应的标准值，通过进程管控只允许白名单中的合法软件运行，禁止其他未知或恶意程序执行，从而将平台运行环境控制在预期可控的范围内，从根源上杜绝嵌入式平台安全风险的出现。另外，白名单由硬件安全模块进行保护，可防止攻击者对其进行篡改。

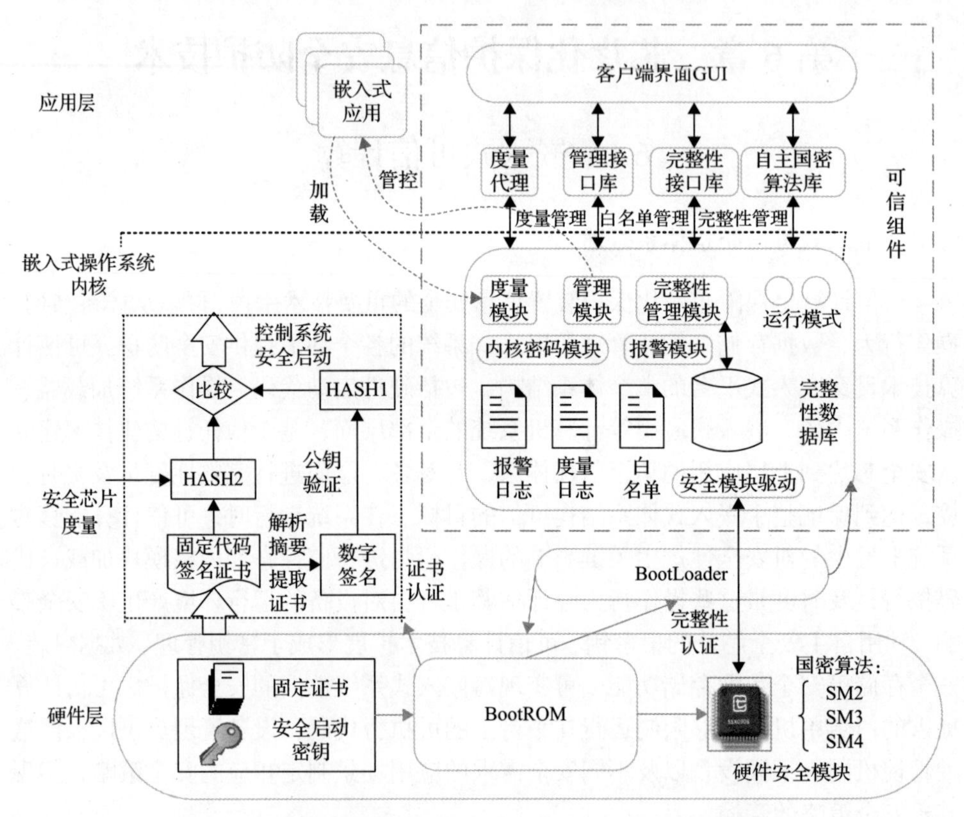

图 6.1　芯片化保护装置的嵌入式可信计算组件整体体系架构

(3) 主动报警：对系统内已经运行的进程进行动态完整性监控，验证进程完整性是否与白名单标准完整性值一致，如果出现完整性异常情况，表明该进程被篡改，将该异常事件写入报警日志，主动向管理员报警。

(4) 管控模式配置：提供检测模式和保护模式两种运行模式，检测模式适用于安全性要求较低的场景，只对系统进行完整性监控，如发现异常，记录该异常事件但不阻止该异常代码的运行；保护模式适用于安全性要求较高的场景，对系统实施白名单管控，一旦发现代码完整性不满足安全策略，阻止该代码执行并进行主动报警。

(5) 完整性管理：负责对嵌入式平台的运行环境，包括内核模块、驱动、嵌入式应用等影响平台运行状态的可执行文件的完整性进行收集并管理，形成完整性数据库，管理员可基于该完整性数据库构建适用于不同管控场景的安全策略，最终安全策略以白名单的形式体现。

1. 信任链的构建

系统信任链构建是指在系统上电启动过程中，每个获得系统控制权的实体都要经过度量才允许在系统上运行。一个典型的信任链构建需要解决两个问题。

(1) 选择能够成为信任链的起点的实体，作为度量信任根使用。信任根作为信任链的第一个实体，是整个设备的信任锚点，必须保证自主可控、安全可信。

(2) 选择度量系统实体的算法，来进行信任的传递。

采用的信任链构建安全原理如下：开机启动后，信任根对启动代码进行度量，然后系统启动过程中的主引导记录、OS 装载器、OS 内核、设备驱动模块、初始化进程、可信应用、网络服务等都会先度量，然后才会加载运行。在信任链传递的每个环节，都会构建相应的子系统，如可信引导系统、可信动态度量 (dynamic root of trust measurement，DRTM) 和组件度量系统。

操作系统启动之前，由自主安全芯片完成系统信任链的构建，操作系统启动后，需要继续利用系统信任链和完成度量的软硬件模块来完成操作系统内核级信任链的构建。在信任链传输的过程中，对于每个将要加载的组件 (软硬件模块)，都先进行哈希完整性计算，获取其度量值，根据度量值决定信任链的传递或者通过度量值记录整个信任链的传递情况，利用可信启动来防止设备加载的固件被篡改，保证系统启动时运行环境的可信。

(1) 安全启动 BootROM：具备安全启动的启动代码，固化在设备上，在开机启动后，由信任根对启动代码进行度量，确保启动代码不能篡改。之后启动代码负责实施度量、认证固件等安全功能。

(2) 安全启动密钥：用于签名设备固件的非对称密钥，公钥部分在生产时固化在设备上。

(3) 固件证书：设备厂商使用安全启动密钥的私钥为设备固件颁发的证书，该证书可证明固件的合法性。

(4) 硬件安全模块：应提供 SM2、SM3、SM4 等自主国产密码算法体系及密钥存储等功能，为上层软件提供高速、安全的密码服务。

系统的可信启动能够防止设备加载的固件被篡改，保证系统启动时运行环境的可信。为达到平台严格要求的安全性，可信启动需从平台上电启动时的第一段代码，也就是 BootROM 开始，主要流程如下。

(1) 设备加电后，BootROM 加载并度量操作系统加载器 BootLoader，获取度量值。

(2) 利用设备上的安全启动密钥验证 BootLoader 固件的固件证书，并验证度量值与固件证书中的标准完整性值是否一致，只有一致时才允许启动。

(3) BootLoader 启动后加载并度量操作系统镜像，使用安全启动密钥验证操作系统镜像证书，同时将度量值与证书中的标准值进行匹配，只有匹配时才启动操作系统内核。

2. 动/静态完整性度量

静态信任链技术从静态可信度量根出发，通过逐级度量和验证，建立从底层硬件到应用层的信任链，将信任从可信度量根传递到最上层的应用代码，保障整个系统平台的可信。静态信任链的建立主要包含两方面：完整性度量和信任传递。

可信计算技术将一个可信实体对另一个实体的度量过程称为度量事件。度量事件涉及两类数据：①被度量数据，即被度量代码或数据的表述；②度量摘要，即被度量数据的哈希值。负责度量的实体通过对被度量数据进行 HASH 操作得到度量摘要，度量摘要相当于被度量数据的快照，是被度量数据的完整性标记。度量摘要标记被度量数据的完整性信息，完整性报告需要用到度量摘要，因此度量摘要需要被保护，一般由安全芯片的可信存储根保护。被度量数据不需要被可信芯片保护，但是在完整性验证过程中需要对其重新度量，因此计算平台需要保存这些数据。

信任传递遵循如下的思想：先度量，再验证，最后跳转。从信任根开始，每个当前运行的组件首先度量接下来要运行的下一层组件，根据度量值验证其完整性，如果其完整性满足要求，则本层组件运行完之后可以跳转到下层组件运行；否则说明下层组件非预期，中止信任链的建立。

基于上述静态度量技术可以将信任从信任根传递到最上层的应用层软件，建立完整的静态信任链系统。计算机系统静态信任链的构建主要分为硬件启动代码(BootROM 或 BIOS)、BootLoader、操作系统等几个阶段，各阶段建立信任链的思路如下：获得控制权后度量下一层将要运行的代码，并扩展到安全芯片相应的安全存储中。静态信任链系统一般分为两个阶段：第一阶段是可信引导，负责将系统安全启动到操作系统内核；第二阶段是操作系统层信任链，负责度量操作系统内核以及应用层的可执行组件。

1) 可信引导

可信引导利用静态度量机制检查 OS 引导器各个阶段、配置、OS 内核镜像等的可信性，并将度量结果按照顺序依次存放在安全芯片中，从而确保 OS 启动前环境的安全性。一般可信引导的主要步骤如下。

(1) 系统加电时，硬件启动代码(BootROM 或 BIOS)度量平台 BootLoader 第一阶段代码，以 Grub 为例，就是 MBR(master boot record，主引导记录)，即 Grub Stage1 代码，度量结果保存到安全芯片的完整性存储中，然后再载入 Stage1 并执行。

(2) Grub Stage1 载入、度量 Grub Stage1.5 中的第一个扇区并扩展至安全芯片的完整性存储，然后再执行 Grub Stage1.5。

(3) Grub Stage1.5 获得控制权后，加载、度量 Grub Stage2 并扩展至安全芯片的完整性存储，然后将控制权交给 Grub Stage2。此时 BootLoader Grub 已经完全启动，可以执行操作系统相关的加载工作。

(4) Grub 度量其配置文件 grub.conf 并扩展至安全芯片的完整性存储，然后度量需要加载的操作系统内核，验证内核文件整体的完整性。

可信引导系统保证了 OS Loader 自身的安全性，防止攻击者在 OS 启动之前就注入恶意代码，这些都为 OS 的启动奠定了安全基础。可信引导系统的信任链构建方法大同小异，其主要目标是保证 BootLoader 自身代码、BootLoader 配置文件、OS 内核镜像的完整性。

2) 操作系统信任链

操作系统信任链为应用层程序构建可信的执行环境，并向远程验证者提供平台完整性的证明服务。在可信 BootLoader 将控制传递到操作系统内核之后，操作系统信任链需要保护影响系统完整性的各种可执行程序，如载入内核的内核模块、操作系统提供的各种服务及应用程序。

操作系统信任链构建系统用于将可信引导建立的信任传递到操作系统，乃至应用程序。为确保信任链构建的安全性，操作系统信任链的度量代理一般在 OS 内核中实现。操作系统内核从解压镜像开始执行，OS 度量代理就根据操作系统的执行流程，在 OS 各个模块加载时调用可信平台模块(trusted platform modulc, TPM)依次度量内核模块、内核服务程序等，从而完成操作系统信任链的构建。操作系统启动后，为确保运行的应用程序的安全性，最简单的思路就是每个程序在加载时，都被 OS 度量代理度量之后才能执行。这种信任链构建方法还可以配合程序的黑白名单机制，进一步增强系统运行的安全性。

操作系统信任链构建的体系结构如图 6.2 所示，其核心模块包括度量代理、用于保存度量结果的度量列表和证明服务，这些核心模块都位于操作系统内核中。

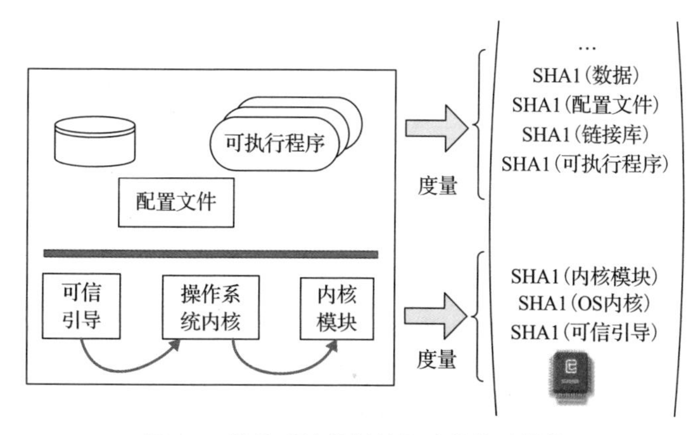

图 6.2　操作系统信任链构建的体系结构

度量代理负责度量所有操作系统加载的可执行程序，它先于其他程序运行，一般而言在 OS 内核解压后就首先运行。度量代理将度量结果扩展至安全芯片，并将其度量日志保存在内核度量列表中。度量列表存储操作系统运行阶段被度量程序的度量结果，这些度量结果实际上是完整性顺序扩展的日志，在验证平台完整性方面具有重要的作用。证明服务用于向远程验证者证明操作系统信任链的可信性，最基本的证明方法是采用二进制证明。

静态度量技术只能在系统启动时建立，不能实时保护系统的运行环境。针对该问题，AMD 和 Intel 的新型 CPU 中提供了能够作为动态可信度量根的指令，将这些指令与安全芯片相结合，就能够为平台建立动态度量技术。基于动态度量技术建立的信任链建立基于 CPU 的安全特殊指令，使得信任链可以在任意时刻建立；而且，信任链不再基于整个平台系统，大大精简了任务控制块(task control block，TCB)。

由于其灵活性，动态度量技术没有限定使用场景。目前的动态度量不仅能够像静态度量一样，为普通计算平台和虚拟平台提供系统可信引导、构建可信执行环境等功能，还能够为系统运行状态中的任意代码建立信任链。

尽管使用场景多种多样，但是动态信任链的建立方式是相同的。AMD 和 Intel 提供的动态度量技术除了在细节上略有不同之处，其原理基本一致。下面以使用 Hypervisor 的虚拟平台为例，描述如何为一段代码[安全虚拟机(security virtual machine，SVM)架构中称其为 SL(security level)，TXT(trusted execute technology，可信执行技术)中称之为 MLE(micro-processor language editor)]构建动态信任链系统。

(1)平台将 Hypervisor 代码及平台检查代码[如 TXT 技术中的 AC(access controller)模块]加载入内存。

(2)启动安全指令，安全指令完成如下的工作：①初始化平台上的所有处理器；②禁止中断；③实施对 Hypervisor 代码的 DMA 保护。

(3)主处理器加载平台检查代码并认证其合法性(检查其数字签名)，将其扩展至安全芯片。

(4)检查代码执行以保证平台硬件满足安全性要求，度量 Hypervisor 并扩展到安全芯片。

(5)Hypervisor 在此隔离的可信执行环境中执行，其可以根据自己的需求唤醒其他处理器加入此隔离环境中。

6.1.2 嵌入式可信组件软件架构

1. 系统架构

嵌入式可信组件的系统架构主要包括硬件层、内核层、应用层、配置层四个部分，主要实现设备操作系统以及上层软件的完整性度量与收集、完整性证明、进程管控流程，保证电力终端运行环境的安全可信。硬件层基于实现了国密算法的自主安全芯片，构成可信计算环境的安全硬件根；内核层包含可信硬件驱动、度量模块和管控模块等，提供核心安全功能；应用层一方面负责与内核模块交互（如度量代理、内核接口库等），另一方面为远程界面提供必要的功能实现，如知识库工具、密码算法库等；配置层给用户提供远程配置界面，包括日志管理、白名单文件管理、内核白名单管理、安全事件通知、系统配置、知识库搜集等功能。嵌入式可信组件软件架构如图 6.3 所示。

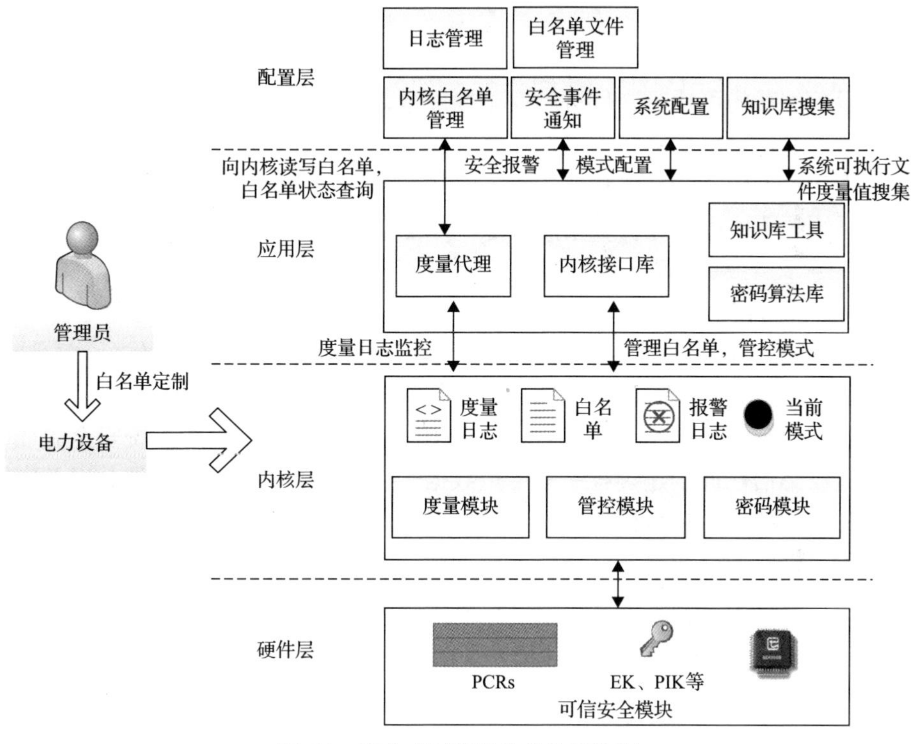

图 6.3　嵌入式可信组件软件架构图

2. 系统安全原理

嵌入式可信组件基于自主安全芯片构造解决方案，具体原理为：通过各种总线连接的自主安全芯片对电力终端进行硬件改造，并构建信任链，完成对主机系统的度量；基于自主安全芯片的完整性证明对设备运行环境进行安全验证；对电力终端嵌入式软件进行标准完整性收集，并根据标准完整性生成白名单，以白名单为基础对设备运行状态进行监控和报警。

1) 内核级信任链构建

操作系统启动之前，由自主安全芯片完成系统的初始信任构建。操作系统启动后，在OS初始化阶段，支持商密SM3算法的内核度量模块会自动加载，对操作系统启动过程中的可执行程序进行度量。所有可执行程序的镜像会先加载到系统内存，度量模块对内存中加载的镜像进行分析和完整性杂凑函数计算，并将计算结果扩展到自主安全芯片内部存储中进行安全存储。因此内核级信任链构建的整体流程总结为：信任由自主安全芯片建立，在操作系统启动时传递给操作系统本身，操作系统内核级扩展度量模块对系统加载的所有应用进行度量，并借助自主安全芯片保证信任链度量过程中所有信息的完整性。

2）系统安全验证

只有当设备运行环境可信时采集到的完整性值才能安全可信。在设备初次运行时对设备加载的可执行文件进行完整性度量，并将度量结果作为各个组件的标准度量值。通常可以构建一个可信完整性元数据库，存储设备各组件的标准度量值，根据数据库中的标准度量值验证设备的运行状态。典型的系统安全验证需要确定对系统的哪些组件进行收集和度量，才能反映其安全状态。

通常意义上系统任何有意义的对象或者组件都可以进行度量计算，如BootLoader、内核镜像、驱动模块、配置文件、脚本文件、可执行程序、动态链接库、输入输出参数等，甚至度量对象可以扩展到内存页、系统事件、寄存器和内核变量等。收集的所有度量值构成设备的一个“完整性快照”，可以代表整个设备的安全状态。因此，TSS（trusted software stack，可信软件栈）系统安全验证原理是首先收集信任链构建过程中的度量数据，包含系统引导、内核加载以及应用运行过程中的各种可执行模块的完整性度量，然后依据这些完整性数据构建可信完整性元数据库，以后设备运行时所有加载的可执行文件都必须经过度量，并将度量值与元数据库中的标准度量值进行对比，以此判断终端平台的安全状态。

3）进程识别与管控

在设备的操作系统内核中，磁盘任务管理系统（disk task supervision system，DTSS）运行实时监控程序，该程序在系统内核代码中拥有钩子函数。当终端有进程试图加载运行时，监控程序会对进程代码进行实时度量，并将其与进程白名单对应的度量值进行比对，以确定该进程的合法性和完整性。一个进程代码的度量值可以唯一标识该进程，在进程管控模式开启的情况下，如果上述进程的度量值没有出现在白名单中，该进程将被禁止运行，以此方式可以阻止未知的或被篡改的程序进程被执行，保障设备运行环境的完整性。

4）白名单管理

白名单主要包含进程标准完整性度量值，其内容包含进程的名称和进程代码的度量值（哈希值），管理员根据设备的本地进程信息制定白名单，此外，管理员可以将通用知识库中的进程信息添加到某个设备的白名单，管理员将维护近期若干个版本的设备进程白名单，支持回滚操作，管理员所保存的当前进程白名单可以部署在设备上，作为对白名单的管控。

5) 监控报警

内核监控程序将试图加载运行的非白名单进程信息记录在一个列表汇总，TSS 系统定时汇总和显示这些信息，以报警的方式向外界提示注意。TSS 系统还定时将本地试图加载运行的非白名单进程信息批量发送至管理员，以报警的形式提示管理员注意。

6) 知识库

知识库主要用来收集进程、动态链接库等关键系统信息的标准参考值，为白名单的制定提供基准数据。设备安装完毕进行任何操作之前(假设初始状态可信)，对操作系统组件、安全模块组件、嵌入式应用组件的完整性进行逐一收集，收集的信息包含文件名、文件路径、SM3 完整性度量值、软件版本、软件描述、操作系统版本等，使用 XML 格式对收集的数据进行统一记录，并对 XML 记录进行加密生成知识库密文文件。该密文文件存储设备初始可信数据，为管理员制定白名单和可信策略提供基准可信数据。

6.1.3　功能模块布局

1. 内核层

1) 度量模块

度量模块负责对所有加载到操作系统的可执行文件进行度量(测试)，度量算法使用国密 SM3 哈希算法。利用操作系统内核层引出到 BSP 工程的钩子函数，对所有加载到内存的可执行程序(包含应用程序、动态链接库和内核模块)进行度量，并将度量结果存储形成度量日志。具体流程如下。

(1) HOOK 钩子到可执行程序的加载流程，能够得到内存文件句柄或者文件路径。

(2) 对加载的可执行程序文件进行 SM3 哈希度量，哈希结果去重后存入度量日志列表。

2) 管控模块

在度量模块的基础上增加白名单管控功能。利用操作系统内核层引出到 BSP 工程的钩子函数，对所有加载到内存的可执行程序(包含应用程序、动态链接库和内核模块)进行度量，并将度量结果与白名单进行匹配，如果在白名单中，则放行；否则，拒绝模块加载与执行，并将度量结果存入报警日志列表。具体流程如下。

(1) 对加载的可执行程序文件进行 SM3 哈希度量。

(2)将度量结果与白名单中的期望值匹配。

(3)根据匹配结果决定是否放行。

(4)在匹配不通过时，将度量值写入报警日志列表。

3)通信模块

通信模块需要实现为单独一个线程(实验测试)，不断监听上层应用发送过来的各种请求，并根据请求做出具体响应。

4)密码模块

将密码算法库移植到国产内核，在内核层提供SM1、SM2、SM3、SM4等国密算法实现。目前在内核层主要用到SM3作为度量算法。

5)系统日志

主要包括度量日志和报警日志，都以文件形式存储在磁盘上。度量日志文件每行记录度量值、文件名、文件路径。报警日志文件每行记录度量值、文件路径、报警时间。

2. 应用层

应用层主要包括度量代理、知识库工具和密码算法库三部分。

1)度量代理

度量代理实现为应用层的一个守护进程，通过命名管道方式与QT图形界面及内核通信，主要通信内容为内核白名单管理、内核度量事件通知及系统配置。如图6.4所示，该代理负责接收QT图形界面发送的用户请求，将该请求封装成对相应内核模块的调用，然后将该调用发送给内核通信模块，内核通信模块根据接收到的消息调用对应的内核模块。该代理同时接收内核通信模块发送的内核消息，对内核消息进行解析，并传递给QT图形界面。

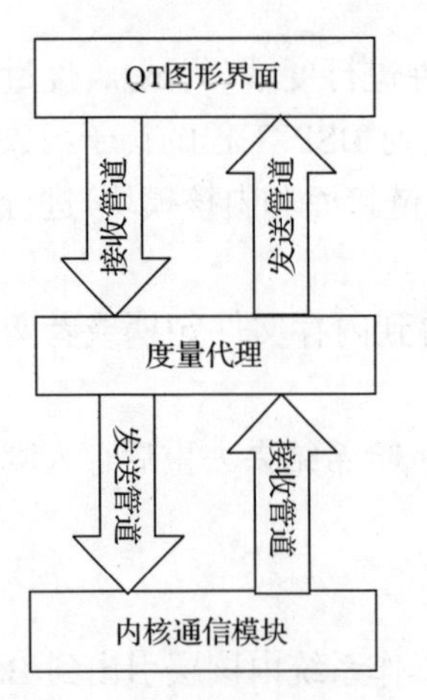

图6.4　度量代理部分

具体流程如下。

(1)度量代理通过监听U_R管道接收QT图形界面发送过来的用户指令。

(2)对该用户指令进行解析。

(3)将用户指令封装成对内核通信模块的消息。

(4)通过K_S管道向内核通信模块发送用户指令。

(5)度量代理通过监听K_R管道接收内核通信模块发送的内核消息。

(6)对内核消息进行解析，然后封装成用户消息。

(7) 通过 U_S 管道向 QT 图形界面发送用户消息。

2) 知识库工具

知识库工具使用国密 SM3 算法对设备上的可执行嵌入式应用进行度量，并将度量结果进行存储。该度量结果可以看作设备上嵌入式应用的标准度量值，供管理员制定安全管控策略。

3) 密码算法库

实现为静态链接库，提供 SM2、SM3、SM4 等国密算法。密码算法库接口包括以下三种。

(1) SM2：公钥签名验签算法。

密钥生成接口：生成 SM2 公私钥对。

签名接口：使用私钥对数据进行签名。

验签接口：对签名进行验证。

(2) SM3：哈希算法。

哈希接口：计算输入数据的哈希值。

(3) SM4：对称加密接口。

加密接口：对输入数据进行加密。

解密接口：对输入数据进行解密。

3. 配置层

配置层主要通过上位机的 QT 图形界面，与用户进行交互，实现对可信防护系统的配置管理。配置层包括以下管理功能。

1) 日志管理

显示系统度量日志、报警日志、白名单等。界面包括三个按钮和一个表格框，其中三个按钮的功能分别是显示系统度量日志、报警日志、白名单，表格框用来显示对应的内容。表格有四列，分别是文件路径、文件名、时间和度量值。进入该页面时默认显示的是度量日志。单击某个按钮之后读取内核中对应的日志，然后创建表格控件对象，并将对应的日志数据结构中的每一项填充到对应的表格条目中，最后显示表格框。

2) 白名单文件管理

管理用户定制的白名单，包括删除进程选项、备份白名单文件、从文件中读取白名单等功能。界面包括三个按钮和一个表格框，三个按钮的功能分别是删除进程选项、备份白名单文件、从文件中读取白名单。表格有四列，分别是文件路径、文件名、时间和度量值。进入该界面时显示的是一个空的表格，通过单击某个按钮读取文件中的白名单，将白名单显示在表格框中，之后可以对该白名单进行删除进程选项和备份等操作。

3) 内核白名单管理

管理内核白名单数据，包括清空内核白名单、导入白名单文件、查询白名单文件等功能。该界面包括三个按钮、一个表格框和一个搜索框，可以与白名单文件管理模块放在同一个界面中。三个按钮分别对应三个白名单文件，搜索框用于查询白名单。进入该界面显示的是一个空的表格框，通过内核管理功能将白名单从文件中读取，然后这里可以选择清空、将白名单文件导入内核及查询白名单表项等功能。

4) 安全事件通知

当内核管控模块发现执行非法程序时，向用户通知该安全事件。该模块有一个弹出窗口的界面，当内核检测到要运行的未知进程时，向主程序发送一个通知，然后弹出该窗口。该窗口包括一个文本框和两个按钮，文本框中显示未知进程的路径和哈希值，两个按钮的功能分别是阻止执行和同意加入白名单。当接收到通知时，该模块调用应用层的通知模块来获取未知进程的路径和哈希值，并根据对应的处理方案调用应用层的相应函数进行处理。

5) 系统配置

配置内核运行模式，包括管控模式和普通模式，管控模式实施安全管控。该界面包括一个按钮和一个文本框，按钮的作用是管理管控模式的开关，文本框的作用是显示当前管控模式的状态，是开启管控还是没有开启。

6) 知识库搜集

调用知识库工具搜集当前系统的可执行文件的完整性度量值，形成知识库。该界面主要包括一个表格框和三个按钮，表格框中显示搜集的当前系统的可执行文件的完整性度量值，表格有四列，分别是文件路径、文件名、时间和度量值。三个按钮的功能分别是开始扫描、删除该行和生成白名单文件。进入该界面时，表格显示为空。

6.1.4 程序逻辑

可信组件的核心功能是度量和管控，在普通模式下可信组件只对可执行程序进行度量；在管控模式下可信组件对可执行程序同时进行度量与管控。下面对这两个模式的整体程序逻辑进行描述。

1. 普通模式程序运行逻辑

在普通模式下，实际电力应用在电力终端上运行时，可信组件的程序运行逻辑如图 6.5 所示，总结如下。

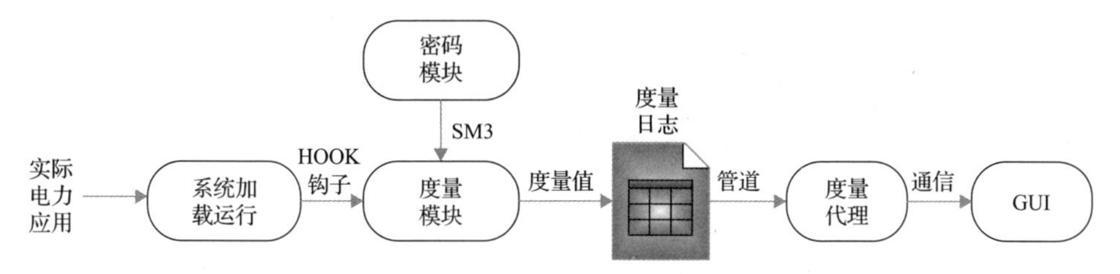

图 6.5　普通模式程序运行逻辑

(1) 实际电力应用的可执行程序被系统加载运行。

(2) 内核模块通过植入 HOOK 钩子捕获该可执行程序的加载行为。

(3) 在具体运行之前，将捕获的可执行程序镜像交给可信组件度量模块。

(4) 可信组件度量模块调用密码模块的功能，采用 SM3 算法对可执行程序镜像实施度量。

(5) 将度量值加入度量日志，系统所有运行过的电力应用都会在度量日志中记录，形成这个电力终端系统当前运行状态的快照。

(6) 内核通过管道将度量日志传递给应用层度量代理。

(7) 度量代理进一步通过通信机制将度量日志传递给图形用户界面(GUI)，供管理员实时观察度量日志，掌握电力终端的当前运行状态。

2. 管控模式程序运行逻辑

在管控模式下，可信组件的程序运行逻辑比较复杂，如图 6.6 所示，可以分为两个阶段：策略生成阶段和具体运行阶段。

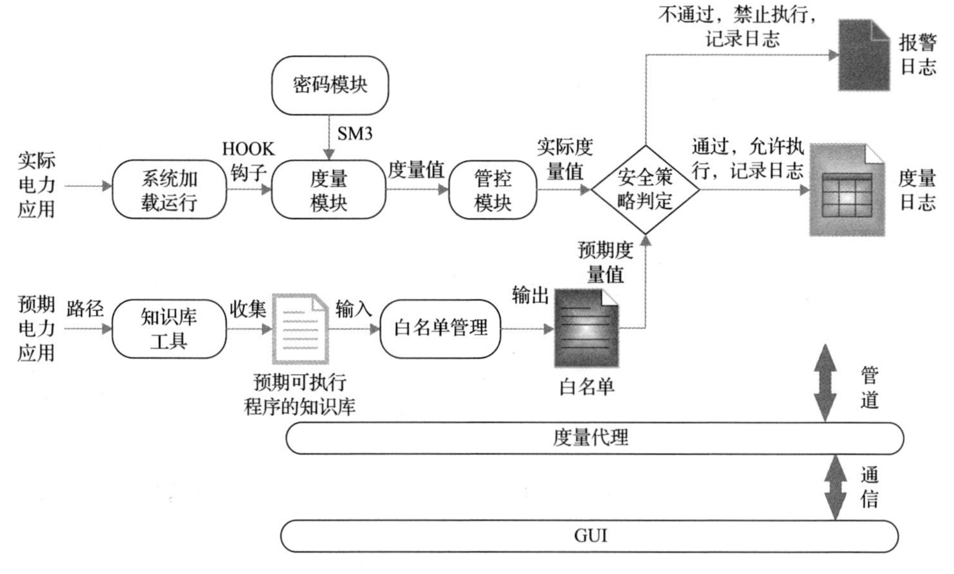

图 6.6　管控模式程序运行逻辑

策略生成阶段，电力终端初始安装，处于初始可信状态，管理员通过可信组件的知识库工具进行白名单的制定，策略生成阶段的程序逻辑总结如下。

(1)根据终端的应用场景需求将预期运行的电力应用部署到装置上，形成应用程序的白名单列表。

(2)管理员输入预期电力应用所在的路径，调用可信组件知识库工具。

(3)知识库工具会递归搜索指定路径的可执行程序，并调用 SM3 算法对所有可执行程序进行哈希度量，将所有生成的度量结果加入知识库中，生成预期可执行程序的知识库。

(4)管理员通过增删改查等方式对知识库进行操作，将允许在电力终端上运行的可执行程序设置为可信，将不允许在电力终端上运行的程序设置为不可信，由此生成可执行程序的白名单，供内核管控模块在具体执行安全策略时使用。

具体运行阶段，电力终端已经处于日常运行阶段，可能感染病毒或者被植入恶意代码，此时可信组件在管控模式下会发挥安全作用，该阶段的具体程序逻辑总结如下。

(1)实际电力应用的可执行程序被系统加载运行。

(2)内核模块通过植入 HOOK 钩子捕获该可执行程序的加载行为。

(3)在具体运行之前，将捕获的可执行程序镜像交给可信组件度量模块。

(4)可信组件度量模块调用密码模块的功能，采用 SM3 算法对可执行程序镜像实施度量。

(5)可信组件度量模块将实时度量值传递给可信组件管控模块。

(6)可信组件管控模块进入完整性验证程序，主要逻辑是将度量模块的实际度量值与白名单中的预期度量值进行匹配，并根据匹配结果给出安全策略判定，符合白名单策略的被认为可信，不符合白名单策略的被认为不可信。

(7)如果判定为可信，则表示该实际电力应用可执行程序通过了安全策略，管控模块会允许其执行，将其加载运行恢复到正常系统流程，并将度量值记录到度量日志。

(8)如果判定为不可信，则表示该实际电力应用可执行程序没有通过安全策略，管控模块会接管正常系统运行流程，禁止该程序执行，并将该程序的尝试执行行为视为恶意事件，将相关信息记录到报警日志。

(9)白名单、度量日志、报警日志等可信组件生成的数据会通过管道传递给应用层度量代理；度量代理进一步通过其他通信机制将白名单和日志信息传递给配置工具显示，供管理员查看。

同时，配置工具可以接收管理员的控制指令，并通过通信机制传递给度量代理，度量代理进一步通过管道传递给内核层可信组件，可信组件可以根据控制指令完成期望的操作，如设置白名单、设置管控模式、清空白名单等。

6.2　容　　错

6.2.1　容错的定义和功能

在开放网络环境下，电力终端易受到来自多元利益主体的网络攻击。近年来，针对能源系统工控领域的高级攻击手段层出不穷，以“震网”、“火焰”和“Black Energy”等恶意代码为主要技术手段的高级可持续威胁攻击（advanced persistent threat，APT）对能源等工业控制系统造成了巨大危害。与此同时，在实践中，系统在长期运行下发生故障也是在所难免的。从发生故障的原因来看，有的故障是退化故障，如计算机的硬盘，它会随着使用次数的增加而老化，最终失效；有的故障是设计故障，即在系统设计时的设计缺陷引发的故障；还有的故障是随机故障，这些随机故障往往是由一些偶然的、突发的事件触发的。

无论是来自外部的网络攻击，还是内部故障的蔓延恶化，导致的结果往往都是系统的部分或者全部服务失效。也就是说，攻击或者故障将导致系统无法完成人们要求它提供的既定服务。与之相对应，容错正是要在系统出现缺陷、出现故障时通过相应的算法、措施，使发生故障的系统依然能够继续提供可接受的服务。也就是说，容错的目的在于系统发生故障时能够保证系统避免服务失效，保护系统的核心功能不受影响。根据故障的类型，容错大致可以划分为两类——硬件容错和软件容错。对于硬件外设的退化故障，往往需要硬件容错——提供备份的冗余硬件来实现。而对于随机故障和设计故障，则可以采用软件容错的方法来实现。

对故障进行容错，需要采取以下四个基本的操作：①错误的检测和辨识，感知系统存在异常状态；②确定故障导致的后果，评估系统损坏的范围和失效程度；③对错误进行修复，尝试消除系统中的错误；④如果系统修复成功，则继续提供服务。无论系统是否修复成功，都需要上报至管理系统平台。这四个步骤中，步骤①称为“错误检测”，步骤②称为“损坏评估”，步骤③称为“状态恢复”，步骤④称为“持续服务”，以上四个步骤，称为容错的四个阶段。

6.2.2　故障数据检测

1. 基于冗余数据的故障数据识别

电力终端在采样模块失效、强电磁干扰及程序异常时，会输入错误数据并可能做出错误的决策。另外，潜在的通信故障以及网络入侵等也可能导致保护接收到错误的数据而产生误动，因此，有必要利用冗余信息进行特征分析，通过对多源数据的合理融合以辨识错误数据，进而防止电力终端误动。

系统的故障数据可通过冗余数据进行分析。冗余数据通常可理解为备份数据，当其中一些数据发生失效时，备份数据可以继续提供服务。变电站中存在大量的二次设备冗余量测信息，这些量测信息直接反映了继电保护采样、开入回路的运行情况。将冗余信息进行相互校验，可发现虚假数据或者硬件错误导致的对应二次设备组件隐藏风险。

冗余数据又可分为同源冗余数据和非同源冗余数据。同源冗余数据指同一实际数据由不同的设备或信号点采集，通过对这些不同设备或信号点的数据进行比较，可以判断设备是否可能存在异常。同源冗余数据可能来自双套保护、同间隔二次设备，也可能是电磁抗扰度(electromagnetic susceptibility，EMS)与保护主站的重复数据、同一次电网故障中的针对同一一次设备的录波暂态数据等。非同源冗余数据指针对不同测量点的数据存在一定关联特性，也能用于冗余数据。例如，断路器两侧 CT 采集的电流信息，两侧 CT 为非同一测量点，但两侧 CT 采集的电流理论上应该相同。

对于任意一个同源数据，可根据同源配置获取其不同的数据测量点，每隔一定时间可采集这些点的实时测量值进行比较，如果差值超过了规定的范围，则认为存在差异，此时可发出同源数据差异告警并将差异信息记录到历史库。需注意的是，因电流电压等测量值在一定范围内波动，用断面数据比较可能差异较大，所以比对算法需采用积分的方式进行计算。

2. 基于模糊推理的电力终端错误数据态势感知

现有电力系统检测数据相对孤立，错误数据证据不足，无法实现电力终端错误数据态势感知。基于多源冗余数据的融合信息，通过层次分析法与模糊匹配结合的方法进行电力终端错误数据态势感知。

模糊关系描述事物之间存在联系的模糊性，采用基于层次分析和模糊综合评价的方法来感知电力终端的检测数据，通过多源数据提供的证据支持，可较好地处理多因素中的不确定问题。具体实现步骤如下。

(1)根据电力终端检测数据，建立异常性、可用性、可靠性等一级指标，而每一个一级指标可分为多个二级指标，根据指标体系确定评价集，评价集=[数据错误非常严重,数据错误较为严重,数据错误一般严重,数据无错误]。

(2)根据评价相关标准对态势感知的每个评级因素进行量化，确定隶属度，形成模糊评价矩阵，如报警数量隶属度、故障数据隶属度等。

(3)构造判断矩阵，首先确定评价指标中的权重系数，采用层次分析法建立判断矩阵，即为评价指标中的一个因素相对另外一个因素的重要程度。

(4)计算相关度。通过步骤(2)得到的隶属度和步骤(3)构建的判断矩阵选取合适的算子进行矩阵运算，先后计算二级评价指标和一级评价指标。

最后，统计计算出的结果，可显示错误数据的具体评价，完成错误数据态势感知。

基于证据理论错误数据分析方法，结合分层多因素指标划分和模糊综合评价的安全态势感知方法能较好地解决电力终端检测数据孤立、联动分析弱的问题，并及时、准确、全面理解电力终端错误数据态势感知，为电力终端管理及使用人员提供具有价值的判断信息。

6.2.3　风险评估策略

为了对电力终端设备进行在线监测评估，首先需要分析系统进入危险状态的原因。系统一般有两种原因进入危险状态。

(1) 系统设计中包含一些危险的状态。这种情况的原因是系统的初始设计者未能完整地对系统进行分析。应在系统初始设计阶段，采用软件安全性需求分析技术，通过规范、严密的分析，找出系统安全性漏洞，并提出相应的安全性加强措施。该方法是一个不断迭代、反馈的过程，指导修正安全性漏洞，从而保证软件的安全性。

(2) 一些部件的失效导致系统进入危险状态。这种情况的原因一般是部件失效。部件失效可以通过软件容错方法来进行处理。通过建立故障树，对系统进行在线的 FMECA (failure mode effects and criticality analysis，故障模式影响及危害度分析)，进而通过损坏评估和风险预警来主动防御避免危险的发生。同时，通过检修专家库提供在线故障处理功能，通过多重化模块复用和建立软件恢复块，在系统进入故障状态后切换复用模块或者恢复到前一个时刻的状态，从而使系统从故障态主动恢复。

为了保证系统进入危险状态时能够进行有效的评估，将电力工控设备模块的失效按严重程度分为三级：危急失效、严重失效、一般失效。

(1) 危急失效是指继电保护等装置自身或者相关设备及回路存在问题导致失去主要保护功能，直接威胁安全运行的失效。

(2) 严重失效是指电力工控终端设备自身或相关设备及回路存在问题导致部分保护功能缺失或性能下降但在短时间内尚能坚持运行，需尽快处理的失效。

(3) 一般失效是指除上述危急失效、严重失效以外的不直接影响设备安全运行和功能能力、电力工控终端功能未受到实质性影响，性质一般、程度较轻，对安全运行影响不大，可暂缓处理的失效。

1. 故障树分析

蝴蝶效应告诉我们，一个细微的错误有可能制造一起重大的灾难。沿着小错误的蛛丝马迹找到故障失效传递放大的路径，是建立故障树的根本动机。故障树分析技术可用于确定可能导致危险的事件，它是一种反向搜索的技术，分析的起始点是关注的危险，分析的目标是确定所有可能导致这个危险状态的部件失效事件。通过部件失效事件导出所有可能导致这些失效事件的故障。显然，对于不同的危险，存在不同的故障树，有的危险将导向更高一层次的危险，而有的危险并不会引起更大范围的错误和失效。这就意味着可以按图索骥根据后果的严重程度对危险进行分级。

针对错误模块检测到错误且错误并未就地消除的情景，容侵容错组件构建以业务数据流为视角的安全分层预警方法。基于电力终端多元数据间的内在关联，分析基于多元数据关联模型的异常数据单点检测与多点检测方法，并通过对业务数据流进行辨识，判定数据流所属业务，并对事件进行分析。通过状态评估分析对设备安全等级进行分类，并最终发出预警。

故障树提供了一种简洁的方式表达故障传导特性的重要信息。它是一种非形式化的分析方法，这也意味着故障树的建立需要系统、全面的知识，需要设计各个子系统的专家都参与其中，以确定每个事件的细节，包括事件的精确形式、相关部件的失效定义、失效过程的完整性描述和失效可能导致的所有后果等。根据故障树，可以估计出下一级故障发生的概率，进而进行定量分析。对于用“或门”连接的事件，将输入事件的概率相加，对于“与门”连接的事件，则将输入事件的概率相乘。这样可以把每一级发生故障的概率定量地计算出来，当概率大于某阈值时，则对相应位置进行主动检查以确定有无更高层级失效状态发生。

故障树是一种反向搜索的技术，通过倒推的方法来分析各种零部件失效或子系统故障对系统的影响。它从“顶事件”，也就是系统的危险状态开始，通过由逻辑符号绘制出的一个逐渐展开成树状的分枝图，回溯危险发生的原因，层层推导直至引起故障发生的最初事件。故障树提供了一种简洁的方式表达故障传导特性的重要信息。

故障树的建立可分为两类方法，分别为人工建树和计算机建树，均先确定顶端事件，建立边界条件，逐级分解得到原始故障树，并进一步进行简化。通过故障树分析法，可对容侵容错组件的故障类型进一步分析，评估事件状态等级。

应用故障树可以对系统故障做定性和定量分析。

(1)定性分析：通过求出故障的所有最小割集，找出导致危险事件发生的所有可能的故障模式，进而将可能导致同一个危险事件发生的一类故障模式确定为同一个安全等级。

(2)定量分析：通过各底事件的失效概率求出系统的失效概率；求出各底事件的结构重要度、概率重要度和关键重要度，根据关键重要度的大小排序出最佳故障诊断和修理顺序。

2. FMECA

FMECA 是一种向前的分析技术，可以分析系统中任一设备所有潜在的故障模式及对系统造成的影响，并且按照每个故障模式的严重程度和发生概率进行划分，是一种自下而上的归纳分析法。它通过识别组件的失效模式，分析失效对系统的影响，进而评估该失效对于系统影响的严重程度。FMECA 与故障树技术可以进行有效互补。因为一个失效事件往往涉及多个不同的危险，一旦故障树分析识别出一个危险指向的组件失效的基本事件，则可以通过对该失效组件进行 FMECA 显示出该组件相关的所有细节，从而进一步找到所有潜在可能的失效事故，具体实施步骤如图 6.7 所示。

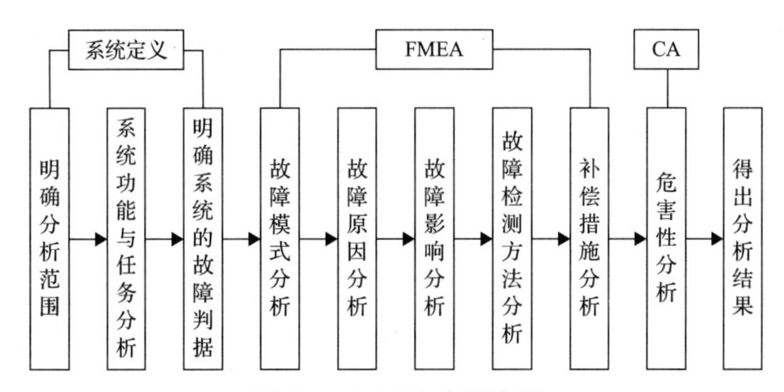

图 6.7　FMECA 实施步骤

FMEA（failure modes and effects analysis，失效模式与效应分析）；CA（criticality analysis，危害性分析）

FMECA 不仅能够界定错误范围，还能对系统的严酷度进行分析，严酷度指系统故障造成的最坏后果的严重程度，根据造成的最坏后果的严重程度可分为 4 类，如表 6.1 所示。

表 6.1　系统严酷度分级

严酷度类别	严重程度定义
Ⅰ类（灾难型）	引起系统崩溃、损坏的故障
Ⅱ类（致命型）	引起重大经济损失、系统任务失败的故障
Ⅲ类（临界型）	有一定经济损失、造成系统任务延误或降级的系统故障
Ⅳ类（轻量型）	引起非计划性维护或修理的故障

3. 风险预警

利用 FMECA 与故障树相互配合，即可对实时识别的故障信号进行评估并发出警告，判定故障位置和故障性质。在故障处理环节中，针对不同告警信息，从故障树中挖掘失效原因，判断二次设备告警的具体原因，通过查找检修专家库的方式形成失效处理方案，并进行日志记录。对于专家库中未包含的失效故障，根据其严酷度分析结果，将其归为某一安全等级，再采用该安全等级通用的故障处理方法。同时将该失效故障通过通信接口上报给管理人员，管理人员通过研判，将其失效处理方案加入检修专家库中，不断扩充和完善专家库。

6.2.4 状态恢复策略

1. 多重化

多重化的基本思想是在正常运行和危险状态之间有不止一个屏障，只要有一个屏障起到防护作用，危险就不会发生。多重化思想的本质是逻辑“与”，它的输出连接到危险。除非逻辑“与”下的所有事件都发生，否则危险就不会发生，其中每一个事件对应着一个屏障的失效。屏障必须具备如下性质。

(1)屏障中的故障是不相关的。

(2)一个屏障的失效不会引起一个或多个其他屏障的失效或功能改变。

复用是多重化实现的主要路径，即一个实体有多个实例可供使用，当其中一些实例发生失效时，其他的复用可以继续提供服务。ADC 采样模块是多重化的一个实例。系统可以用两个 ADC 采样输入，如果某个非预期故障导致其中任何一个 ADC 采样接口失效，则另一个 ADC 采样接口可以继续支持系统的 ADC 采样操作。然而，当第一个 ADC 采样模块失效后，系统这段时间很容易受到第二个 ADC 采样模块失效的影响，因此失效的模块应当立即在维护工作中更换，作为新的多重化复用设备投入使用。

2. 软件恢复块

在上述阶段中，如果系统有多重化，则状态恢复的方法是从工作的系统中移除出现故障的零部件。如果系统没有多重化，则系统将不得不在部件被移除的情况下工作。这种状态恢复称为向前状态恢复。向前状态恢复将导致系统损失资源，如果该资源很重要，那么持续服务的能力将受到限制。因此，在没有复用的系统中，应尽量避免向前状态恢复，而优先考虑向后状态恢复——使系统恢复到过去存在的状态。向后状态恢复对于处理软件故障是非常有效的：通过创建一个在软件出现故障、损坏状态之前存在的状态(称为恢复块)，当故障发生时，可以使系统恢复到恢复块的状态。恢复块的软件系统结构如图 6.8 所示。

恢复块的运行是通过存储系统的状态，执行一个备用块，并使它的计算通过内置的错误检测机制以及让输出通过验收测试。如果内置的机制并没有检测到错误，并且输出通过了验收测试，即满足了验收测试定义的规范，则将输出提供给系统，恢复块中止运行。如果备用块失效，则恢复块存储系统的状态，执行下一个备用块。这个过程一直持续到输出被确定为能够被验收测试接受，或者使恢复块执行完所有的备用块，并且都失效。

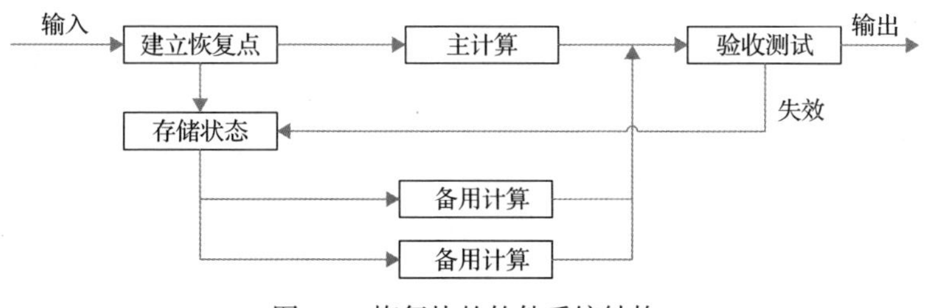

图 6.8　恢复块的软件系统结构

6.2.5　嵌入式容错组件

如前所述，容错包含四个层次的内容，即错误检测、损坏评估、状态恢复、持续服务，分别对应四个模块，即错误检测模块、损坏评估模块、状态恢复模块和持续服务模块。其中，错误检测模块主要负责输入数据的合法性和完整性等校验；损坏评估模块主要分析评估失效异常元件；状态恢复模块主要根据失效映射类型进行失效自愈管理；持续服务模块主要承担系统日志与离线分析服务。嵌入式容错组件整体架构如图 6.9 所示。

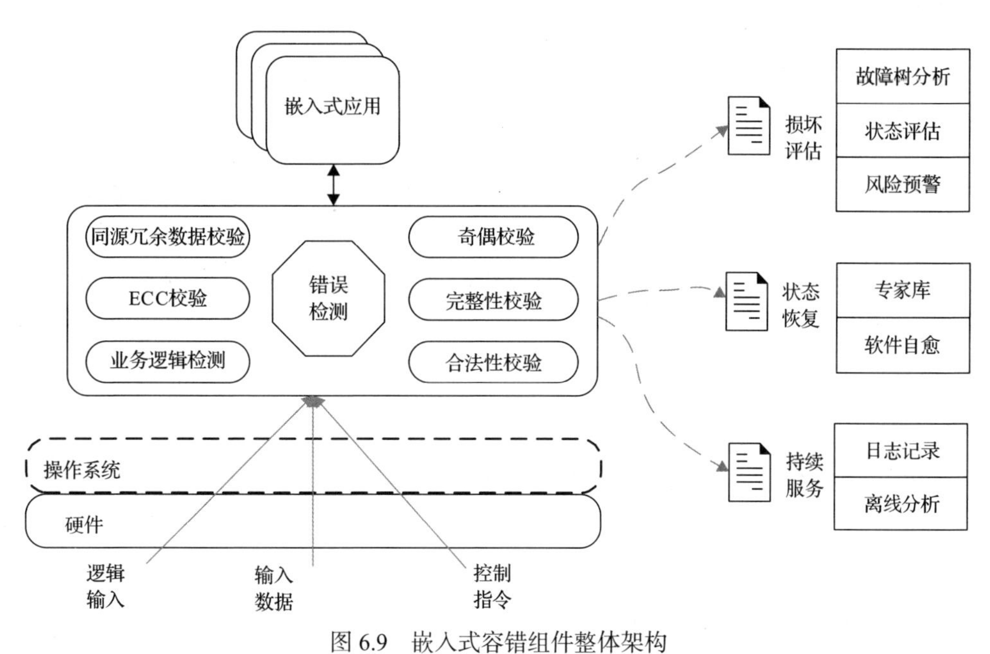

图 6.9　嵌入式容错组件整体架构

1. 错误检测模块

错误检测模块采用非法数据识别、同源冗余数据差异性度量、业务逻辑安全性检查等技术手段，辨识系统模块是否失效。

错误检测模块应具有如下功能。

(1)奇偶校验。奇偶校验可以应用于处理器的数据总线和处理器的寄存器中，用于判断短字长数据在存储过程中是否发生了比特位错误。

(2)ECC 校验。ECC 校验在额外的数据位上存储一组计算出的值。当数据被写入内存时，相应的 ECC 位同时也被保存下来。当重新读回刚才存储的数据时，保存下来的 ECC 位就会和读数据时产生的 ECC 位做比较。如果两个代码不相同，则它们会被解码，以确定数据中的哪一位是不正确的。然后这一错误位会被抛弃，内存控制器则会释放出正确的数据。

(3)合法性校验。外部采集的数据要做合法性检查，看是否超过合理的限值。

(4)完整性校验。当传输数据来自外部时，应采用 CRC 校验对数据块进行多项式计算，并将得到的结果附在数据帧的后面，接收设备也执行类似的算法，以保证数据传输的正确性和完整性。若 CRC 校验不通过，则表示数据传输过程中发生错误。

(5)同源冗余数据校验。通过对不同设备或信号点采集的同一实际数据进行比较，判断设备是否存在异常。

(6)业务逻辑检测。业务逻辑检测在逻辑门校验的基础上，设置反向检查机制，对每一道逻辑门的执行情况进行标志记录，只有所有的标志记录齐全，才允许保护命令出口。

看门狗定时器可用来监控系统时间方面的问题。它通常由软件或硬件设置一个时间值，当预期任务完成时，将看门狗复位；当预期任务没有完成时，看门狗定时器就会到时，并发出信号。如果处理器内部硬件或者软件错误导致失效，看门狗定时器就可以检测出这种错误。看门狗定时器还可以用来检测和跳出无限循环。

2. 损坏评估模块

以故障树分析和失效模式严酷度分析为主要分析方法，在数据、代码、业务逻辑、维护策略、后勤管理等各个环节把控安全风险，实现业务视角下的安全分级。

1) 故障树分析

故障树分析具有如下功能。

(1)多个事件的综合分析：类似于故障树定性分析。

(2)长时间尺度分析：根据设备历史告警信息的频次，对设备当前状态进行评估。对某些告警/异常事件做长时间尺度的统计，定位系统潜在的故障点，提醒运维人员进行装置的维护检修。

(3)历史运行数据分析：对设备各模块的使用情况和服务年限、服务次数进行定量统计，在统计数据的支持下，判断设备当前寿命，并结合故障树分析可能导致的后果，做出提前预警。

2)状态评估

根据单发性故障的失效告警信息和多发性故障的故障树分析结果，识别潜在的导致系统进入严重危急状态的各类故障，并在此基础上对设备进行全面的安全评估和状态分级。将设备安全等级分为五级：正常、异常、恶劣、严重、危急。

3)风险预警

根据状态评估结果，建立基于时空多维度故障分析的电力工控终端风险预警系统，将告警信号映射为具体的故障性质、影响范围和故障原因，将结果记录在受安全芯片保护的系统日志中，并通过通信界面通知运维人员，实现对系统安全风险全生命周期的把控。

芯片化保护装置的故障信号基本属性已经具备单个故障的故障描述、原因、处理措施等信息。保护装置把故障信号库输出到配置工具，配置工具需要给出单个故障信号的基本属性及多个故障信号综合分析的结果。

(1)多个故障映射到故障具体描述。

(2)多个故障信号的逻辑关系。

(3)多个故障信号的危害程度。

(4)多个故障信号的原因和处理措施。

(5)多个故障可能的影响范围。

结合这些信息形成故障树，保护装置实时监控故障发生，并实时监控设备寿命，提前预警。损坏评估模块逻辑如图 6.10 所示。

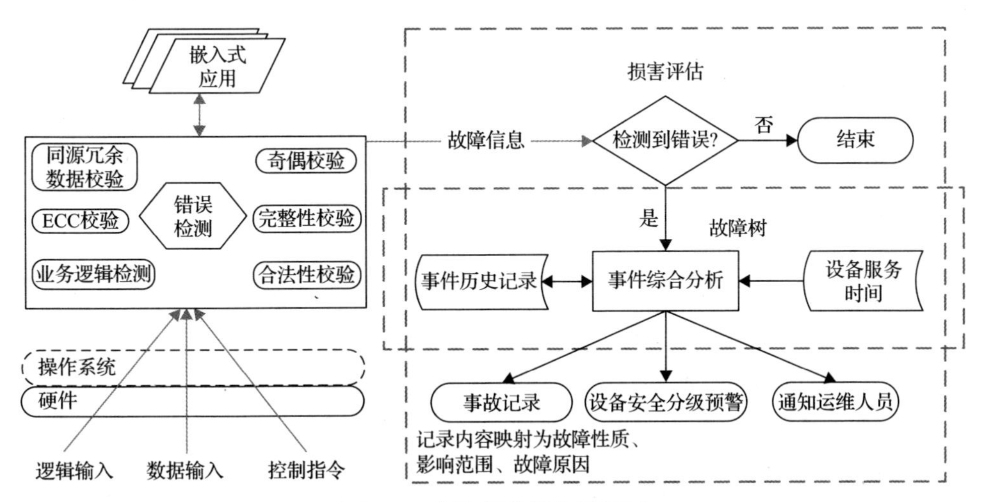

图 6.10　损坏评估模块逻辑图

3. 状态恢复模块

状态恢复模块逻辑如图 6.11 所示。状态恢复主要包括两种方式。

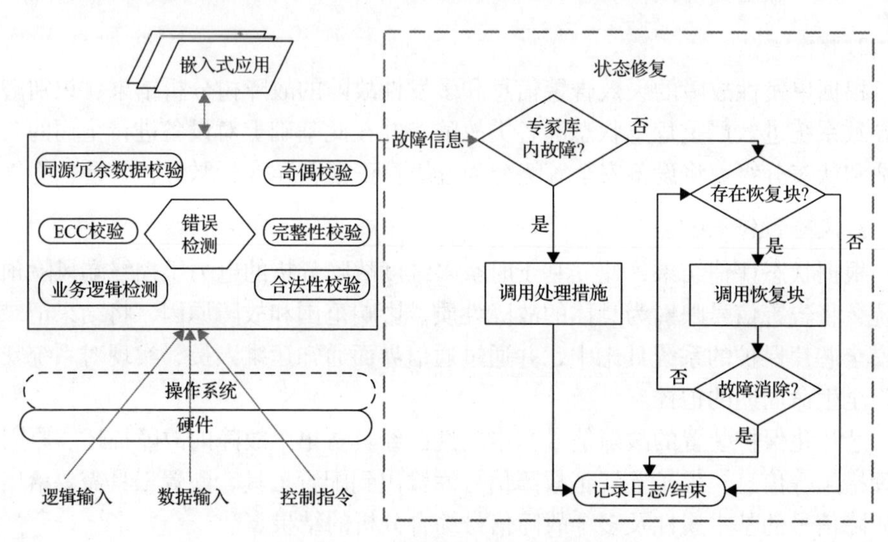

图 6.11　状态恢复模块逻辑图

1) 专家库

专家库的组成要素包括：告警描述、告警原因、处理措施；专家库内容由配置工具统一生成，由前面的配置可以得到，每个故障信号或者存在逻辑关系的多个故障信号都需要配置故障原因描述、故障处理措施等，即故障信号库内包含了专家库这一属性。工具配置处理措施应该分为：①保护装置可自动执行，只需将执行故障报告上送；②保护装置无法处理，将故障描述和建议处理措施上送给运行人员。

2) 软件自愈

⑴通过异常进程检测及复位、芯片接口复位、看门狗或 reboot 复位可以实现整个系统复位，帮助系统从“指针跑飞”“进程卡死”等软件系统不正常运行中自愈恢复。

⑵恢复块：保护装置建立多个状态恢复块，验收测试系统，在专家库故障处理措施之外，尝试调用“调用恢复块”策略，调用状态恢复块后，需要验收系统验证装置是否恢复正常，如果异常继续调用其他恢复块，直到装置正常或恢复块用完，结果上送到运行人员。

4. 持续服务模块

记录分析模块应具有如下功能。

(1) 日志记录。在系统运行过程中，对系统识别的各种异常数据、模块失效及各类故障事件进行日志记录。日志按照规定格式记录事件对应的具体可执行程序、软件/硬件模块、时间、故障分级、处理措施等基本信息。日志受自主安全芯片保护，防止攻击者对安全日志的篡改。

(2) 离线分析。整理分析所有相关设备的日志，对同一事件过程(如一次告警、一次故障跳闸等)进行现场回溯。将双套保护的录波、告警、变位等日志进行时间顺序排序，复盘事件发生时段内数据的变化，以分析某套保护设备异常或回路异常等；将相关联设备的录波、告警、动作、变位等日志进行顺序排列，可分析推断回路完整性、事故定位等信息。

5. 程序逻辑

容错组件程序逻辑如图 6.12 所示。

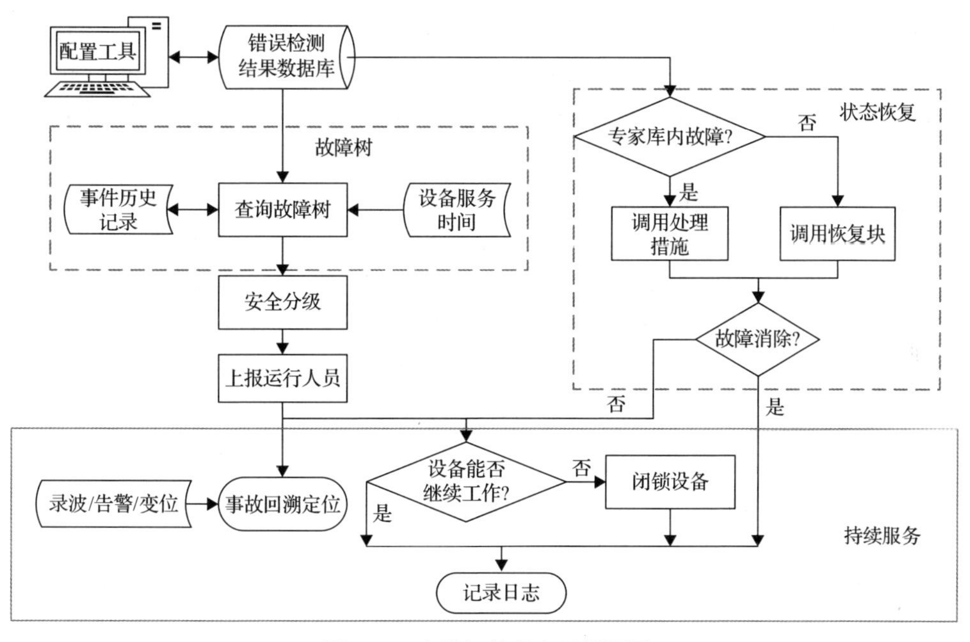

图 6.12　容错组件程序逻辑框图

6.3　主 动 免 疫

6.3.1　主动免疫的概念和机理

生物学中，免疫系统主要用于识别属于正常机体本身的“自我”以及来自生物体内和体外的异常的“非我”，并且随时主动检测和查杀不属于机体本身的抗原。主动免疫从生物学角度分析指的是由机体自身产生抗体，使机体自身不再被病毒感染的免疫方式。

在早年，当“计算机病毒”这一词汇被安全领域计算机专家提出后，计算机专家就开始将计算机的安全问题和生物学过程进行了类比[1]。病毒的基本特征是自我复制和传播，而免疫能够有效地抑制病毒的传播。自然免疫系统能够保护动物免受危险的外来病原体(包括细菌、病毒、寄生虫、毒素等)的伤害。它的作用类似于嵌入式计算机系统中的安全系统。基于对自然免疫系统的特性的分析，利用自然免疫系统的特性来设计嵌入式计算机免疫系统，是本章所述的“主动免疫”的基本目的。

在计算机病毒的概念被提出后不久，计算机人工免疫系统的概念随之就产生了[2]。在计算机安全领域，人工免疫系统可以被应用到许多场景，包括异常检测/模式识别、计算机安全、自适应控制以及错误检测等。计算机人工免疫系统实现的关键在于根据问题的类型选择免疫算法(类似于选择疫苗)。首先，确定问题中涉及的要素并将其建模为特定免疫模型中的实体；随后，通过适当的亲和度(距离)来确定相应的匹配规则；最后，选择产生一组适合实体的免疫算法，为面临的问题提供合适的解决方案。

相关学者提出了实现免疫系统的主要步骤：①在用户计算机上发现以前未知的计算机病毒；②采集病毒样本并发送到中心主机上；③自动分析病毒并获得在任何主机上清除病毒的方法；④将清除病毒的方法反馈给用户计算机，并将该方法写入防病毒数据库；⑤将清除该病毒的方法发送到其他地区以清除病毒[3]。

恶意代码检测作为人工免疫系统的重要应用领域，是国内外众多免疫学者和信息安全专家的重要研究方向，多个基于免疫理论的恶意代码检测模型被提出[4]。借鉴生物免疫系统检测和消灭病原体的过程，这些模型的检测思路基本一致：通过对恶意代码的特征进行提取和编码生成抗原，借助阴性选择算法等人工免疫系统算法和模型生成相应的抗体，利用欧氏距离、连续 r 位匹配等方法计算抗原与抗体之间的距离，最终实现对恶意代码的准确识别。生物免疫系统与恶意代码检测系统存在对应关系，如表 6.2 所示。

尽管生物免疫系统与嵌入式计算机安全系统的功能存在相似之处，但是他们的不同也是显而易见的。生物免疫系统只是解决生存的问题，而计算机安全需要解决五个方面的问题：保密性、可靠性、可用性、责任性和准确性。免疫技术同样有其局限性：某种免疫手段只能对某类病毒有效：免疫只能保护那些在系统中稳定运行而不需要修改的文件。由于免疫机理复杂，系统庞大，甚至连免疫学家对免疫现象的认识和描述都比较困难，人工免疫系统可以借鉴的成果不多，所以人工免疫系统在模型建立、算法选择等方面亟待进一步的研究。

表 6.2　生物免疫系统与恶意代码检测系统的对应关系

生物免疫系统	恶意代码检测系统
自身细胞	正常文件
抗原(细菌、病原体)	恶意代码文件
淋巴细胞/抗体	检测器或特征码
抗原-抗体结合	检测过程模式匹配
疫苗注射	特征库更新
抗原清除	恶意代码清除
自免疫疾病	正常文件误报
肿瘤、癌症等疾病	恶意代码文件漏报

6.3.2　主动免疫的机制

随着网络空间日益成为继陆、海、空、天后第五大主权领域空间，能源工控终端的网络信息安全防护成为学界和产业界关注的重点。随着移动互联网、物联网等新型计算环境的普及，安全问题愈发严重，尤其是恶意代码攻击严重威胁着用户的隐私和财产安全。例如，加密勒索病毒 WannaCry 导致了大量用户的计算机无法正常使用；熔断(meltdown)和幽灵(spectre)漏洞利用 Intel 处理器中的设计缺陷，严重影响计算平台的安全性。这些安全威胁主要利用计算平台上的安全漏洞进行攻击，根本原因在于计算平台缺乏体系架构上的主动防御手段。因此，如何在体系架构上实现主动防御机制，从底层芯片出发，提供基于硬件的平台完整性和机密性保护的整体安全解决方案，已经成为目前面临的根本问题。

本章提出了一种观点，借鉴生物学中的免疫概念，通过技术手段给能源工控终端构筑免疫系统，赋予能源终端内生的主动免疫安全防护能力。

实际上，由于电力系统传统上主要依赖边界隔离和专用系统私有协议保障网络安全，一般基于通用软、硬件平台研发电力终端，除用户侧智能终端依赖较简单的 SM1 国密算法保障安全外，极少考虑网络安全防护。通过将生物学层面上的主动免疫概念引入电力终端的嵌入式系统，人工构建电力系统终端主动免疫安全防护体系，可以实现电力终端的信息安全从被动防御到主动免疫的提升。

参考人体免疫系统的原理，嵌入式系统主动免疫机制应涵盖如表 6.3 所示的三个方面。

表 6.3　嵌入式系统主动免疫机制

机制	功能	对应嵌入式系统部件
免疫自稳	清除系统内不利因素，调节整个系统平衡稳定	启动引导可信，应用环境可信
免疫监视	检测系统状态，防止危险因素持续侵害系统	异常数据感知，恶意代码辨识
免疫防御	抵御和清除危险因素的侵袭与毒害	危险清除与恢复自愈

1. 免疫自稳

免疫自稳在生物学角度指的是系统免疫维持内环境的一种调节方式，正常运行时可清除不利于系统内部环境的因素。可信计算作为实施主动免疫的重要技术手段，对系统上发生的对安全性产生关键影响的操作行为进行监控，是对运算的方式进行安全保护，使得最终的计算结果与预期保持一致。

本书提出的主动免疫技术架构是以嵌入式可信计算组件作为功能模块核心的。可信计算是一种主动防御技术，它利用硬件属性作为信任根，系统启动时逐层度量，建立一种隔离执行的运行环境，保障计算平台敏感操作的安全性，从而实现对可信代码的保护。可信计算可以实现对于攻击的主动免疫，基于芯片中的硬件安全机制，可以主动检测和抵御可能的攻击。相对于传统的杀毒软件、防火墙等被动防御方式，可信计算不仅可以在攻击发生后进行报警和查杀，还可以在攻击发生之前就进行主动防御，能够更系统更全面地抵御恶意攻击。总之，可信计算就是针对目前计算平台不能从根本上主动解决安全问题而提出的，通过在计算平台中集成专用硬件模块建立信任锚点，利用密码学机制建立信任链，构建可信赖的计算环境，使得从根本上解决计算平台的安全问题成为可能。

可信计算在主动免疫技术上主要体现在主动性和安全免疫两个方面。

在主动性方面，可信计算的完整性度量、白名单管控及可信运行日志等机制可实现主动识别、主动控制、主动报警等安全功能。

(1) 主动识别：从系统加电时刻，可信计算信任根就主动度量任何加载到系统上的组件，并以不可伪造的国产安全哈希算法识别出组件的身份，任何被恶意篡改过的代码或者不被安全策略运行执行的代码都能够被识别出来，从而主动标记系统上所有加载的代码。

(2) 主动控制：基于国产自主安全芯片主动构建可信的运行环境，使用完整性度量和验证技术保证系统只运行安全策略允许执行的代码，包括操作系统内核、内核模块、进程文件、动态链接库等所有影响系统运行环境安全性的代码，禁止任何非授权程序的安装，保证授权执行的程序一旦发生篡改即不被允许执行，从而主动控制运行在设备上的操作系统和应用程序，保证运行时环境的可信可控。

(3) 主动报警：一旦发生恶意代码加载等安全事件，主动将该事件记录在受自主安全芯片保护的安全日志中，可防止攻击者对安全日志的篡改，在发生安全事件时基于可信计算远程证明机制向管理人员报告。

在安全免疫方面，可信计算主要体现在系统的全生命周期的完整性保护。基于动态度量和完整性验证技术可实现对系统初始化、授权程序安装、授权程序运行等设备运行的各个阶段进行安全管控，保证设备整个生命周期的完整性保护，阻断非授权程序和恶意程序的安装和运行，达到安全免疫的目的。

2. 免疫监视

免疫监视从生物角度指系统具有识别、杀伤并及时清除系统不利因素的功能。嵌入式系统的免疫监视可通过容错组件的错误检测模块、损坏评估模块实现。通过非法数据识别、同源冗余数据差异性度量、业务逻辑安全性检查等技术手段，辨识系统模块是否失效，以故障树分析和失效模式严酷度分析为主要分析方法，在数据、代码、业务逻辑、维护策略等各个环节把控安全风险，识别各类系统故障并进行系统状态评估，并根据状态评估结果对系统风险进行分析，建立风险预警系统，实现业务视角下的安全分级。通过调用设计的容错组件中的错误检测、损坏评估等模块，对系统的安全状态进行全面的评估和判断，以便于下一步容错策略的制定，从而防止系统进入设计缺陷或者一些部件失效导致的危险状态，在发生故障时能够保证系统避免服务失效，保护系统的核心功能不受影响。

3. 免疫防御

免疫防御是阻止系统外部不利入侵而造成系统失效的功能。嵌入式系统的免疫防御实际上就是容错控制策略在嵌入式系统中的实现。根据容错组件中的损坏评估模块的风险预警结果，通过调用状态恢复和持续服务模块，执行相应的容错控制策略，可以达到阻止外部入侵或者内部故障蔓延恶化以造成系统失效的目的。状态恢复模块根据故障树和严酷度等分析结果，判断系统容错能力，通过调用检修专家库，根据专家库指导意见应用多重化复用技术、软件恢复块、看门狗定时器等手段，实现系统从部分故障状态的自恢复；持续服务模块将部件失效信息记录进安全日志，并通过内部通信向管理人员报告，在必要时采用人工干预手段恢复系统容错能力。

6.3.3　主动免疫参考架构

嵌入式系统主动免疫架构涵盖了三个方面的功能。

(1)具备可信计算组件，具有信任链传递、动态完整性度量、运行状态轻量级证明等先进功能。

(2)具备异常检测容错组件，结合电力业务代码内存逻辑与电力终端多元数据间的内在关联性，辨识攻击与故障异常数据差异性特征，并进行风险评估与预警。

(3)具备基于失效映射规则匹配的控制单元自愈能力，实现攻击和故障自愈。

电力终端嵌入式系统的主动免疫技术体系架构如图 6.13 所示。

在该技术体系中，可信计算技术组件对应于主动免疫的“免疫自稳”，建立可信的嵌入式系统运行环境；容错组件对应于主动免疫的“免疫监视”和“免疫

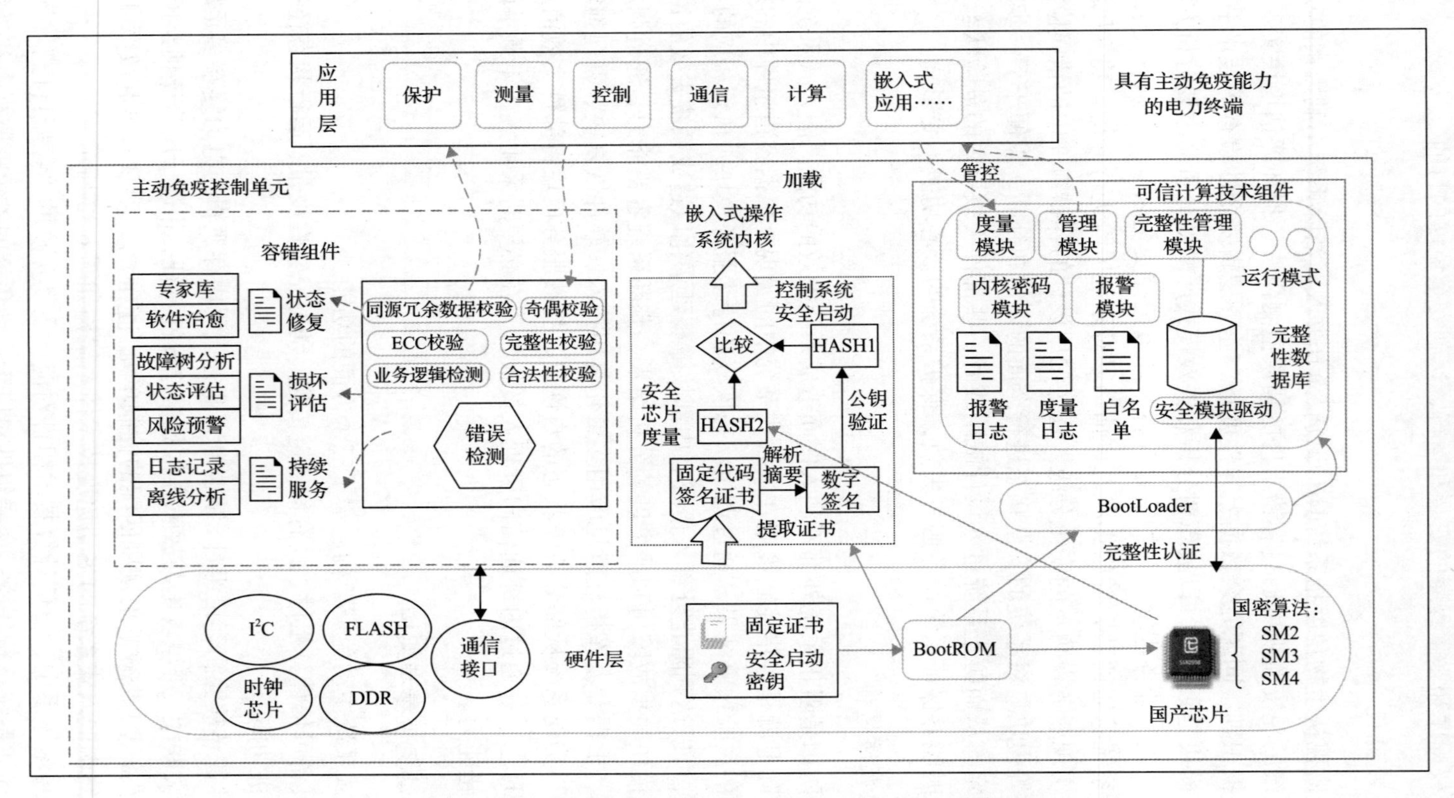

图6.13 具有主动免疫能力的电力终端嵌入式系统的主动免疫技术体系架构

防御”，实现非法数据防御、业务逻辑合法性检查及设备状态评估，实现电力终端对自身安全状态的实时感知及评估，以及故障应急处理和事件回溯记录，使电力终端从异常状态实现自恢复。

其中，可信计算技术组件以国密算法模块为可信根，以继电保护 SoC 芯片和嵌入式操作系统为硬、软件基础，以信任链为核心，通过多总线整合可信嵌入式固件与自主安全芯片，实现硬件启动代码到嵌入式业务应用的完整信任链，保证设备初始运行环境可信；通过构建系统信任链进行系统安全验证，再通过进程识别与管控和白名单管理，进行非法进程的监控报警，构建覆盖安全启动、安全分区隔离、信任链传递和动态度量的完整可信链。

在容错组件中，通过深入分析输入量测数据和控制指令的内在关联性和业务逻辑，根据接口输入数据，识别数据篡改和跳变，识别网络、串口等数据端口输入的恶意入侵，识别系统内外发生的故障导致的模块失效事件，并根据事件的严酷度实现风险分层预警。基于检修专家库的规则匹配，通过多重化复用、软件恢复块、看门狗定时器等手段，实现系统从危险状态的自恢复，使系统避免关键服务失效，保护系统的核心功能不受影响。

参 考 文 献

[1] Marmelstein R E, Veldhuizen D , Lamont G B . A distributed architecture for an adaptive computer virus immune system[C].1998 IEEE International Conference on Systems, Man, and Cybernetics（Cat. No.98CH36218）, San Diego, 2002.

[2] Dasgupta D. An Overview of Artificial Immune Systems and Their Applications[M]. Berlin: Springer, 1993.

[3] Kephart J O, Sorkin G B, Swimmer M, et al. Blueprint for a Computer Immune System[M]. Berlin: Springer, 1999.

[4] 芦天亮. 基于人工免疫系统的恶意代码检测技术研究[D]. 北京：北京邮电大学, 2013.

第7章 试验验证

7.1 继电保护通用试验

7.1.1 功能试验

继电保护装置的保护功能和通信功能需要进行试验验证。一般功能试验验证是通过静态模拟试验完成的。

继电保护的功能试验包括：①交流量试验；②开入量试验；③开出量试验；④保护功能试验；⑤测控功能试验。

7.1.2 数字仿真试验

试验依据：一次系统的实时数字模型完全依据《电力系统继电保护产品动模试验》(GB/T 26864—2011)建立，其特性经过与物理仿真系统的详细比对保持高度一致，可以互相校验，包括各种电压等级的线路、变压器、母线、电抗器等，满足变压器保护、输电线路保护、母线保护、断路器保护、短引线保护、过电压及故障启动装置等继电保护和快切装置、备自投装置的调试。

试验目的：通过模拟一次系统运行进行整体测试，更好地发现产品问题，进行消缺。

试验模型及参数如下。

1) 双母双分段试验系统及参数

双母双分段试验系统及参数如图 7.1 和表 7.1～表 7.5 所示。

2) 变压器动模模型及参数

动模模型试验主接线示意图如图 7.2 所示，模型参数如表 7.6 所示。

试验方法：通过实时数字模拟的一次系统经功率放大器与保护装置连接，开入开出直接与保护连接，后台主机通过交换机与一次系统及保护装置连接，后台实现对一次系统模型的控制，并采集保护的跳闸信号及报文信息。试验方法流程图如图 7.3 所示，试验项目如表 7.7 所示。

7.1.3 气候环境试验

现场气候环境是影响继电保护装置稳定运行的重要因素，气候环境试验主要是模拟温度、湿度及机械应力，以检查装置在高温、低温、高湿、振动等环境下的稳定运行能力及贮存、运输耐受能力。

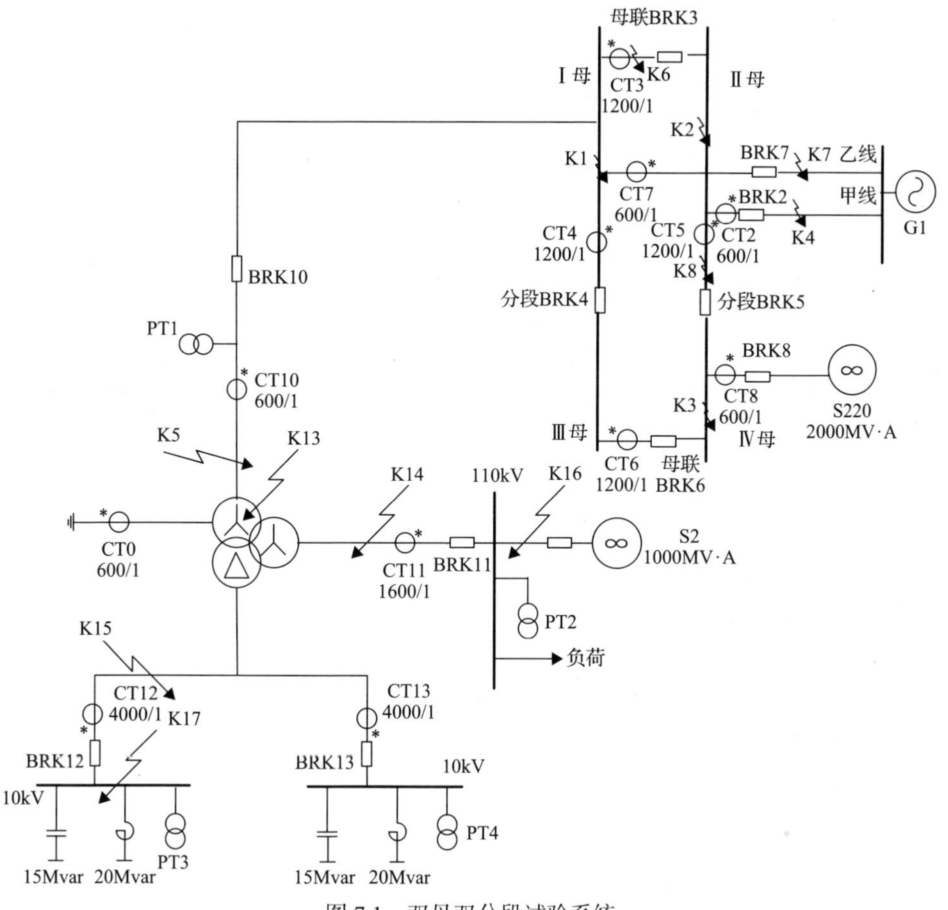

图 7.1　双母双分段试验系统

表 7.1　等值系统参数

序号	等值电源	等值容量/(MV·A)
1	S2	1000
2	S220	2000

表 7.2　发电机参数

机组容量/MW	功率因素 $\cos\varphi$	暂态电抗 $\Sigma X'_{d}$	次暂态阻抗 $\Sigma X''_{d}$
150	0.85	0.316	0.251

表 7.3　线路参数(220kV 双回输电线路参数)

长度/km	每公里正序电抗 X_1/(Ω/km)	每公里正序电阻 R_1/(Ω/km)	每公里正序容抗 X_{C1}/(MΩ×km)	每公里零序电抗 X_0/(Ω/km)	每公里零序电阻 R_0/(Ω/km)	每公里零序容抗 X_{C0}/(MΩ×km)	互阻抗 Z_{M0}/(Ω/km)
30	0.303986	0.037219	0.262624	1.081049	0.315511	0.410305	0.15+j0.54

表 7.4　变压器参数

名称	参数
变压器容量	200MV · A
变压器变比	220kV/110kV/10kV
短路阻抗（高-中）	0.14
短路阻抗（中-低）	0.09
短路阻抗（高-低）	0.24

表 7.5　CT、PT 变比

CT 和 PT		变比
CT	CT10（主变支路）	600/1
	CT2、CT7（220kV 线路支路）	600/1
	母联及分段 CT	1200/1
PT		220kV/100V

注：要求各支路 CT 变比不一致。

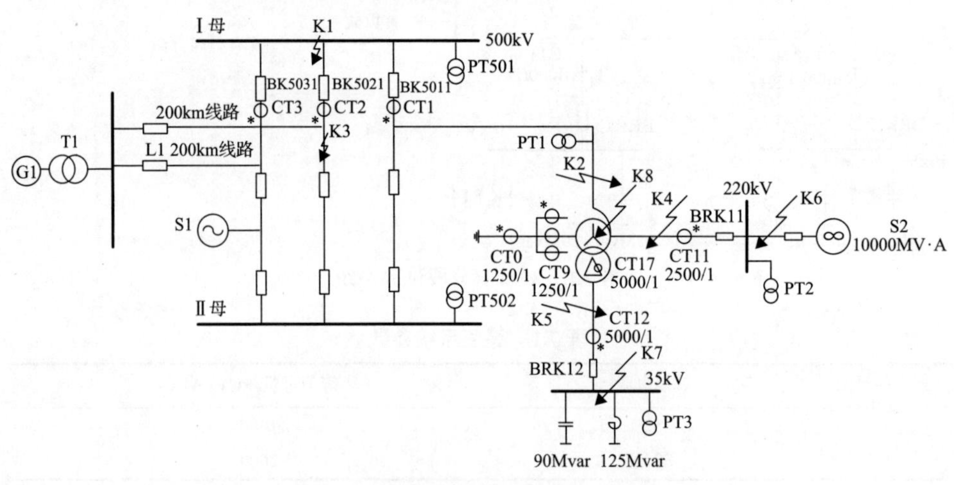

图 7.2　动模模型试验主接线示意图

表 7.6　模型参数

名称	参数
变压器容量	1000MV · A
变压器变比	500kV/220kV/35kV
短路阻抗（高-中）	0.12
短路阻抗（中-低）	0.22
短路阻抗（高-低）	0.38

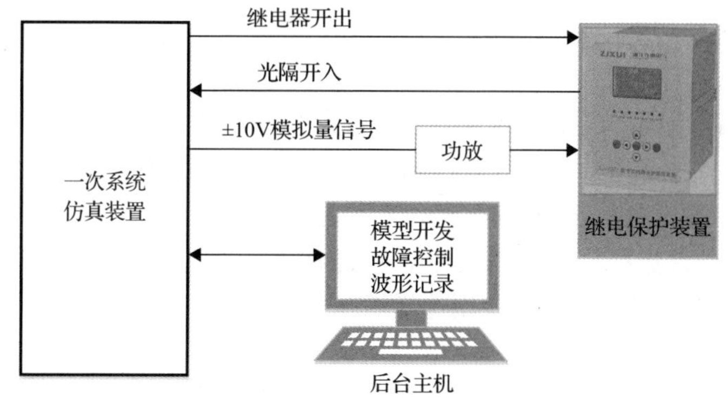

图 7.3 试验方法流程图

表 7.7 试验项目

序号	项目名称
1	区内金属性故障
2	区外金属性故障
3	变压器空投
4	转换性故障
5	投切低压侧电容器
6	调整变压器分接头
7	CT 断线
8	CT 饱和
9	和应涌流
10	系统频率偏移
11	区内外经过渡电阻短路
12	系统振荡
13	过负荷告警
14	线路弱馈
15	距离保护的暂态超越
16	母线保护的倒闸操作过程中故障
17	断路器失灵

注：试验判据为区内故障不拒动，区外故障不误动。

1. 高温运行试验

试验目的：高温运行试验主要是检查装置运行时的耐高温能力，并确定由高温引起的装置性能上的任何变化。

试验方法如下。

(1) 依照制造商产品文件或说明书进行预处理，搭建测试环境。

(2) 对产品进行初始功能性能检测，确保试验前装置各项功能指标正常，并使产品在制造商规定的额定负载/额定电流下运行。

(3) 试验条件选择，参考相关规范/产品技术文件选择产品规定的最高运行温度，对于继电保护装置，户内应用选择 55℃，户外应用选择 70℃，或者遵循其他规定。

(4) 试验设备要求，对于高低温试验设备，要求在 5min 时间内，温度的最大变化率为 1℃/min，且温度精度不超过±2℃。

(5) 施加试验温度，待试验样品温度稳定后，装置上电并检验装置各项功能。然后，施加额定负载/额定电流，试验持续时间不低于 16h，并在试验结束前对继电保护装置进行各项功能试验和变差试验。

(6) 试验结束后在断电情况下对设备进行恢复，并进行外观等其他功能检查。

试验判据：试验过程中及结束后装置功能性能正常。

2. 低温运行试验

试验方法：低温运行试验方法与高温运行试验相同，主要是检查装置运行时的耐低温能力，主要差异在于试验条件的选择，一般来说，除非有其他特殊要求，户内应用选择−10℃，户外应用选择−40℃。且在试验过程中增加低温启动项目，考查设备在极寒温度下是否可以正常上电运行，低温启动试验应适度延长时间，确保装置整体温度降低后再上电观察。

试验判据：试验过程中及结束后装置功能性能正常。

3. 高温贮存试验

试验目的：主要是考察装置在贮存和运输时的耐高温能力。

试验方法如下。

(1) 依照制造商产品文件进行预处理，并对产品进行基本功能性能检测，产品不需要施加激励量，包括电源。

(2) 试验温度选择 70℃或者制造商规定的最高贮存温度，温度试验箱要求在 5min 时间内，温度最大变化率为 1℃/min。温度准确度不超过±2℃。绝对湿度不超过 20g/m^3，相对湿度不超过 50%。

(3) 试验持续时间不低于 16h，在试验过程中不需施加负载或进行中间检测。

(4) 试验结束对装置外观、功能及性能进行检查与检测。

试验判据：试验结束后装置功能性能正常，外观无损伤。

4. 低温贮存试验

试验目的：主要是考察装置在贮存和运输时的耐低温能力。

试验方法：低温贮存试验的目的及方法均与高温贮存试验相同，区别在于试验温度选择-25℃，且对试验过程中的湿度不做要求。

试验判据：试验结束后装置功能性能正常，外观无损伤。

5. 温度变化试验

试验目的：主要是检查装置在运行时对温度快速变化的承受能力。

试验方法如下。

(1) 在温度为 20℃±2℃的试验箱中预热 1h 进行预处理；并对装置基本功能性能进行检测。

(2) 试验期间装置应连续激励并保持工作状态，将任一影响量设定为其基准条件。

(3) 对于户内应用装置温度范围应选择-10～55℃试验条件，对于户外应用装置应选择-40～70℃应用条件，或者选择制造商规定的运行温度范围。温度变化速率应控制在 1℃/min±0.2℃/min，装置暴露在最高温度和最低温度的时间为 3h。试验周期为 5 个循环。

(4) 在试验运行过程中及试验结束后对装置进行功能性能检测。

试验判据：试验过程中及结束后装置功能性能正常。

6. 恒定湿热试验

试验目的：检查装置长期暴露在高湿度大气中的承受能力。

试验方法如下。

(1) 依照制造商产品文件进行预处理，并对装置功能性能进行初始检测。

(2) 试验期间装置应连续激励并保持在工作状态，将任一影响量设定为其基准条件。

(3) 除非有其他要求，试验温度应选择 40℃，偏差±2℃。相对湿度范围为 93%±3%。

(4) 试验时间持续至少 10 天。

(5) 在试验过程中及试验结束后对装置进行功能性能检测。

试验判据：试验过程中装置应正常工作，试验结束后恢复 1h 但不超过 2h，检测装置功能性能正常、绝缘电阻、介质强度等试验。

7. 交变湿热试验

试验目的：与恒定湿热试验相同。

试验方法如下。

(1) 预处理：在温度 25℃±3℃、相对湿度 60%±10%的试验箱中达到稳定；稳定后在 1h 之内应将相对湿度升到不小于 95%，同时温度保持不变。

(2) 对装置基本功能性能进行初始检测。

(3) 与恒定湿热试验方法步骤(2) 相同。

(4) 试验温度选择：低温周期 25℃±3℃；高温周期规定用于户内的设备 40℃±2℃，规定用于户外的设备 55℃±2℃。试验周期按照《电工电子产品环境试验 第 2 部分：试验方法 试验 Db 交变湿热(12h+12h 循环)》(GB/T 2423.4—2008) 图 2a 或图 2b 渐升和渐降。

(5) 试验湿度选择：在较低温度时 97%(+3%，–2%)；在较高温度时 93%±3%。试验循环为按照《电工电子产品环境试验 第 2 部分：试验方法 试验 Db 交变湿热(12h+12h 循环)》(GB/T 2423.4—2008) 图 2a 或图 2b 渐升和渐降。

(6) 单个周期试验持续 24h(较高温度 12h+较低温度 12h)，试验共进行 6 个循环周期。

(7) 在试验过程中及试验结束后对装置进行功能性能检测。

试验判据：试验过程中装置应正常工作，试验结束后恢复 1h 但不超过 2h，检测装置功能性能正常、绝缘电阻、介质强度等试验。

8. 振动响应与振动耐久

试验目的：振动试验主要是考察装置在安装运输、正常运行过程中对于正弦振动的耐受能力。

试验方法如下。

(1) 试验前，在产品规定的基准环境下，对装置功能性能进行初始检测。

(2) 试验时装置应牢固地固定在振动试验台上，装置安装方式应尽量符合现场实际安装方式。

(3) 振动响应试验装置应施加激励量，装置整定值应整定在最高灵敏度上。振动耐久试验不施加激励量，不需检测触点回路。

(4) 试验条件如表 7.8 所示。

(5) 振动响应在试验过程中需对产品功能性能进行检查。

(6) 试验结束后对装置外观、结构件、功能及性能进行检查。

试验判据：试验过程中及结束后装置功能性能正常，试验结束后外观无损坏，结构件无松动与脱落。

9. 冲击和碰撞试验

试验目的：主要是考察装置在安装运输、正常运行过程中对于各类冲击和碰撞的耐受能力。

表 7.8　振动试验条件

试验内容	参数名称	参数	单位	试验过程及合格判据
振动响应	标称频率范围	10～150	Hz	《电气继电器 第 21 部分：量度继电器和保护装置的振动、冲击、碰撞和地震试验 第 1 篇：振动试验（正弦）》（GB/T 11287—2000）
	交越频率范围	58～60	Hz	
	位移振幅	0.035	mm	
	位移加速度	5	m/s^2	
	扫描循环数	1	—	
	试验持续时间	24	min	
	扫描循环时间	8	min	
振动耐久	标称频率范围	10～150	Hz	
	位移加速度	10	m/s^2	
	扫描循环数	20	—	
	试验持续时间	480	min	
	扫描循环时间	8	min	

试验方法如下。

（1）试验前，在产品规定的基准环境下，对装置功能性能进行初始检测。

（2）试验时装置应牢固地固定在振动试验台上，冲击响应试验需要施加辅助及输入激励量。冲击耐受和碰撞试验不加激励量或特征量。

（3）试验条件如表 7.9 所示。

（4）冲击响应在试验过程中需对产品功能性能进行检查。

（5）试验结束后对装置外观、结构件、功能及性能进行检查。

试验判据：与振动响应、振动耐久的试验判据相同。

表 7.9　冲击和碰撞试验条件

试验内容	参数名称	参数	单位	试验过程及合格判据
冲击响应	加速度峰值	49	m/s^2	《量度继电器和保护装置的冲击与碰撞试验》（GB/T 14537—1993）
	脉冲持续时间	11	ms	
	各方向上脉冲数	3	—	
冲击耐受	加速度峰值	147	m/s^2	
	脉冲持续时间	11	ms	
	各方向上脉冲数	3	—	
碰撞	加速度峰值	98	m/s^2	
	脉冲持续时间	16	ms	
	各方向上脉冲数	1000	—	

7.1.4　电磁兼容试验

电磁兼容是指设备或系统在其电磁环境中符合要求运行并不对其环境中的任何设备产生无法忍受的电磁骚扰的能力。因此，电磁兼容包括两个方面的要求：一方面是指设备在正常运行过程中对所在环境产生的电磁骚扰不能超过一定的限值；另一方面是指设备对所在环境中存在的电磁骚扰具有一定程度的抗扰度，即电磁敏感性。

1. 发射

发射主要有辐射和传导两种，其中辐射是干扰源以空间作为媒体把其信号干扰到另一个电网络，而传导是以导电介质作为媒体把一个电网络上的信号干扰到另一个电网络。

在高速系统设计中，集成电路引脚、高频信号线和各类接插头都是 PCB 设计中常见的辐射干扰源，它们散发的电磁波就是电磁干扰（electromagnetic interference，EMI），自身和其他系统都会因此影响正常工作。

发射可以分为外壳端口的辐射发射及辅助电源端口的传导发射，其限值标准分别如表 7.10 与表 7.11 所示。其中，基础标准来源于国际无线电干扰特别委员会（International Special Committee on Radio Interference，CISPR）。

表 7.10　发射试验—外壳端口

<table>
<tr><th>项目</th><th>环境现象</th><th>频率范围</th><th>限值</th><th>基础标准</th></tr>
<tr><td rowspan="2">1.1</td><td rowspan="2">辐射发射
（低于 1GHz）</td><td>30～230MHz</td><td>40dB（μV/m）　准峰值（10m 处）
50dB（μV/m）　准峰值（3m 处）</td><td rowspan="2">CISPR 11</td></tr>
<tr><td>230～1000MHz</td><td>47dB（μV/m）　准峰值（10m 处）
57dB（μV/m）　准峰值（3m 处）</td></tr>
<tr><td rowspan="2">1.2</td><td rowspan="2">辐射发射
（高于 1GHz）</td><td>1～3GHz</td><td>56dB（μV/m）　平均值
76dB（μV/m）　峰值（3m 处）</td><td rowspan="2">CISPR 22</td></tr>
<tr><td>3～6GHz</td><td>60dB（μV/m）　平均值
80dB（μV/m）　峰值（3m 处）</td></tr>
</table>

表 7.11　发射试验—辅助电源端口

<table>
<tr><th>项目</th><th>环境现象</th><th>频率范围</th><th>限值</th><th>基础标准</th></tr>
<tr><td rowspan="2">2.1</td><td rowspan="2">传导发射</td><td>0.15～0.5MHz</td><td>79dB（μV）　准峰值
66dB（μV）　平均值</td><td rowspan="2">CISPR 22</td></tr>
<tr><td>0.5～30MHz</td><td>73dB（μV）　准峰值
60dB（μV）　平均值</td></tr>
</table>

条件试验程序如下。

(1)被试设备的最高内部源指在被试设备内部产生或使用的最高频率，或被试设备工作或调谐的频率。

(2)如果被试设备内部源的最高频率低于108MHz，则测量只进行到1GHz。

(3)如果被试设备内部源的最高频率在108～500MHz，则测量只进行到2GHz。

(4)如果被试设备内部源的最高频率在500MHz～1GHz，则测量只进行到5GHz。

(5)如果被试设备内部源的最高频率高于1GHz，则测量将进行到最高频率的5倍或6GHz，取两者中的较小者。

2. 抗扰度

EMS是指由电磁能量造成性能下降的容易程度。如果将电子设备比喻为人，将电磁能量比作感冒病毒，敏感度就表示是否易患感冒。如果不易患感冒，说明其免疫力强，也即抗电磁干扰性强。

抗扰度试验可以按照外壳及端口类型大致分为：外壳端口、辅助电源端口、通信端口、输入和输出端口、功能地端口。具体要求参照《量度继电器和保护装置 第26部分：电磁兼容要求》(GB/T 14598.26—2015)。

3. 试验配置和程序

试验配置和程序用于规范设备配置及测试过程，相关内容主要分为：辐射发射试验、传导发射试验、静电放电抗扰度试验、辐射抗扰度试验、快速暂态抗扰度试验、慢速阻尼振荡波抗扰度试验、浪涌抗扰度试验、传导干扰抗扰度试验、工频抗扰度试验、工频磁场抗扰度试验、电压暂降和电压中断试验、电压纹波试验、缓降和缓升试验。具体要求参照《量度继电器和保护装置 第26部分：电磁兼容要求》(GB/T 14598.26—2015)。

4. 验收准则

1)发射验收准则

如果在试验中传导和辐射发射的值不超过其对应限值，则认为被试设备符合本部分的规定。

实践证明，来自相同模块的发射是不叠加的，这个不叠加原理可以用于由多个相同的量度继电器构成的保护装置。

2)抗扰度验收准则

参照《量度继电器和保护装置 第26部分：电磁兼容要求》(GB/T 14598.26—2015)。

7.1.5 电气性能和安全规范试验

1. 绝缘试验

试验目的：主要是检查装置的绝缘防护能力，绝缘电阻的测量可以作为环境试验之后的一个试验进行，以保证绝缘没有因施加的试验超出强度而被削弱。

试验方法如下。

(1)试验过程中不施加激励量和电源，测量电压直接施加于设备端子。

(2)除另有规定外，对下列部位进行试验：①每个电路和可接近的导电部分之间，每个独立电路的端子连接在一起；②独立电路之间，每个独立电路的端子连接在一起。

(3)在施加 500V(允许偏差±10%)的直流电压达到稳态值并至少 5s 之后再确定绝缘电阻。

试验判据：对于新的设备，施加直流 500V 电压时的绝缘电阻不应小于 100MΩ(当 EMC 抑制或其他功能元件以并联方式连接于被试电路时，可采用较低的绝缘电阻值)。经过湿热型式试验且恢复 1～2h 后，在基准环境下施加直流 500V 电压时的绝缘电阻不应小于 10MΩ。

2. 介质强度试验

试验目的：主要是检验装置对暂态过压的耐受能力、绝缘的长期耐受能力，同时检验电气间隙及爬电距离。

试验方法如下。

(1)试验部位选择参考绝缘电阻试验。如果适用，动合触点的介质电压耐受按制造商声明的试验电压进行。如果安装了瞬态抑制器件，不对触点进行试验。试验中未涉及的电路应连接在一起并接地。

(2)试验电压选择参考表 7.12。对于由仪用互感器直接激励或连接于站内电源的电路，试验电压不应小于 2.0kV(有效值)，历时 1min。试验电压推荐选用工频交流电压，若采用直流电压试验，其值应为规定工频交流电源的 $\sqrt{2}$ 倍。

表 7.12 试验电压选择

额定绝缘电压/V	交流试验电压(测试时间 1min)/kV
≤63	0.5
125～500	2.0
630	2.3
800	2.6
1000	3.0

(3)对于型式试验，试验发生器的开路电压应在0V时施加到设备上。试验电压应以不可引发可感知的瞬变方式平稳地上升至规定值，并应保持至少1min，然后应尽可能快地平稳降至零。对于例行试验，试验电压可以保持至少1s。在此情况下，试验电压应比所规定的1min型式试验高出10%。

试验判据：试验期间不出现击穿和闪络；允许出现不超过规定的最大试验电流的局部放电。

3. 冲击电压试验

试验目的：主要是检验装置对过电压的耐受能力，同时检验电气间隙和爬电距离。

试验方法如下。

(1)试验采用完整的装置，处于干燥和无自热状态，不施加激励量和直流电源。如果安装了浪涌抑制器件，试验时不应移除。试验部位选择参考绝缘电阻试验。

(2)试验电压选择：试验波形为1.2/50μs标准雷电波，回路额定绝缘电压≤63V时，试验电压值选取1000V；回路额定绝缘电压为63～250V时，试验电压值选取5000V。

(3)试验中未涉及的电路应连接在一起并接地。

试验判据：试验期间不应出现破坏性放电(火花、闪络或击穿)。未造成击穿的电气间隙的局部放电可被忽略。试验完成后，设备应满足所有相关的性能要求。

相关参考标准如下。

(1)《继电保护和安全自动装置通用技术条件》(DL/T 478—2013)。

(2)《量度继电器和保护装置 第27部分：产品安全要求》(GB/T 14598.27—2017)。

7.2　就地安装的保护装置试验

7.2.1　IP防护试验

试验目的：对于就地安装的防护试验，重点考虑高等级IP防护的防尘及防水试验，此处仅介绍IP5X、IP6X、IPX6、IPX7，各防护等级含义如表7.13所示。更高等级的IP防护试验在应用现场出现的概率较低，不在此处讨论范围内。

表 7.13　各防护等级含义

防护等级	防护要点	含义
IP5X	防尘	不能完全防止尘埃进入，但进入的灰尘量不得影响装置的正常运行，不得影响安全
IP6X	防尘	无灰尘进入
IPX6	防水	向外壳各个方向强烈喷水无有害影响
IPX7	防水	浸入规定压力的水中经规定时间后外壳进水量不至达有害程度

防尘试验方法如下。

(1)在防尘试验箱中进行。

(2)对于正常工作周期外壳内的气压低于周围大气压力的装置(对于 IP6X 均认为是此类装置)，被试外壳放在试验箱内，壳内压力用真空泵保持低于大气压。抽气孔应连接到专为试验设置的孔上。如果专门的产品标准没有规定，这个孔应设在紧靠易损部件的位置。抽气量为 80 倍被试外壳容积，抽气速度每小时不超过 60 倍外壳容积。压差不得超过 2kPa。如果抽气速度为每小时 40～60 倍外壳容积，则试验进行 2h。如果最大压差为 2kPa，而抽气速度低于每小时 40 倍外壳容积，则应连续抽满 80 倍容积或抽满 8h 后，试验才可停止。

(3)对于正常工作周期外壳内的气压与周围大气压力相同的装置，不需要真空泵抽气，试验持续 8h。

防尘试验判据：IP5X，试验后观察滑石粉沉积量及沉积地点，如果与其他灰尘一样，不足以影响设备的正常操作或安全，即认为试验合格。除非有关产品标准明确规定了特例，在电痕化处不允许有灰尘沉积。IP6X，试验后壳内无明显的灰尘沉积，即认为试验合格。

防水试验方法如下。

(1)在防水试验箱中进行。

(2)IPX6：使用标准试验喷嘴在所有可能的方向对被试外壳喷水。试验条件：①喷嘴内径 12.5mm；②水流量(100±5)L/min。

(3)水压：按规定水流量调节。

(4)主水流的中心部分，离喷嘴 2.5m 处直径约为 120mm 的圆。

(5)外壳表面每平方米喷水时间：约 1min。

(6)试验时间：最少 3min。

(7)喷嘴至外壳表面距离：2.5～3m。

(8)IPX7：被试外壳按生产厂规定的安装状态全部浸入水中。满足以下条件：①高度小于 850mm 的外壳的最低点应低于水面 1000mm；②高度等于或大于 850mm 的外壳最高点应低于水面 150mm；③试验持续时间 30min；④水温与试样温差不大于 5K；⑤试验过程中装置带电并施加激励。对装置功能性能进行检验，试验后观察外壳内部是否有进水。

防水试验判据：装置功能性能正常，试验后装置外壳内部无进水。

7.2.2　内部器件温升试验

试验目的：主要验证产品内部元器件所处的运行环境是否满足应用要求，为产品整体寿命评估提供依据。

试验方法如下。

(1)测试点的选择：①通过设计人员评估，主要针对对温度敏感的器件、有温度寿命的器件、核心元器件、功率器件及其他需要重点关注的元器件。②通过预测试选点，待运行稳定后，使用红外测温仪测试插件元器件的温度(可能需要辅助工装)，选取其中温度较高、风险较大的位置进行测试。

(2)将热电偶测温仪使用导热胶粘贴到测试点，注意导热胶不宜过多进而影响芯片原本的散热模式。

(3)热电偶测温仪安装完成后，装置上电运行。观察装置各测温点，待装置内部温度稳定后，即 1h 温度变化不超过 2℃，开始记录各测试点温度。

(4)如果是进行高低温温升测试，将被测设备放置在温箱中进行相关试验，其他测试方法相同。

(5)对于数据分析，首先要确认产品的应用环境或者限制应用环境，确认产品可能使用的最高环境温度，根据温升计算出内部器件或空气的最高温度。

红外热像仪预测试选点与热电偶测温仪精确测试如图 7.4 和图 7.5 所示。

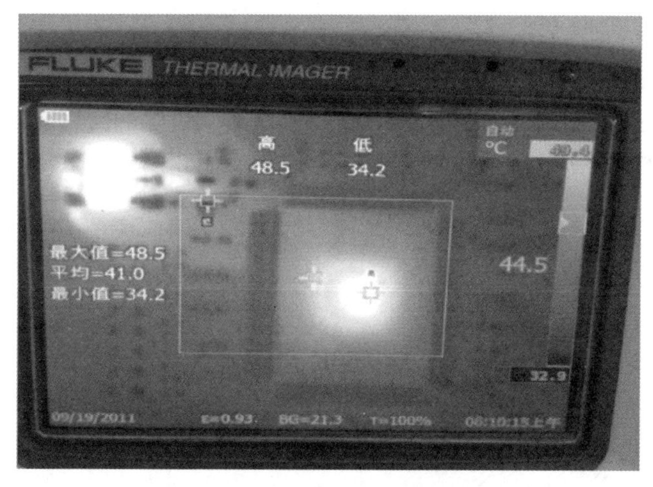

图 7.4　红外热像仪进行预测试选点

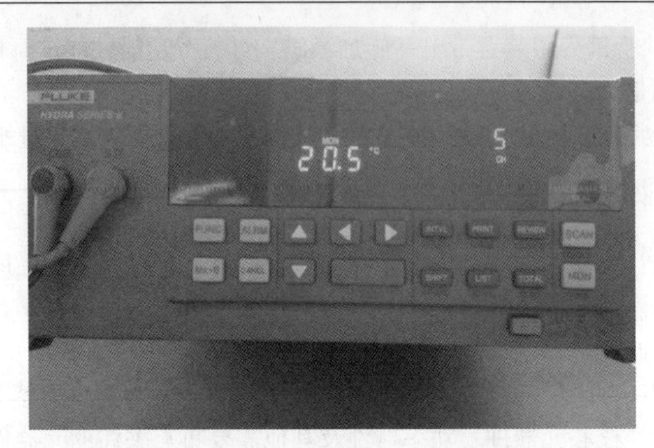

图 7.5　使用热电偶测温仪进行精确测试

试验判据如下。

(1) 若产品温升有行标或企标要求，可根据相关要求进行直接判定。

(2) 根据结温进行判定，这是比较精确的判定方法，一般 CPU、功率器件芯片手册中会提供结温要求及热阻值，根据测试结果进行计算，结温要求需至少降额 20%使用(即计算结温不高于额定结温的 80%)。

(3) 根据元器件使用环境温度进行判定，大多数芯片会提供使用环境温度建议范围。根据元器件寿命进行计算与判定。

7.2.3　太阳辐射试验

试验目的：主要验证装置受太阳辐射影响的程度。

试验方法如下。

(1) 试验在太阳辐射试验箱中进行。

(2) 辐照度不低于 1120W/m^2。

(3) 试验程序选择，当主要关注热效应时，模拟最严酷的自然条件，推荐采用如图 7.6 所示的程序：周期 24h(8h 辐照，16h 黑暗)，按相关产品要求进行重复试验。

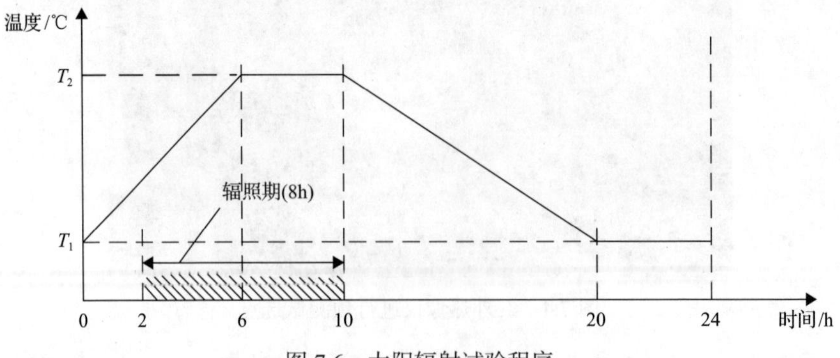

图 7.6　太阳辐射试验程序

(4)试验过程中及结束后对装置各项功能性能进行检查。

试验判据：试验过程中及结束后装置功能性能正常，装置涂层无明显劣化及破裂现象，电缆覆盖层无开裂及碎裂现象，颜色与初始状态无明显色差。

7.2.4 跌落与锤击

1. 跌落试验

试验目的：主要考察装置对运输/搬运过程中跌落的防护能力，分为带包装及不带包装跌落试验。

试验方法如下。

(1)试验表面应该是混凝土或钢制成的平滑、坚硬的刚性表面。

(2)试验过程中装置不施加激励和电源。

(3)跌落高度选择要依据装置的运输或者安装方式，参考标准选择合理的试验高度。

(4)跌落点的选择：选择同一面上的四个点，以及同一点相连的三个面进行跌落试验，每个点(面)跌落2次。

(5)试验结束后检查装置外观是否受损、结构件是否脱落等。同时检查各类功能性能是否正常。

试验判据：试验结束后装置功能性能正常，外观正常，结构件无脱落。对于无包装试验的可修复损伤，一般认为是可以接受的。

2. 锤击试验

试验目的：主要考察装置对异物撞击的防护能力。

试验方法如下。

(1)锤击能量选择：主要考虑现场应用可能产生的撞击能量，对于户外安装的保护设备，推荐不低于20J。

(2)参考相关规范规定，对试验样品进行外观、尺寸及功能检测。

(3)撞击过程中装置应上电工作，以考察撞击发生时装置是否出现误动作。但需要考虑可能出现的安全隐患并采取措施。

(4)撞击位置根据安装方式选择最有可能产生撞击的部位。

(5)每个部位撞击次数不低于5次。

(6)撞击完成后检查装置外观是否损伤，结构件是否脱落，同时验证相关功能性能是否满足要求。

试验判据：试验结束后装置功能性能正常，外观损伤但不影响功能时一般认为可接受，结构件无脱落。

参考的相关标准如下。

(1)《外壳防护等级(IP 代码)》(GB/T 4208—2017)。

(2)《环境试验 第 2 部分 试验方法 试验 Sa：模拟地面上的太阳辐射及其试验导则》(GB/T 2423.24—2013)。

7.3 保护装置可靠性强化试验

7.3.1 高加速寿命试验

高加速寿命试验(highly accelerated life test，HALT)指通过逐步增强施加在试验样品上的试验应力(如温度、振动、快速温变及振动综合应力等)，确定产品的耐受应力极限的试验。

试验目的：通过发现产品缺陷，不断改进提升产品耐受应力以提高产品的可靠性。

HALT 的试验项目及试验顺序：①低温步进应力试验；②高温步进应力试验；③快速温变循环试验；④振动步进应力试验；⑤快速温变循环与振动步进综合应力试验。

试验样品应满足以下要求。

(1)所有的试验样品应有唯一性标识。

(2)所有被测试的试验样品硬件相同(同一批次)，软件版本相同。

(3)应有足够数量的备用品，以防测试时有任何无法立即修复的故障发生。

1. 低温步进应力试验

(1)以继电保护装置相关技术规范规定的最低运行温度为起始温度，开始试验。

(2)以一定的温度步进值进行降温，推荐温度步进值为 5K 或 10K，降温时的温度变化速率推荐不小于 60K/min。

(3)在每个温度阶梯，当试验样品各测量部位温度稳定后(若具备条件，宜对试验样品内部进行温度监测)进行性能测试，温度阶梯持续时间为试验样品各测量部位温度稳定后至少 15min(若 15min 内性能测试未完成，应延长温度阶梯持续时间直至性能测试结束)。

(4)重复步骤(2)和(3)，确定试验样品的低温工作极限。

(5)继续步进应力试验，直至确定试验样品的低温破坏极限。

低温步进应力试验曲线如图 7.7 所示。

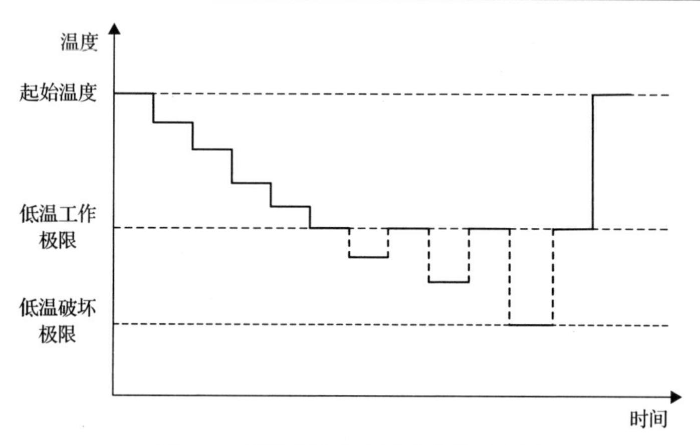

图 7.7　低温步进应力试验曲线示意图

2. 高温步进应力试验

(1) 以继电保护装置相关技术规范规定的最高运行温度为起始温度，开始试验。

(2) 以一定的温度步进值进行升温，推荐温度步进值为 5K 或 10K，升温时的温度变化速率推荐不小于 60K/min。

(3) 在每个温度阶梯，当试验样品各测量部位温度稳定后(若具备条件，宜对试验样品内部进行温度监测)进行性能测试，温度阶梯持续时间为试验样品各测量部位温度稳定后至少 15min(若 15min 内性能测试未完成，应延长持续时间直至性能测试结束)。

(4) 重复步骤(2)和(3)，确定试验样品的高温工作极限。

(5) 继续步进应力试验，直至确定试验样品的高温破坏极限。

高温步进应力试验曲线如图 7.8 所示。

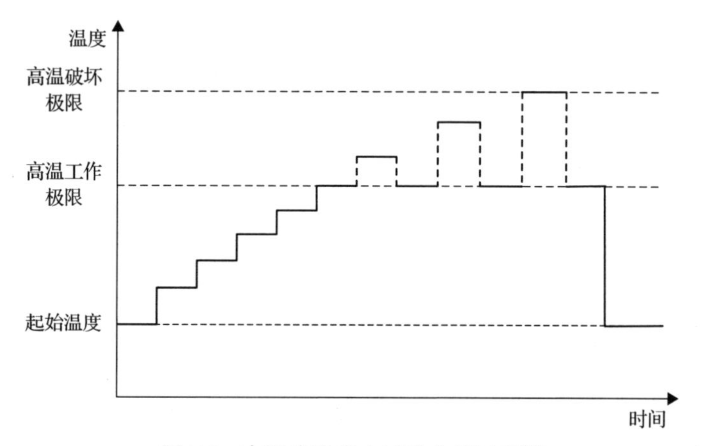

图 7.8　高温步进应力试验曲线示意图

3. 快速温变循环试验

(1) 确定高温和低温温度值：高温温度值=高温工作极限–5K，低温温度值=低温工作极限+5K。

(2) 以不小于 60K/min 的温度变化速率进行温变循环试验。

(3) 在每个循环的高、低温持续期间，当试验样品各测量部位温度稳定后(若具备条件，宜对试验样品内部进行温度监测)进行性能测试，高、低温持续时间为试验样品各测量部位温度稳定后至少 15min(若 15min 内性能测试未完成，应延长高、低温持续时间直至性能测试结束)。

(4) 试验应进行至少 5 个循环。

快速温变循环试验曲线如图 7.9 所示。

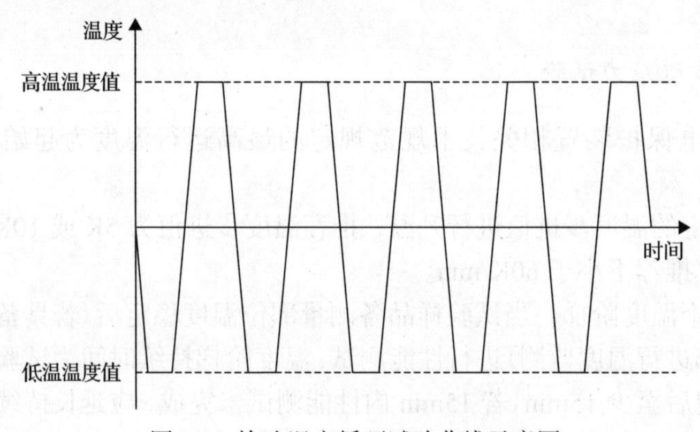

图 7.9　快速温变循环试验曲线示意图

4. 振动步进应力试验

(1) 确定起始振动量级和步进值：起始振动量级为 10grms(grms 表示一段时间内均方根的加速度)，步进值为 5grms。

(2) 先以设定的振动量级进行耐久振动，振动时间为 10min，接着在振动持续状态中进行性能测试，振动持续状态的时间至少 15min(若 15min 内性能测试未完成，应延长持续时间直至性能测试结束)。

(3) 以步进值增加振动量级。

(4) 重复步骤(2)和(3)，确定试验样品的振动工作极限。

(5) 继续步进应力试验，直至确定试验样品的振动破坏极限。

振动步进应力试验曲线如图 7.10 所示。

5. 快速温变循环与振动步进综合应力试验

(1) 按本节第 1、2 部分的规定确定试验中的高、低温温度值。

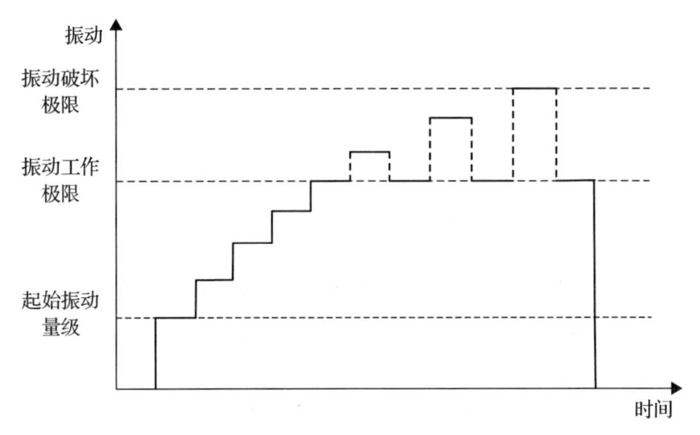

图 7.10 振动步进应力试验曲线示意图

(2)起始振动量级取为振动工作极限的 1/*N*(*N* 代表应力循环的数量)，此后在每个温变循环周期中振动量级递增，步进值为起始振动量级，若振动步进试验中未能确定样品的振动工作极限，则试验以试验装置最大振动输出量级的 1/*N* 开始并递增。

(3)每个温变循环中,高、低温持续时间为试验样品各测量部位温度稳定后(若具备条件，宜对试验样品内部进行温度监测)至少 15 min。

(4)每个振动量级的持续时间等于温变循环的持续时间,在每个振动量级持续 10min 后进行性能测试，每个温变循环至少包含一次完整的性能测试。

(5)试验应进行至少 5 个循环。

快速温变循环与振动步进综合试验曲线如图 7.11 所示。

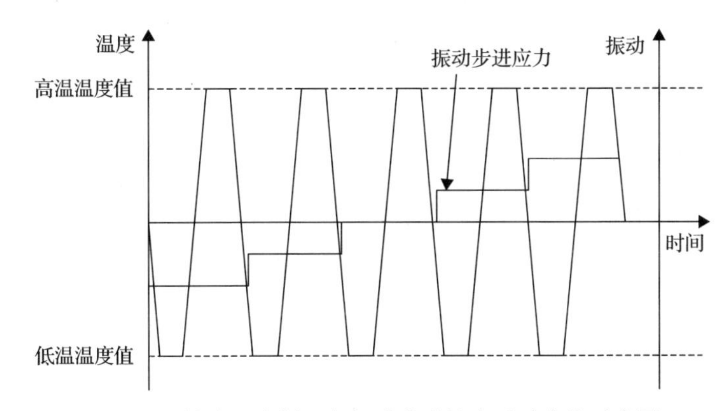

图 7.11 快速温变循环与振动步进综合试验曲线示意图

试验判据：HALT 的目的是发现缺陷并加以改进，试验判据可参考《继电保护装置高加速寿命试验导则》(NB/T 10681—2021)附录 B 的要求，或者由厂家自行确定。

7.3.2　快速暂态过电压试验

试验目的：快速暂态过电压(very fast transient overvoltage，VFTO)试验主要是模拟现场一次开关拉合闸产生的过电压应力，通过地线耦合到装置，验证装置对于此类强干扰的耐受性能，以确保装置在现场可以稳定运行。

试验方法如下。

(1)拉合闸试验电压等级为 110kV/220kV/500kV/1000kV。

(2)在额定电压等级下，操作隔离开关进行 5 次隔离刀闸分合试验，每次刀闸分合之间的间隔时间为 1min。

(3)试验样品距离气体绝缘封闭组合电器(GIS)应小于等于 1m。

(4)试验样品应可靠接地，试验样品的接地线连接到接地铜排接地线的长度应小于等于 1m。

(5)试验开始前对装置功能性能进行检查。

(6)试验过程中应持续施加激励量，考察装置在试验过程中是否会发生误动、拒动现象；全程监控通信，确保通信在试验过程中不会出现中断现象。

(7)试验时人员及辅助设备应位于中控室内，抗干扰性能较差的辅助设备应采取隔离措施，试验过程中任何人不得进入试验现场。

(8)试验结束之后对装置功能性能进行检查。

试验判据：相关合格判定标准可参考电磁兼容试验。

7.3.3　长期老化寿命试验

试验目的：长期老化寿命试验是指通过长期施加温度、湿度或高低温循环应力，验证产品使用寿命年限，同时发现产品试验过程中的问题并加以整改，以提升产品可靠性及运行寿命。

试验方法如下。

(1)确定寿命年限：可参考相关规范要求或者与用户协商确定。

(2)确定应力类型：结合装置实际运行环境，一般情况下主要考虑高温/高低温循环。具体以何种方式开展长期老化寿命试验，应根据产品运行条件及失效原因确定，如室内带空调产品主要考虑高温，户外产品主要考虑温变循环应力。

(3)未加速试验时间计算：根据寿命年限、样品数量、装置失效分布及置信限，确定装置在不经加速情况下的试验时间。

(4)确定实际测试时间：通过未加速试验时间除以加速因子得到实际测试时间。

(5)试验开展：开始运行后，定期对产品功能性能进行检查；如果发现产品工作极限下降，如最初在 120℃的高温条件下设备可以正常运行，但试验一段时间后，工作极限下降到 110℃，则需要及时调整方案并重新计算试验时间。测试截止时间到达后，应对装置做一次全面的功能性能检查，并拆开装置内部，对内部插件、元器件、线缆做一次全面检查。

试验判据：规定的试验时间内装置功能性能/产品试验寿命满足现场应用需求。

参考以下相关文件。

《数字电视接收及显示设备可靠性试验方法》(SJ/T 11325—2006)。

《统计分布数值表 X^2 分布》(GB 4086.2—1983)。

《数字通信设备的可靠性要求和试验方法》(GB/T 13426—1992)。

《电工电子产品加速应力试验规程　高加速寿命试验导则》(GB/T 29309—2012)。

《寿命试验和加速寿命试验的图估计法(用于威布尔分布)》(GB/T 2689.2—1981)。

《继电保护装置高加速寿命试验导则》(NB/T 10681—2021)。

第 8 章　芯片化保护工程应用

8.1　二次系统架构

8.1.1　基本原则

1. 装置芯片化

芯片化[1]保护的架构设计应实现功能的集成化，满足芯片化 SoC 设计理念。

(1) 芯片化保护装置应通过多核异构芯片实现功能集成化。

(2) 芯片化保护装置的 IP 应自主可控，并保证安全可靠、充分且完善。

(3) 继电保护 SoC 芯片应支持相关硬件接口，包括存储类(DDR/FLASH)接口、高速通信类(以太网/纵差)接口、低速串口通信类(GPS 对时/打印等)接口、BIO(binary input/output，二进制输入输出)信号类(启动、告警、复归等控制信号，开入/开出信号)接口、模拟量类接口等。

(4) 常用电力算法应基于 IP 实现，保证保护装置相关性能的一致性，如网络通信(通信报文解码、对时、风暴过滤等)、前置数据处理(插值算法、滤波算法、同步算法等)、电气参量计算(相序量、谐波计算、傅里叶计算等)或数据管理(数据压缩等)等算法。

(5) 继电保护 SoC 芯片的不同核之间应基于业务的特征区分实时处理核和非实时处理核，其中实时核运行实时操作系统，处理实时业务，包括保护跳闸、测控、计量、合并单元、智能终端等业务；非实时核运行非实时操作系统，处理非实时业务，包括保护启动、人机接口操作以及其他非实时业务。

2. 网络直采

芯片化保护的架构设计应采用“网采网跳”信息交互模式，满足“网络化”设计理念。

(1) 芯片化保护设备通过网络形式获取电流、电压 SV 报文。

(2) SV 报文和 GOOSE 报文共处同一网络，并且使用同源双网架构进行传输。

(3) SV 报文的网络传输过程应支持延时可测，保证 SV 报文的同步性。

3. 装置小型化

芯片化保护装置的设计应采用集中式模式，满足“小型化”设计理念。

(1) 通用芯片化保护装置采用标准 19/2in 宽度 4U 高度结构设计，保证同层两套装置独立拆装的简便性。

(2) 高防护芯片化保护装置采用 IP67 结构设计，采用就地安装于端子箱侧的安装形式，应能保证运维便携性。

4. 即插即用

芯片化保护装置应实现输入输出硬件接口的标准化，满足“即插即用”设计理念。

(1) 通用芯片化保护装置通信接口采用标准的 LC 光纤接口设计。

(2) 高防护芯片化保护装置通信接口采用标准的预制光缆/电缆接口设计。

8.1.2　配置方案

1. 线路保护配置

1) 220kV 及以上电压等级

(1) 按间隔配置双套芯片化线路保护装置。

(2) 延时可测交换机按双套数量配置。

(3) 按间隔配置双套合并单元和智能终端。

2) 110kV 电压等级

(1) 按间隔配置单套芯片化线路保护装置。

(2) 延时可测交换机按双套数量配置。

(3) 按间隔配置单套合智一体装置。

3) 35kV 及以下电压等级

(1) 按间隔单套配置。

(2) 就地安装于开关柜或智能控制柜中。

2. 主变压器(主变)保护配置

1) 220kV 及以上电压等级

(1) 每台主变配置双套主后一体芯片化主变保护装置。

(2) 延时可测交换机按双套数量配置。

(3) 每台变压器 220kV 及以上电压等级按侧配置双套合并单元和智能终端，且合并单元兼顾采集间隙电流和零序电流的功能(500kV 变压器配置 2 套主变本体合并单元，用于采集间隙电流和零序电流)。

(4) 每台配置双套本体智能终端，其中一套兼顾非电量保护功能。

2) 110kV 电压等级

(1)每台主变配置双套主后一体芯片化主变保护装置。

(2)延时可测交换机按双套数量配置。

(3)每台主变按侧配置双套合智一体装置，且高压侧合智一体装置兼顾采集间隙电流和零序电流功能。

(4)每台主变配置双套本体智能终端，其中一套兼顾非电量保护功能。

3) 35kV 及以下电压等级

(1)按间隔单套配置。

(2)就地安装于开关柜或智能控制柜中。

3. 母线保护配置

1) 220kV 及以上电压等级

(1)芯片化母线保护装置按双套配置，母联保护集成于母线保护。

(2)延时可测交换机按双套数量配置。

(3)配置双套母线合并单元，按间隔配置单套母线智能终端。

2) 110kV 电压等级

(1)芯片化母线保护装置按单套配置，母联保护集成于母线保护。

(2)延时可测交换机按双套数量配置。

(3)配置双套母线合并单元，按间隔配置单套母线智能终端。

4. 测控配置

1) 220kV 及以上电压等级

按间隔配置单套芯片化测控装置。

2) 110kV 电压等级

按间隔配置单套芯片化测控装置。

3) 35kV 及以下电压等级

测控功能集成于芯片化保护装置中，不独立配置。

8.2 芯片化保护组网

目前，智能变电站过程层信息报文的传输方式主要分为点对点传输和组网传输两种。点对点传输方式的数据流稳定、延时稳定且不依赖于外部时钟，但与此同时，它也有两大劣势：①信息共享不充分；②保护设备硬件接口数量过多，尺寸较大。因此，基于小型化和智能化的需求，芯片化保护采用组网传输方案。

8.2.1　组网方案

220kV 智能站通用系列芯片化保护组网方案如图 8.1 所示，110kV 智能站通用系列芯片化保护组网方案如图 8.2 所示，基本原则如下。

(1)对于 220kV 智能站通用系列：220kV 线路、母线和变压器保护按双套配置；110kV 线路保护、母线保护按单套布置；均通过组屏方式安装于保护小室；220kV 线路、变压器高压侧配置双套合并单元和智能终端，变压器中、低压侧配置双套合智一体装置，110kV 线路配置单套合智一体装置。

(2)对于 110kV 智能站通用系列：变压器保护按双套配置；110kV 线路保护、母线保护按单套布置；均通过组屏方式安装于保护小室；变压器高、低压侧配置双套合智一体装置，110kV 线路配置单套合智一体装置。

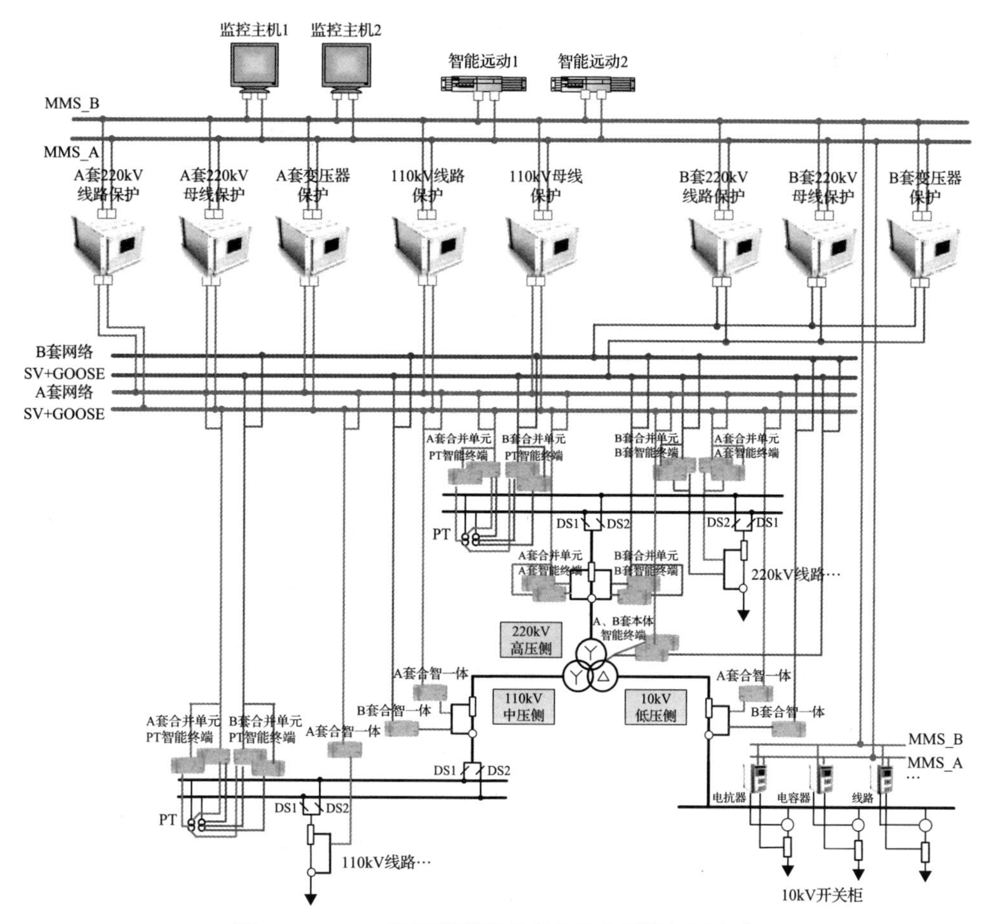

图 8.1　220kV 智能站通用系列芯片化保护组网方案

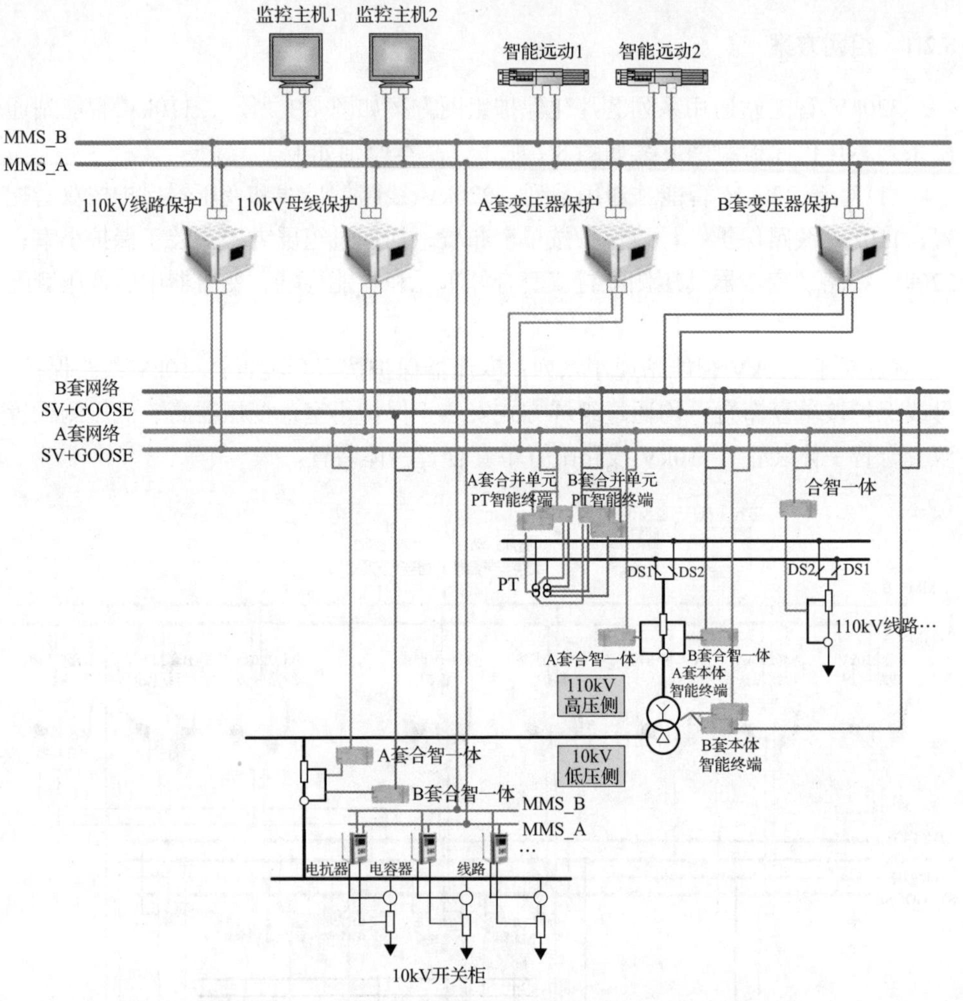

图 8.2　110kV 智能站通用系列芯片化保护组网方案

(3) 110kV 及以上电压等级保护整体组网方案采用“三层两网”结构，即站控层、间隔层和过程层。站控层网络采用 MMS 报文进行通信，过程层采用 SV 报文和 GOOSE 报文进行通信，并通过延时可测交换机进行组网方式信息传输，且传输网络为同源双网网络架构。

(4) 35kV 及以下电压等级保护装置组网方式为电缆采样、电缆跳闸，安装于开关柜或室外智能控制柜，与现有智能站组网方案保持一致。

(5) MMS 单独组网，SV 和 GOOSE 报文共处同一网络，A 套保护装置和 B 套保护装置各自形成独立的通信网络。

(6) 双套母线 PT 合并单元通过保护信息网络 (SV+GOOSE) 分别向各间隔合并单元传递母线电压信息，各间隔合并单元通过电压切换功能为变压器保护装置和线路保护装置传递级联电压信息。

8.2.2　延时可测技术

目前，保护装置之间传递的数据主要分为 SV 报文和 GOOSE 报文。组网方式的信息传输途径为交换机。虽然交换机的使用能够使网络内部信息的共享更便捷、网络的拓扑结构更简明，但是使用交换机也带来了一些问题。其中最主要的问题是 SV 报文在网络中的传输延时不确定，原因是：①过程层网络中存在多路来自不同合并单元的 SV 报文，这些报文在网络的传输过程中会在交换机网口产生排队现象；②SV 报文经过交换机传输后会引入延时抖动。SV 报文传输延时不确定带来的直接后果是保护装置采样不准确，保护算法结果出现误差，进而故障时可能导致误动或者拒动。

为解决 SV 报文组网传输时，交换机引入延时的不确定性和传输延时的抖动问题，目前智能变电站普遍使用外部高精度时钟源提供绝对时标来实现过程层 SV 采样数据信息的同步，其通常采用 GPS 脉冲对时、IRIG-B 码对时或 IEEE1588 对时等技术实现网络上设备的同步。并且为了保证时钟源的可靠工作而需要采取双配置，同时需要合并单元具有一定的守时功能来应对失去时钟源的极端状况。所以，对外部时钟源的依赖性问题成为 SV 报文组网传输方式的一个弊端。

为同时解决延时不确定性和对外部时钟源的依赖性问题，组网通信方式需要采用延时可测技术。其具体技术原理和要求如下。

1）延时可测技术原理

信息的组网通信方式所带来的传输延时主要分为光纤链路延时和交换机转发延时。智能变电站中采用组网方式将 SV 报文从 MU 传输到 IED 的过程中，SV 报文会经过 1 级或多级交换机。由于光纤路径非常短，工程实践中一般忽略 SV 报文在光纤上的传输延时，而重点测量 SV 报文在交换机中的存储转发延时。

延时可测技术利用 SV 报文中的保留字段（Reserved）记录交换机的存储转发累加延时，其数据帧格式如表 8.1 所示。

表 8.1　SV 数据帧交换延时标注格式

目的 MAC 源 MAC （12B）	以太网 （2B）	APPID （2B）	PDU 长度 （2B）	保留字段（4B）				APDU
				位 31	位 30	位[29-24]	位[23-0]	
—	0x88BA	—	—	Test	OVF	保留	ART	

注：Test，检修标志位；OVF，溢出标志位；ART，交换延时累加值。

2）延时可测技术要求

（1）ART 的分辨率为 8ns，字长为 24bit，最大值为 0xFFFFFF（134217720ns）。

⑵交换机仅对符合《电力自动化通信网络和系统 第 9-2 部分：特定通信服务映射(SCSM)-基于 ISO/IEC 8802-3 的采样值》(DL/T 860.92—2016)规定的 SV 数据帧进行交换时延的累加。

⑶默认情况下，OVF 置为 0。

⑷当交换机检测到累加本机交换延时后会导致 ART 值的溢出，或交换机由于硬件故障等无法完成交换延时累加功能时，将 OVF 置 1，ART 值保持不变。

⑸由于交换延时累加功能和 IEC 62351-6、IEC 62351-7 都使用 SV 数据帧的保留字段，出于兼容性考虑，当使用 IEC 62351 功能时，交换机将 OVF 标志位置 1，保留字段保持不变。

⑹交换机检测到 OVF 为 1 时，保持 SV 数据帧的保留字段不变。

⑺SV 数据帧长度为 64～1522B，交换机端口线速转发时，交换延时累加功能正常工作。

8.2.3 同源双网技术

目前，为了保证信息组网传输的可靠性，基于 SoC 系统硬件设计架构，芯片化保护装置采用同源双网技术，即合并单元采用双 AD 采样技术，将 AD1 和 AD2 的数据同时封装于标准的 SV 报文帧中，并且为防止通信链路出现故障，信息通过双重网络传输至保护装置。

1. 双网切换机制

⑴SV 双网均正常时，保护装置同时接收来自双网的合并单元数据，依据双网中各合并单元采样延时(合并单元自身采样延时+交换机存储转发延时)对采样数据进行独立的插值运算，并优先采用 A 网插值结果及相关品质位进行保护逻辑判别，B 网数据作为冗余备用。

⑵SV 双网运行过程中，当 A 网某一间隔出现采样数据异常(如通道中断)时，双网切换过程如下。

①若 B 网该间隔数据正常，则 A 网该间隔数据不再使用，保护装置实时采用 B 网相应间隔采样数据插值结果及相关品质位进行保护逻辑运算。由于 A、B 网插值时刻相同，该过程为无缝切换，保护功能持续正常开放，保护装置无运行异常告警信号。当 A 网恢复正常后，保护装置切换回 A 网数据进行保护逻辑判别。

②若 B 网该间隔数据异常，则不进行 SV 网络切换，保护装置报相应间隔数据无效信息，并触发运行异常告警信息，同时对相关保护功能进行处理。

⑶SV 双网运行过程中，当 B 网某一间隔出现采样数据异常(如通道中断)时，双网切换过程如下。

①若 B 网该间隔数据异常前，A 网该间隔数据正常，由于保护装置优先使用

A 网数据，B 网数据异常时，无 A、B 网切换过程，无运行异常告警信息。

②若 B 网该间隔数据异常前，A 网该间隔数据也异常，保护装置无 A、B 网切换过程，报相应间隔数据无效信息，并触发运行异常告警信息，同时对相关保护功能进行处理。

③SV 双网运行过程中，当 A、B 网同时出现异常时，保护装置无 A、B 网切换过程，报相应间隔数据无效信息，并触发运行异常告警信息，同时对相关保护功能进行处理。

2. 插值技术

由于各间隔模拟量数据采样延时和交换机存储转发延时均不一致，为了保证保护装置算法的正确性，单间隔保护需要对电流电压数据进行同步，跨间隔保护需要对各间隔的电流电压数据进行同步。目前，智能变电站广泛使用的同步方式有脉冲同步法、IEEE1588 协议同步法和插值法[2]。插值法无须硬件支撑，因此获得了更为广泛的应用。以下为常用插值法。

1) 拉格朗日(Lagrange)插值公式

n 阶 Lagrange 插值是根据 n 阶插值基函数确定的多项式线性插值方法。完备多项式 $\theta_{n+1}(t)$ 及其在 t_k 处的导数 $\theta'_{n+1}(t_k)$ 为

$$\begin{aligned}&\theta_{n+1}(t)=(t-t_0)(t-t_1)\cdots(t-t_n)\\&\theta'_{n+1}(t_k)=(t_k-t_0)(t_k-t_1)\cdots(t_k-t_{k-1})(t_k-t_{k+1})\cdots(t_k-t_n)\end{aligned} \tag{8.1}$$

式中，t 为插值点处的时刻值；t_k 为第 k 点采样时刻值。

则插值函数 $L_n(t)$ 为

$$L_n(t)=\sum_{i=1}^{n} i(t_i)\frac{\theta_{n+1}(t)}{(t-t_i)\theta'_{n+1}(t_i)} \tag{8.2}$$

式中，$i(t_i)$ 为时刻 t_i 时的电流采样值，当 n=1, 2 时，分别对应于智能变电站常用的线性插值算法和抛物线插值算法。

2) 牛顿插值公式

设有函数 $f(x)$，已知其 n+1 个插值节点为 (x_i, y_i)，$i=0,1,\cdots,n$，定义 $f(x)$ 在 x_i 的零阶差商为 $f(x_i)$。

$f(x)$ 在点 x_i 与 x_j 的一阶差商为

$$f(x_i,x_j)=\frac{f(x_j)-f(x_i)}{x_j-x_i} \tag{8.3}$$

$f(x)$ 在点 x_i、x_j、x_k 的二阶差商为

$$f(x_i,x_j,x_k)=\frac{f(x_j,x_k)-f(x_i,x_j)}{x_k-x_i} \tag{8.4}$$

一般地，$f(x)$在$x_0, x_1, \cdots, x_k$的k阶差商为

$$f(x_0,x_1,\cdots,x_k)=\frac{f(x_1,x_2,\cdots,x_k)-f(x_0,x_1,\cdots,x_{k-1})}{x_k-x_0} \tag{8.5}$$

可将k阶差商表示为

$$f(x_0,x_1,\cdots,x_k)=\sum_{i=0}^{k}\frac{f(x_i)}{\prod\limits_{j=0,\,j\neq i}^{k}(x_i-x_j)} \tag{8.6}$$

可得牛顿插值公式：

$$\begin{aligned}f(x)=&f(x_0)+(x-x_0)f(x_0,x_1)+\cdots\\&+(x-x_0)(x-x_1)\cdots(x-x_n)f(x_0,x_1,\cdots,x_n)\end{aligned} \tag{8.7}$$

3) 分段多项式插值法

若插值函数满足插值条件，且记$h_k=t_{k+1}-t_k, h=\max\limits_{0\leqslant k\leqslant n-1}h_k(k=0,1,\cdots,n)$，则在插值子区间$[t_k, t_{k+1}]$上的分段线性插值函数$I_h(t)$为

$$I_h(t)=\frac{t-t_{k+1}}{t_k-t_{k+1}}i(t_k)+\frac{t-t_k}{t_{k+1}-t_k}i(t_{k+1}),\quad t\in[t_k,t_{k+1}] \tag{8.8}$$

式中，t_k为第k点采样时刻值；$i(t_k)$为第t_k时刻采样值。

4) 三次样条插值法

三次样条插值函数$s(t)$首先应满足插值条件$a\leqslant t_0<t_1<\cdots<t_n\leqslant b$，其次还应满足$s(t)$在内节点$t_k(k=1,2,\cdots,n-1)$处连续和自然边界条件：

$$\begin{cases}s(t_k-0)=s(t_k+0)\\s'(t_k-0)=s'(t_k+0)\\s''(t_k-0)=s''(t_k+0)\end{cases} \tag{8.9}$$

式中，$s'(t_k)$为$s(t)$在t_k时刻的一阶导数；$s''(t_k)$为$s(t)$在t_k时刻的二阶导数。

由于$s(t)$在$[t_k, t_{k+1}]$上为三次多项式，$s''(t)$在$[t_k, t_{k+1}]$上必为线性多项式，即

$$\begin{aligned}&s''(t)=\frac{t_{k+1}-t}{h_k}M_k+\frac{t-t_k}{h_k}M_{k+1}\\&s''(t_k)=M_k\\&h_k=t_{k+1}-t_k\end{aligned} \tag{8.10}$$

式中，M_k 和 M_{k+1} 为待定参数。

分别对变量 t 做两次积分即可得到三次样条插值函数 $s(t)$。

8.3　芯片化保护安装

通用系列芯片化保护装置通过组屏实现安装，其具体的组屏方案如 8.3.1 节所示。高防护系列芯片化保护装置通过就地布置实现安装，具体安装方案如 8.3.2 节所示。预制光缆和免熔接光纤配线箱是芯片化保护装置快速安装的重要附件，将分别在 8.3.3 节和 8.3.4 节进行介绍。

8.3.1　组屏方案

1. “三宫格”屏柜设计

继电保护室的保护测控屏采用柜式(2260mm×800mm×600mm)，设置 3 个独立安装设备层，由上至下为设备 1 层、设备 2 层和设备 3 层，各设备层为独立开门旋转式结构，如图 8.3 所示。设备 1 层和设备 2 层，每层 650mm×700mm×600mm；设备 3 层，750mm×700mm×600mm。各设备层正面应采用带玻璃的独立防护门，门轴在屏正面左侧，各设备层背面设独立钢板双开防护门。

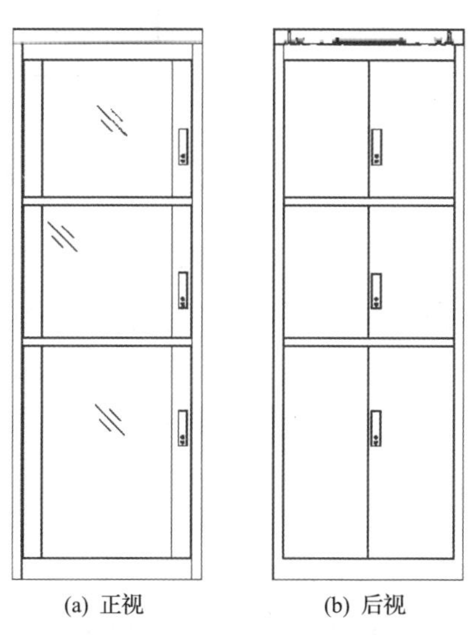

(a) 正视　　(b) 后视

图 8.3　屏柜正视、后视图

每面屏最多 6 台装置，每个设备层最多 2 台装置，嵌入式安装，如图 8.4 所示。设备层后部包括光纤接口盒和屏柜端子等。外引接线端子排置于柜内两侧，端子排与屏后框架的距离不得小于 150mm。端子排应有序号，应便于更换且接线方便。装置空开安置于端子排顶部。此外还应包括安装所必需的槽钢底座、支架、顶板和侧板。门与屏体之间应采用截面不小于 4mm^2 的多股软铜线可靠连接。

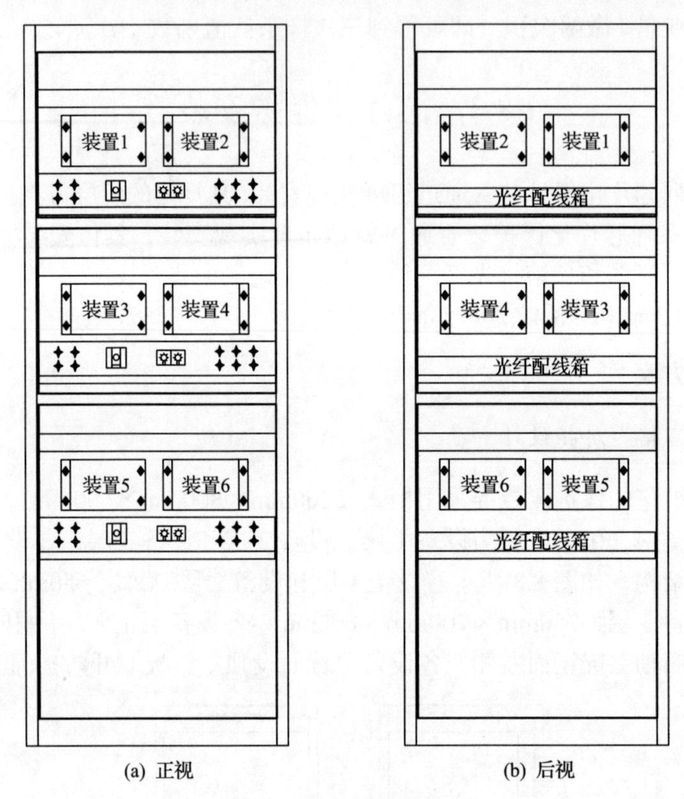

(a) 正视　　(b) 后视

图 8.4　屏柜设备布置图

2. 组屏优化方案

结合现场维护的安全性、便利性，光缆跳闸装置软压板代替硬压板，屏柜常规电缆接线少等特点，智能变电站按专业组屏方式导致屏位空间利用率不高、间隔装置分散维护等问题。按间隔组屏方式符合技术发展趋势，通用系列芯片化保护组屏优化方案如下。

1) 组屏原则

芯片化保护测控装置的机箱结构为 19/2in 宽度、4U 高度，面板带液晶，信号灯按南方电网智能站规范，可采用多间隔保护和测控组成一面屏柜方案，每面屏柜最多 6 台装置。装置前面板操作时有防误设计。

(1) 所有的设备在结构上应该便于独立拆装、检查和安装。

(2) 双重化配置的保护间隔，A 套、B 套保护和测控组一面屏柜。

(3) 针对公共间隔(如交换机柜、远动柜、公用测控等)保持原组屏方案。

(4)智能变电站母联(分段)保护集成于母线保护。

(5)考虑到设备的集成度，取消保护柜打印机，所有信息采用网络或移动打印。

(6)过程层合并单元和智能终端安装于智能汇控柜或开关柜。500kV 和 220kV 采用合并单元+智能终端模式，110kV 及以下采用合智一体模式。合并单元和智能终端独立组智能控制柜时，智能控制柜就地布置。双套配置的合并单元和智能终端组一面柜。

2)端子排布原则

(1)单套保护和测控组屏时，可设置公共直流电源端子段，公共段端子固定左侧布置。背面右侧布置线路保护相关端子；背面左侧布置线路测控相关端子。

(2)两套保护共组一面屏时，每套装置按照屏背面右侧、左侧分别布置对应的 A 套、B 套保护端子。直流电源按装置分别设置。

(3)两个间隔保护和测控共同组屏时，背面右侧布置间隔 1 保护和测控相关端子；背面左侧布置间隔 2 保护和测控相关端子。

3)优化组屏方案表

优化组屏方案如表 8.2～表 8.11 所示。

表 8.2　500kV 线路及断路器

屏柜名称	设备层	单位	数量	备注
500kV 芯片化线路及边断路器保护测控屏	设备 1 层	台	2	A 套线路保护 + B 套线路保护
	设备 2 层	台	2	A 套边断路器保护 + B 套边断路器保护
	设备 3 层	台	1	边断路器测控 + 补板

表 8.3　500kV 变压器及边断路器

屏柜名称	设备层	单位	数量	备注
500kV 芯片化变压器及边断路器保护测控 A 屏	设备 1 层	—	—	补板 + 补板
	设备 2 层	台	2	A 套变压器保护 + B 套变压器保护
	设备 3 层	台	2	A 套边断路器保护 + B 套边断路器保护
500kV 芯片化变压器及边断路器保护测控 B 屏	设备 1 层	台	2	本体测控 + 边断路器测控
	设备 2 层	台	2	高压侧测控 + 中压侧测控
	设备 3 层	台	2	低压侧测控 + 公共绕组测控

表 8.4　500kV 中断路器

屏柜名称	设备层	单位	数量	备注
500kV 芯片化中断路器保护测控屏	设备 1 层	—	—	补板 + 补板
	设备 2 层	台	2	A 套中断路器保护 + B 套中断路器保护
	设备 3 层	台	1	中断路器测控 + 补板

表 8.5　500kV 母线

屏柜名称	设备层	单位	数量	备注
500kV 芯片化母线保护测控屏	设备 1 层	—	—	补板 + 补板
	设备 2 层	台	2	A 套母线保护 + B 套母线保护
	设备 3 层	台	1	母线测控 + 补板

表 8.6　220kV 母线

屏柜名称	设备层	单位	数量	备注
220kV 双母线芯片化母线保护测控屏	设备 1 层	台	2	A 套母线保护 + B 套母线保护
	设备 2 层	台	2	1M 母线测控 + 2M 母线测控
	设备 3 层	台	1	母联测控 + 补板
220kV 双母线双分段芯片化母线保护测控 A 屏	设备 1 层	台	2	A 套母线保护 + B 套母线保护
	设备 2 层	台	2	1M 母线测控 + 2M 母线测控
	设备 3 层	台	2	母联 1 测控 + 分段 1 测控
220kV 双母线双分段芯片化母线保护测控 B 屏	设备 1 层	台	2	A 套母线保护 + B 套母线保护
	设备 2 层	台	2	5M 母线测控 + 6M 母线测控
	设备 3 层	台	2	母联 2 测控 + 分段 2 测控
220kV 双母线单分段芯片化母线保护测控 A 屏	设备 1 层	台	2	A 套母线保护 + B 套母线保护
	设备 2 层	台	2	母联 1 测控 + 母联 2 测控
	设备 3 层	—	—	补板 + 补板
220kV 双母线单分段芯片化母线保护测控 B 屏	设备 1 层	台	2	1M 母线测控 + 2M 母线测控
	设备 2 层	台	2	分段测控 + 6M 母线测控
	设备 3 层	—	—	补板 + 补板

表 8.7 220kV 线路

屏柜名称	设备层	单位	数量	备注
220kV 芯片化线路保护测控屏	设备 1 层	台	2	间隔 1 A 套线路保护 + B 套线路保护
	设备 2 层	台	2	间隔 2 A 套线路保护 + B 套线路保护
	设备 3 层	台	2	间隔 1 测控 + 间隔 2 测控

表 8.8 220kV 主变

屏柜名称	设备层	单位	数量	备注
220kV 芯片化主变保护测控 A 屏	设备 1 层	—	—	补板 + 补板
	设备 2 层	台	2	高压侧测控 + 中压侧测控
	设备 3 层	台	2	A 套变压器保护 + B 套变压器保护
220kV 芯片化主变保护测控 B 屏	设备 1 层	台	1	本体测控 + 补板
	设备 2 层	台	2	低压 1 分支测控 + 低压 2 分支测控
	设备 3 层	—	—	补板 + 补板

表 8.9 110kV 母线

屏柜名称	设备层	单位	数量	备注
110kV 单母线单分段芯片化母线保护测控屏	设备 1 层	台	2	母线保护 + 分段测控
	设备 2 层	台	2	1M 母线测控 + 2M 母线测控
	设备 3 层	—	—	补板 + 补板
110kV 双母线芯片化母线保护测控屏	设备 1 层	台	2	母线保护 + 母联测控
	设备 2 层	台	2	1M 母线测控 + 2M 母线测控
	设备 3 层	—	—	补板 + 补板
110kV 双母线双分段芯片化母线保护测控 A 屏	设备 1 层	台	1	母线保护 + 补板
	设备 2 层	台	2	母联 1 测控 + 母联 2 测控
	设备 3 层	台	2	分段 1 测控 + 分段 2 测控
110kV 双母线双分段芯片化母线保护测控 B 屏	设备 1 层	台	2	1M 母线测控 + 2M 母线测控
	设备 2 层	台	2	5M 母线测控 + 6M 母线测控
	设备 3 层	—	—	补板 + 补板

表 8.10 110kV 线路

屏柜名称	设备层	单位	数量	备注
110kV 芯片化线路保护测控屏	设备 1 层	台	2	间隔 1 线路保护 + 间隔 1 测控
	设备 2 层	台	2	间隔 2 线路保护 + 间隔 2 测控
	设备 3 层	台	2	间隔 3 线路保护 + 间隔 3 测控

表 8.11 110kV 主变

屏柜名称	设备层	单位	数量	备注
110kV 芯片化主变保护测控屏	设备 1 层	台	2	变压器保护 A + 变压器保护 B
	设备 2 层	台	2	高压侧测控 + 本体测控
	设备 3 层	台	2	低压 1 分支测控 + 低压 2 分支测控

8.3.2 就地安装

1. 安装原则

(1) 110kV 及以上的高防护系列芯片化保护装置的安装采用无防护安装方式，安装位置为汇控柜外或端子箱外。

(2) 110kV 及以上的通用系列芯片化保护装置采用组屏方式安装，安装位置为保护小室的屏柜中。

(3) 35kV 及以下的芯片化保护装置采用开关柜就地安装的方式。

(4) 过程层智能终端及合并单元安装于智能汇控柜或开关柜。

2. 安装方案

经统计，每个间隔设备数量不超过 8 台；现场级设备采用侧壁式支架安装在端子箱两侧，每侧可按照 A 套、B 套均分布置，其布置效果如图 8.5 和图 8.6 所示。

现阶段 GIS 主要有架空出线、电缆出线两种出线方式。

(1) 采用电缆出线，不用考虑安全距离及绝缘问题，220kV 相邻线路间隔中心间距为 3.5m，目前主流汇控柜体尺寸不超过 1000mm(宽)×800mm(深)(柜内仅含控制显示面板及端子排)，考虑去除每个间隔的汇控柜体尺寸后，相邻间隔间距大约有 2.5m。

(2) 采用架空出线，按标准 220kV 间隔之间的中心间距为 12m，考虑去除每个间隔的汇控柜体尺寸后，最小相邻间隔间距大约有 11m。

图 8.5　就地化设备安装布置示意图

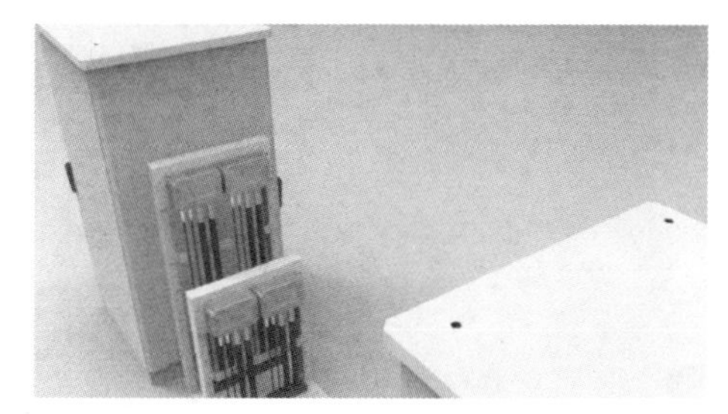

图 8.6　设备布置效果图

图 8.7 为按照电缆出线方式的布置示意图。

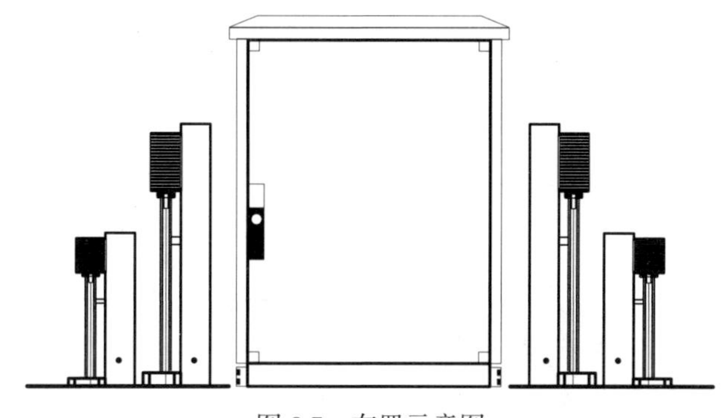

图 8.7　布置示意图

高防护系列芯片化保护、测控按间隔分散布置于开关场，现场级设备采用侧壁式支架安装在端子箱两侧，图 8.8～图 8.10 为各电压等级典型二次设备配置及布局方案图。

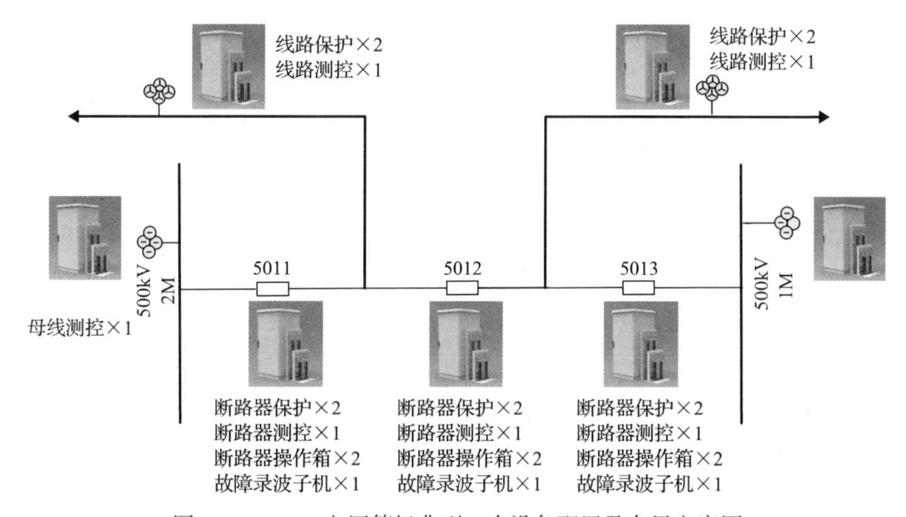

图 8.8　500kV 电压等级典型二次设备配置及布局方案图

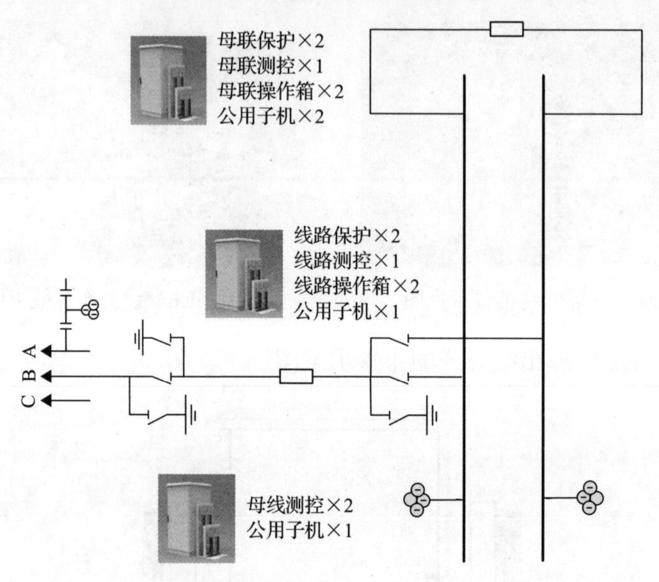

图 8.9　220kV 电压等级典型二次设备配置及布局方案图

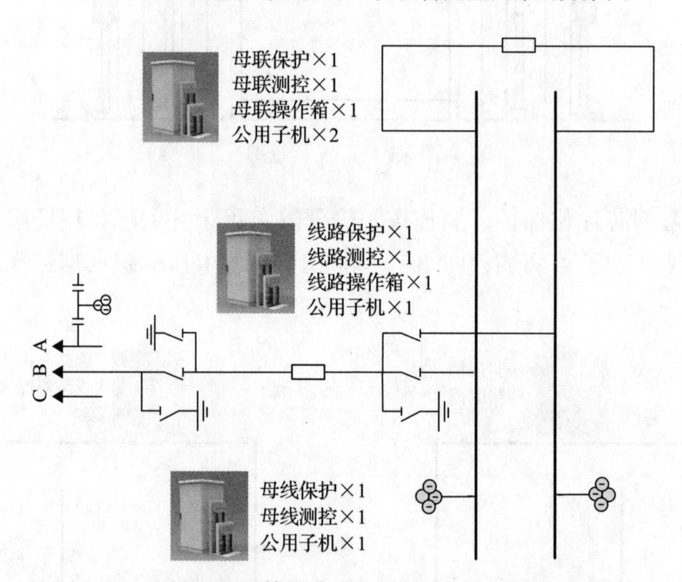

图 8.10　110kV 电压等级典型二次设备配置及布局方案图

8.3.3　预制光缆

预制光缆的结构组成包括光缆、插头/插座或分支器、尾纤、热缩管等。预制光缆分为插头端预制和插座端预制两种形式。预制光缆组件示意如图 8.11 和图 8.12 所示。

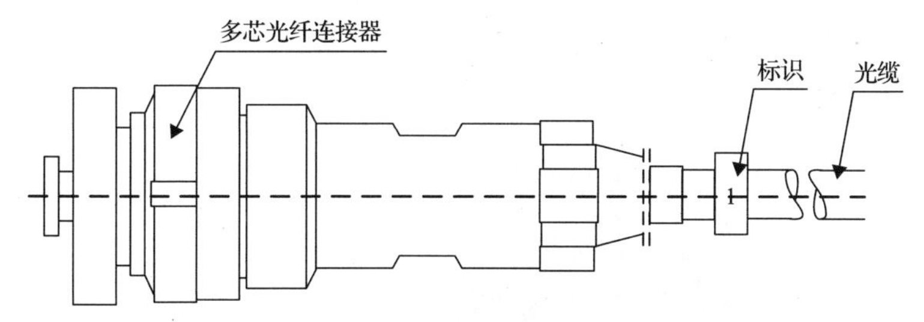

图 8.11　插头端预制光缆组件

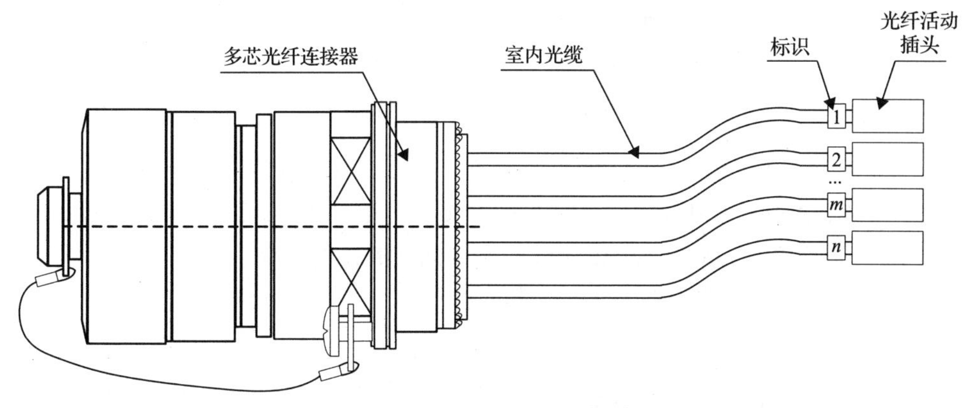

图 8.12　插座端预制光缆组件

1. 光缆选型

1) 传输制式

预制光缆及连接器应满足多模 A1b(62.5/125μm) 和单模 B1(9/125μm) 信号传输，符合 IEC 60793 光纤技术要求。

2) 光缆类型

根据户外敷设的环境应选用防潮耐湿、防鼠咬、抗压、抗拉光缆。非金属铠装光缆宜采用玻璃纤维纱铠装方式，玻璃纤维纱应沿圆周均布，密度应能保证满足光缆的拉伸性能，可防鼠咬。金属铠装光缆宜采用涂塑铝带或涂塑钢带作为防鼠咬加强部件。

光缆推荐选用 12 芯和 24 芯两种规格。

光缆结构如图 8.13 所示。

2. 连接器

1) 多芯连接器

多芯连接器用于连接器型预制光缆组件的连接，分为插头和插座两部分。如果多芯连接器用于户外环境，应满足 IP67 防护等级；如果多芯连接器用于户内环境，应满足 IP55 防护等级。

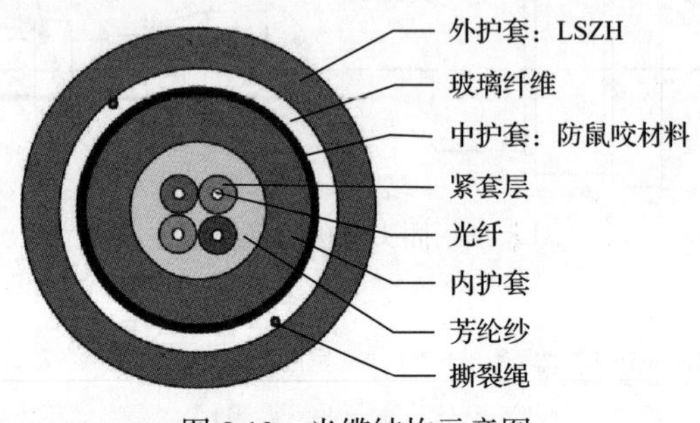

图 8.13　光缆结构示意图

多芯连接器应符合《耐环境快速分离高密度小圆形电连接器总规范》(GJB 599A—93)、ARINC801 fiber optic connectors、GR-3152generic requirements for hardened multi-fiber optical connectors 等相关标准的技术要求。

多芯连接器推荐选用 12 芯和 24 芯两种。

2) 单芯连接器

单芯连接器用于设备内的设备光口连接，应满足设备厂家 ST、LC 等类型光口的连接需要。单芯连接器应满足 IEC 61754 的相关技术要求。

3. 敷设及安装

1) 敷设

预制光缆从盘绕状态铺开布线时，需理顺后再布线，防止光缆处于扭曲状态。布设光缆时，一定注意光缆的弯曲半径，光缆的静态弯曲半径应不小于光缆外径的 10 倍，光缆的动态弯曲半径应不小于光缆外径的 20 倍。若光缆长度过长需将光缆绕圈盘绕，严禁对折捆扎。

若布线需要将光缆固定在柱、杆上，要注意捆扎松紧度，不能过紧勒伤光缆，避免捆扎处挤伤纤芯造成光缆损耗变大。

2) 安装

连接器型预制光缆插座安装分为板前式、板后式等。插头和插座连接为螺纹方式。可采用螺钉、螺母等附件将预制光缆牢固固定。

8.3.4　免熔接光纤配线箱

传统的光缆与光纤配线架(optical distribution frame，ODF)需要进行现场熔接，不但导致工作量烦冗，还容易增加光路损耗，降低系统通信的可靠性。

为达到智能变电站二次物理连接通用性、互换性、模块化、标准化的“即插即用”要求，应采用具有高密度、小型化、低损耗、易维护、接口统一、精准定位、可盲插快速连接的具有兼容性的免熔接光纤配线箱(以下简称免熔光配箱)组件。

1. 免熔光配箱组件

免熔光配箱代替了原有的安装板，借鉴了传统人工熔接方案中使用的 ODF 单元箱，其组件为：①机架壳体；②缆插座；③纤插座。

2. 技术要求

1) 外观结构

免熔光配箱每个型号(8～48 芯外观尺寸一致)应适配 19in 机柜，结构应牢固，装配具有一致性和互换性，紧固件无松动。金属壳体应表面光洁，色泽均匀，无流挂、无露底，无毛刺锈蚀。外露和操作部位的锐边应倒圆角。

2) 外观尺寸

免熔光配箱外观尺寸如图 8.14、图 8.15 所示。

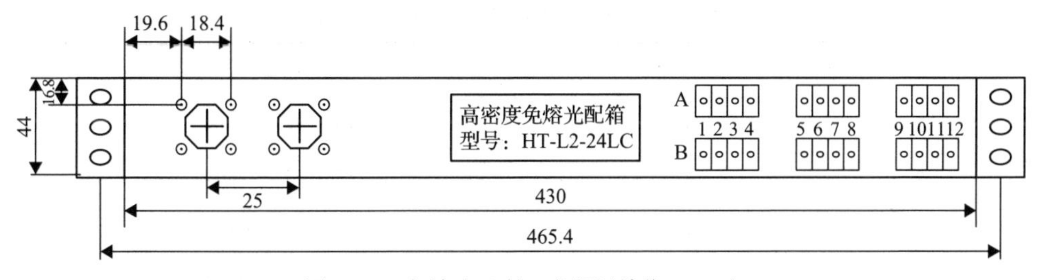

图 8.14　免熔光配箱正视图(单位：mm)

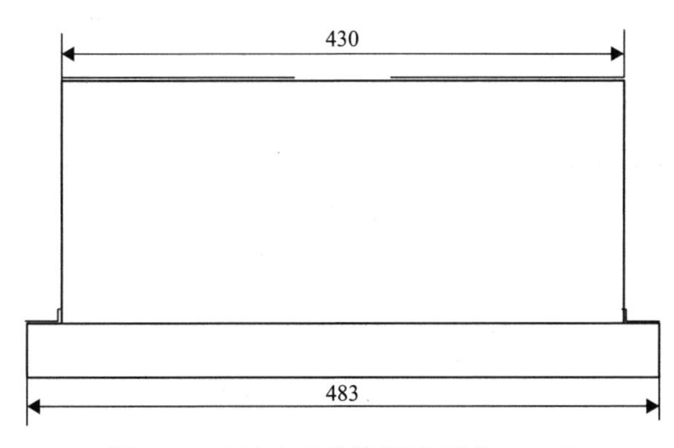

图 8.15　免熔光配箱俯视图(单位：mm)

3) 材料

所有材料之间应相容，并具有防腐蚀性能，如该材料无防腐蚀性能应作防腐蚀处理；表面电镀处理的金属结构件，在按照《电工电子产品环境试验 第2部分：试验方法 试验Ka：盐雾》(GB/T 2423.17—2008)的盐雾试验方法做48h盐雾试验后，外观不得有肉眼可见的锈斑。

采用涂覆处理的金属结构件，其涂层与基体应具有良好的附着力，附着力应不低于《色漆和清漆 漆膜的划格试验》(GB/T 9286—1998)表1中2级要求。

4) 燃烧性能

非金属材料的结构件及光纤活动连接器的燃烧性能经试验后应能符合以下条件之一。

(1) 试验样品没有起燃。

(2) 试验样品离火后持续有焰燃烧时间不超过10s，并且火焰或从试验样品上掉落的燃烧或灼热颗粒不能使燃烧蔓延到试验样品下面的设施。

5) 光纤活动连接器要求

各种光纤活动连接器应符合表8.12～表8.15的规定。

表 8.12　光纤活动连接器执行标准一览表

序号	连接器类型	标准号
1	FC	YD/T 1272.4—2018
2	SC	YD/T 1272.4—2005
3	ST	YD/T 987—1998
4	LC	YD/T 1272.1—2018
5	MU	YD/T 1200—2002
6	束状、带状	YD/T 1618—2007
7	MPO	YD/T 1272.5—2019

表 8.13　光纤活动连接器插入损耗　　(单位：dB)

光纤接口类型						光纤类型
FC	SC	ST	MU	LC	扇形	
≤0.2	≤0.35	≤0.2	≤0.2	≤0.2	≤0.35	多模光纤
≤0.35	≤0.35	≤0.5	≤0.35	≤0.35	≤0.35	单模光纤

注：插入损耗均对单个光纤活动连接器端进行检测。

表 8.14　光纤活动连接器回波损耗　　（单位：dB）

接口类型	FC	SC	ST	LC	扇形	MU
回波损耗	PC：＞40；UPC：＞50；APC：＞60					MU/PC：＞40 MU/UPC：＞50

注：回波损耗均对单个光纤活动连接器端进行检测，且仅适用于单模光纤/缆。
PC、UPC、APC 是三种常见的光纤端面研磨方式：PC(physical contact)是物理接触；UPC(ultra physical contact)是超物理端面；APC(angled physical contact)是斜面物理接触。

表 8.15　多芯连接器机械性能

序号	项目名称	条件	性能要求
1	光纤/光缆保持力	拉力：连接器型 720N 时间：10min	试验后链路插入损耗变化量≤0.2dB； 不应有机械损伤，如变形、龟裂、松弛、脱落等现象
2	振动	频率：10～500Hz 振幅：3mm 加速度：98m/s² 时间：三个方向各 2h	试验后链路插入损耗变化量≤0.2dB； 不应有机械损伤，如变形、龟裂、松弛、脱落等现象
3	冲击	加速度：980m/s² 时间：6ms 次数：10 次	试验后链路插入损耗变化量≤0.2dB； 不应有机械损伤，如变形、龟裂、松弛、脱落等现象
4	配接耐久性	插拔次数：500 次	试验后链路插入损耗变化量≤0.2dB； 不应有机械损伤，如变形、龟裂、松弛、脱落等现象
5	互换互配	同一厂家的同一型号产品应保证能够互换、互配	试验后链路插入损耗变化量≤0.2dB； 不应有机械损伤，如变形、龟裂、松弛、脱落等现象

6) 环境性能

(1) 低温试验要求：试验温度为–25℃±3℃，试验时间为 2h；试验后免熔光配箱仍能符合要求。

(2) 高温试验要求：试验温度为 55℃±2℃，试验时间为 2h；试验后免熔光配箱仍能符合要求。

(3) 湿热试验要求：试验温度为 40℃±2℃，相对湿度为 93%±3%，试验时间为 48h，试验类型为恒定湿热试验；试验后免熔光配箱仍能符合要求。

(4) 振动试验要求：频率范围为 10～55Hz；扫频的速率应为每分钟一个倍频程，其容差为±10%；振幅为 0.75mm，单振幅；垂直、水平持续时间分别为每轴线 30min；试验后免熔光配箱仍能符合要求。

(5) 盐雾试验要求：试验温度为 35℃±2℃，试验时间为 48h，盐水浓度为 5%；试验后免熔光配箱仍能符合要求。

(6) 有毒有害物质含量：对有毒有害物质含量有要求时，免熔光配箱组成材料应符合《电子信息产品中有毒有害物质的限量要求》(SJ/T 11363—2006) 规定的均匀材料 (EIP-A 类) 有毒有害物质含量的要求。

8.4　芯片化保护运维

通用系列芯片化保护装置的保护运维方式与传统智能变电站的运维方式一致，高防护系列芯片化保护装置就地安装且增加了设备管理单元用于运维管理，其运维方式将发生改变。

8.4.1　设备管理单元

设备管理单元充当了高防护芯片化保护装置的“液晶屏”，对高防护芯片化保护装置进行智能管理，通过代理服务实现远方主站与高防护芯片化保护装置的信息交互。

设备管理单元的功能分成基本功能和高级功能。基本功能包括实现变电站内高防护系列芯片化保护装置的界面展示、操作管理、备份管理、权限管理、日志管理、信息存储、故障信息管理、远程功能等，高级功能宜包括主接线图自动生成、继电保护远方巡视、带负荷试验、过程层自动配置等，其他新的高级功能应能在不影响原有功能的前提下部署到设备管理单元。

1. 界面展示功能

设备管理单元可以提供保护装置信息展示界面，具备一级和二级菜单，并支持菜单内容的相应展示和操作(包括但不限于数据刷新、定值打印、报告的打印等)。末级菜单无内容时，应隐藏此菜单。

界面应采用友好简洁、人性化及符合操作系统标准的窗口管理系统，窗口颜色、大小等可进行设置和修改，窗口应支持移动、缩放及选择。屏幕显示、制表打印、图形画面中的画面名称、设备名称、告警提示信息等均应采用中文。显示内容应可定制。

2. 操作管理功能

(1)界面修改定值后，应支持定值单对比功能，并提示差异。

(2)应具备自动召唤定值并和上次召唤时保存的定值进行自动比对的功能，并支持差异信息的保存和查询功能。

3. 备份管理功能

设备管理单元应设置专门的保护配置备份区，在保护装置投入运行时对其内部配置进行备份。设备管理单元应具备一键式备份管理功能，包括一键式备份功能、一键式下装功能。

1) 一键式备份

保护装置正常运行时，设备管理单元获取保护装置的配置文件，应存储在备份区中。备份文件包括：IED 实例配置文件(configured IED description，CID)、回路实例配置文件(configured circuit description，CCD)、工程参数、压板、定值等。

2) 一键式下装

设备维护或整体更换时，从设备管理单元中获取装置的备份文件，一键式下装到装置，重启装置就可正常工作。

4. 权限管理功能

备份管理和一键式备份管理应有权限管理，应支持组合权限的使用。权限名称和内容如下。

(1) 信息查看：可查看保护状态、定值、压板状态、版本信息、装置设置。

(2) 报告查询：可查询动作报告、告警报告、变位报告、操作报告。

(3) 运行操作：可操作压板投退、切换定值区、复归指示灯。

(4) 定值整定：可整定设备参数、保护定值，可复制定值、打印定值。

(5) 装置设定：可修改装置时钟、对时方式、通信参数、子机参数等。

(6) 装置调试：可进行开出传动、装置对点。

(7) 不停电传动：不停电传动专用。

(8) 厂家调试：厂家工程调试专用。

(9) 一键式备份：可使用一键式备份功能。

(10) 一键式下装：可使用一键式下装功能。

(11) 用户管理：可添加、删除用户，并可设置和修改权限。

(12) 用户组管理：可添加、删除用户组，并可设置和修改组权限。

5. 日志管理

设备管理单元应对用户登录、退出和操作进行记录，并支持检索。

6. 信息存储

(1) 设备管理单元应能接收装置保护动作、告警信息、状态变位、监测信息，在线分析采集的各种数据信息。

(2) 设备管理单元应对保护状态监测数据和差流数据进行历史存储，数据采样间隔为 15min，保存 1 年的历史数据。

7. 故障信息管理功能

(1) 召唤故障录波文件列表、故障录波文件和中间节点文件。

(2)波形分析功能。

(3)故障报告整合功能，内容包括一二次设备名称、故障时间、故障序号、故障区域、故障相别、录波文件名称等。

8. 远程功能

1)主动上送功能

保护事件、告警、开关量变化、通信状态变化、定值区变化、定值变化等突发信息应主动上送给远方主站。

故障录波文件(包括中间节点文件)应主动发送提示信息给站控层设备，并在远方主站召唤时上送文件。

设备管理单元应能够同时向多个远方主站传送信息。支持按照不同远方主站定制信息的要求发送不同信息。

2)信息召唤功能

设备管理单元应能支持远方主站召唤模拟量数据、定值数据、历史数据及其他文件。

9. 主接线图自动生成功能

设备管理单元应能导入完整 SCD(含有一二次设备关联关系)，自动生成变电站主接线图。并且自动生成的变电站主接线图应能自动关联SCD中的保护IED。

10. 继电保护远方巡视功能

(1)应具备装置温度越限告警与历史数据查询和图形化展示功能。

(2)应具备装置电源电压越限告警与历史数据备查询和图形化展示功能。

(3)应具备装置光强越限告警与历史数据备查询和图形化展示功能。

(4)应具备定期巡视报告生成功能，包括下列内容：主变保护、母线保护、线路光纤差动保护差流实时报告；保护功能退出实时报告；保护功能状态；巡视时刻前 24h 内保护动作报告；巡视时刻前 24h 时内保护缺陷报告；巡视时刻前 24h 内温度、电源电压、光强等保护状态监测模拟量值，按间隔 15min 采样存储。

11. 带负荷试验功能

带负荷试验应符合下列规定。

(1)对线路保护，应能显示线路间隔的三相电压、电流的幅值、相位，以功角关系法原理图形式显示，并给出对比判断结果。

(2)对母线保护，应能显示母线各间隔的潮流信息和三相电压、电流的幅值、相位，以功角关系法原理图形式显示，并给出对比判断结果。

(3) 对变压器保护，应能显示主变各侧的三相电压、电流的幅值、相位，以功角关系法原理图形式显示，并给出对比判断结果。

12. 过程层自动配置

设备管理单元集成的系统配置工具，应能依据预设的规则，自动生成过程层虚端子的连接关系，实现过程层自动配置功能。

8.4.2　系统配置工具

按照 IEC 61850-6 规范，智能变电站配置工具包括系统配置工具和 IED 配置工具，其中，系统配置工具是一个独立于 IED 的工具。它应能够导入、导出 DL860 系列标准定义的配置文件。它应能按照系统层配置的需要，导入数个 IED 的装置能力描述(IED capability description，ICD)文件，配置不同 IED 共享的系统信息，而后产生符合 DL860 系列标准规定的变电站 SCD 文件。SCD 文件可作为系统相关 IED 配置反馈给 IED 配置工具，主要用来处理系统中 IED 间通信、多个 IED 通用属性配置以及 IED 设备之间的虚回路连接关系。

IED 配置工具是制造商专用工具。该工具应能导入、导出 DL860 系列标准定义的文件。该工具能提供 IED 专用定值、产生 IED 特定的配置文件并下载配置文件到 IED 中，主要针对特定类型的特定 IED，处理其配置数据的特定配置和下载。

智能变电站的配置工具及流程如图 8.16 所示，首先由设备制造厂商使用智

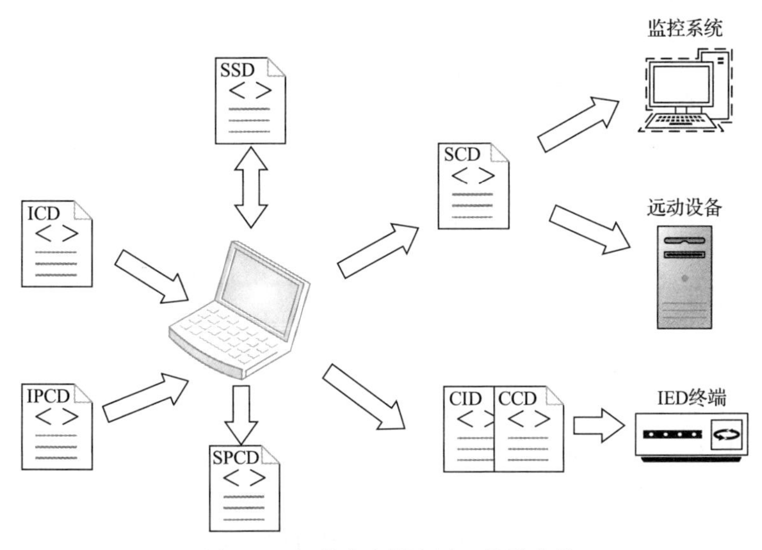

图 8.16　智能变电站配置工具及流程

IPCD 为智能配电站的一种配置文件描述

能电子设备配置工具制作ICD文件，系统集成过程中，系统集成商使用系统配置工具，集成各厂商的ICD文件，经过网络配置、过程层虚回路连接等配置后形成SCD文件，系统集成商将SCD文件反馈到设备制造商，设备制造商使用IED配置工具根据SCD文件生成CID文件，下装到装置中运行。

系统配置工具应具备的功能如下。

1. 配置文件编辑相关功能

(1) 具有新建SCD、打开、保存、另存为、最近打开的文件、关闭等必备功能。

(2) 系统规范描述(system specification description，SSD)、变电站物理配置描述(substation physical configuration description，SPCD)、ICD、CID文件的添加，通信信息导入，通信地址分配。

(3) 虚端子连接、展示和自动关联功能。

(4) IED复制功能。

(5) ICD/实例化的IED描述(instantiated IED description，IID)更新功能。

(6) 批量替换功能。

(7) IED移动、间隔复制、重命名功能。

(8) 配置信息上装、下载和导出功能，主要包括：CCD配置、SSD配置、虚端子(虚端子表)导出、通信配置导出等。

2. 校验功能

1) schema校验功能

依据IEC 61850-6中定义的8个xsd文件，对当前SCD文件进行符合IEC 61850规范的语法检查，具体如下。

(1) SCL.xsd：定义了整体的变电站配置描述语言(substation configuration description language, SCL)文件的格式由Header、Substation、Communication、IED、DataTypeTemplate几个部分组成，以及各部分的约束关系。

(2) SCL_BaseSimpleTypes.xsd：定义了SCL文件中所用到的一些简单基本类型。

(3) SCL_BaseTypes.xsd：定义了SCL文件中用到的基本类型。

(4) SCL_Enums.xsd：定义了SCL文件中用到的枚举类型。

(5) SCL_Substation.xsd：定义了SCL文件的Substation部分的格式及约束关系。

(6) SCL_Communication.xsd：定义了SCL文件中Communication部分的格式及约束关系。

(7) SCL_IED.xsd：定义了SCL文件中IED部分的格式及约束关系。

(8) SCL_DataTypeTemplates.xsd：定义了SCL文件中DataTypeTemplate部分

的格式及约束关系。

2)语义校验功能

校验项如下。

(1)IED 的 IP 地址：校验 SCD 文件中 IED 的 IP 地址是否有重复。

(2)IED 的 MAC 地址：校验 SCD 文件中 IED 的 MAC 地址是否有重复。

(3)GSEAPPID：校验 SCD 文件中通用变电站事件(generic substation event，GSE)的 APPID 是否有重复或为空。

(4)GSEControlappID：校验 SCD 文件中 GSEControl 的 appID 是否唯一。

(5)GSEControl 数据集引用：校验 GSEControl 引用的数据集是否存在。

(6)SV APPID：校验 SCD 文件中 SV 的 APPID 是否为空或是否有重复。

(7)SampledValueControlappID：校验 SCD 文件中 SampledValueControl 的 appID 是否唯一。

(8)SampledValueControl 的数据集引用：校验 SampledValueControl 引用的数据集是否存在。

(9)ReportControl 的数据集应用：检查 ReportControl 应用的数据集是否存在。

(10)数据集引用数据描述：校验数据集的描述是否为空。

(11)iedName 唯一性检查：校验 iedName 的值是否全站唯一。

3)标准检查功能

对当前 SCD 文件进行符合《IEC 61850 工程继电保护应用模型》规范检查，对当前 SCD 文件进行标准检查，检查 SCD 中各 IED 的 ldinst 的名称是否符合《IEC 61850 工程继电保护应用模型》建模要求。检查结果在工具输出区的“校验结果”窗口中输出。

4)模板检查功能

检查当前 SCD 文件中的 DataTypeTemplate 部分是否有未被引用的模板，是否有多余的模板，在检查过程中，若工具检查到未被引用或者重复的模板，工具应自动删除多余的模板。

3. 比较功能

(1)配置文件比较功能。

(2)SCD 合并功能：能够将两个 SCD 文件合并为一个 SCD 文件，并分别提供无影响间隔和影响间隔的比对结果。

(3)SCD 比对影响性分析功能：会比较这两个 SCD 文件，得到变电站的拓扑结构，同时可视化地表示出变电站的增删改信息。

4. 版本管理功能

(1) SCD 版本查看。
(2) CRC 计算。
(3) CRC 上装功能。

5. 权限管理功能

软件登录、注册及用户管理。

8.4.3 调试检修工具

当高防护系列芯片化保护装置出现故障时，由于去除了液晶显示，只能通过设备管理单元进行查看，无法就地查看故障信息，这给变电站的运行维护带来一定的不便。为了更好地开展运维工作，需要提供调试检修工具，其功能如下。

1. 系统功能

(1) 通信刷新：当本机与装置通信不正常时，可通过“通信刷新”重新建立通信连接。

(2) 通信设置：打开“通信设置”对话框，按照实际的情况选择通信方式及通信参数。

(3) 装置注册：注册装置，确保使用合法性。

(4) 文件管理：打开文件管理模块，可通过此文件管理模块对装置中的录波和装置配置文件进行查看、下载、上传，使用其他窗口打开文件等。

(5) 操作日志：显示装置的历史操作信息。

(6) 版本查看：查看保护软件版本信息。

2. 硬件测试

(1) 开入窗口：查看开入量当前状态，进行开入量功能操作。

(2) 开出窗口：查看开出量当前状态，进行开出量功能操作。

(3) 测量窗口：查看模拟量通道当前有效值、相位角等信息。

(4) 装置状态信息：查看装置中配置的 CPU 插件、MMI 插件、IO 模件、光纤纵差通道、通信网口等硬件状态信息。

3. 定值操作

包括定值、控制字、压板等所有定值相关信息的读取、编辑功能，能够调用显示当前运行定值区的定值信息。

4. 远动功能

(1) 遥信功能：查看遥信信息。
(2) 遥控功能：进行遥控操作。
(3) 遥测功能：查看遥测信息，实现电能清零、测量校准等功能。

5. 信息查看功能

1) 录波数据查看功能

(1) 录波查询功能：输入指定的报告号，查询相应的录波数据、中间结果、故障时刻整定值、压板信息及事故记录。

(2) 波形图查看功能：点数统计、时间统计、时差统计、瞬时值显示、放大、缩小、纵向压缩、纵向展开、水平压缩、水平展开、通道次序排列、通道隐藏、通道配色方案设置。

2) 录波数据分析功能

(1) 相角、基波有效值计算展示。
(2) 公式编辑器：通过组合录波通道形成新的录波通道用于展示。
(3) 谐波分析。
(4) 相量分析。
(5) 序量分析。
(6) 阻抗分析。
(7) 功率曲线。

3) 事故报告

显示事件信息，通过此窗口，可以显示关注的事件信息，并调用相关的录波信息。

4) 事件查看

查看装置发生事件时主动上传的详细事件信息。

5) 事件状态

显示当前有状态事件时的状态信息(包括系统事件)。

6) 信号复归

复归事件状态。

6. 其他功能

(1) CRC 校验：提供计算 CRC 校验码功能。
(2) 内码转换：提供内码转换计算功能。

(3)工程名称设置：提供工程名称设置的功能，用于间隔工程名的实例化。

8.4.4 运维方案

1. 芯片化保护运维的基本原则

(1)通常情况下，电气设备不允许无保护运行，且投入、停用运行设备的继电保护、自动装置或调整继电保护的定值时，必须有调度或值长的命令。

(2)芯片化保护设备根据智能化程度、设备状态远方可视化程度，可采用远程巡视。远程巡视可代替正常巡视，但不允许代替熄灯巡视、全面巡视和特殊巡视。

(3)运维检修单位应明确继电保护专业与相关一二次专业之间的专业管理界面，高防护系列芯片化保护设备的运行巡视宜结合一次设备运行巡视同步开展。而且高防护系列芯片化保护设备的定期检修宜采取更换式检修，当设备自身出现无法恢复至正常运行状态的严重故障或经鉴定存在严重硬件缺陷时，应开展更换式检修。

(4)在继电保护或自动装置投入的前后，每次电气事故、电气参数突变或有信号发出后，应对继电保护装置做详细的全面检查。继电保护及自动装置经检修后复役时，应结合终结继电保护专用工作票，由检修人员向运行值班人员详细交底，复核下列事项。

①设备有无异动和特殊要求，并在检修交底本上书面交清，双方复核无误后签字确认。

②根据继电保护整定书要求核对定值。

③二次回路连接片符合停役时的位置及接触良好。

④跳闸连接片投入前，必须先检查保护无动作出口信号等异常情况，再用高内阻电压表测量该跳闸连接片两端无异极性电压，最后投入跳闸连接片。

2. 芯片化保护巡检内容与周期

通用系列芯片化保护、高防护系列芯片化保护运行巡视项目及周期分别如表 8.16、表 8.17 所示。

表 8.16 通用系列芯片化保护运行巡视项目及周期

序号	检查项目	运行巡视项目	周期
1	装置外观检查	光纤、光接头等光器件在未连接时应使用相应的保护罩套好，以保证脏物不进入光器件或污染光纤端面。为避免光纤参数变化告警带来的意外动作，在没有做好安全措施的情况下，不应拔插光纤插头	1 次/月
		标识完好，无缺项及破损	1 次/月

续表

序号	检查项目	运行巡视项目	周期
2	运行工况检查	无告警信号及以下异常现象：指示灯异常、电压不稳、电压超限；对时异常；烟味、过热；重复启机、死机；SV/GOOSE光纤信号无信号中断、衰耗变化、误码增加等异常；纵联光纤通道无衰耗变化、信号中断、误码增加等异常等	1次/月
		重合闸、备自投充电状态符合当前运行要求	1次/月
		保护软压板投入符合当前运行要求	1次/月
		GOOSE状态检查、状态监测检查、保护功能状态检查、软压板状态检查	1次/月
		光纤通道通信自检，光纤信道丢包率、误码率无明显变化	1次/月
		通信状况：监控后台、设备管理单元与就地接入设备通信正常	1次/月
		无数据跳变、数据错误、精度超差、交流采样通道异常，保护模拟量与测控模拟量的最大误差、差流值、负荷电流值	1次/月
		开入量与实际运行情况一致	1次/月
3	空开、硬压板检查	各功能开关、方式开关(把手)、空气开关、硬压板投退状态核对	1次/月
4	通信状况检查	监控后台、设备管理单元与就地接入设备通信正常	1次/月
5	定值检查	运行定值区符合当前运行方式	1次/年
		装置定值与最新定值单一致	1次/年
6	直流支路绝缘检查	通过在线检测仪对保护及控制直流各支路进行绝缘检查	1次/年
7	封堵情况检查	封堵严密，无漏光，防火墙、防火涂料符合要求，无破损脱落	1次/年
8	红外测温	利用红外成像对继电保护及二次回路进行检查(重点检查交流电流和交流电压二次回路接线端子、直流电源回路、连接器连接处)	2次/年

表8.17 高防护系列芯片化保护运行巡视项目及周期

序号	检查项目	专业巡检项目	现场巡检周期	远方巡检周期
1	装置外观	高防护系列芯片化保护装置、设备管理单元、高防护系列芯片化保护专网设备外观无破损、指示灯正常	1次/年	—
		标识完好，无缺项及破损	1次/年	—
2	高防护芯片化保护装置运行工况	无告警信号及以下异常现象：指示灯异常、电压不稳、电压超限；对时异常；烟味、过热；重复启机、死机；SV/GOOSE光纤信号无信号中断、衰耗变化、误码增加等异常；纵联光纤通道无衰耗变化、信号中断、误码增加等异常等	2次/年	1次/月

续表

序号	检查项目	专业巡检项目	现场巡检周期	远方巡检周期
2	高防护芯片化保护装置运行工况	GOOSE 状态检查、状态监测检查、保护功能状态检查、软压板状态检查	2 次/年	1 次/月
		光纤通道通信自检，光纤信道丢包率、误码率无明显变化	2 次/年	1 次/月
		通信状况：监控后台、设备管理单元与就地接入设备通信正常	2 次/年	1 次/月
		光功率检查	2 次/年	1 次/月
		无数据跳变、数据错误、精度超差、交流采样通道异常，保护模拟量与测控模拟量的最大误差、差流值、负荷电流值	2 次/年	1 次/月
		开入量与实际运行情况一致	2 次/年	1 次/月
3	设备管理单元运行工况	CPU 使用率和内存使用率检查	1 次/年	2 次/年
4	版本及定值	保护版本、定值与最新定值单一致	1 次/年	2 次/年
5	连接器及预制缆	外观无破损，连接器无松动、锈蚀，连接器铅封完好	1 次/年	—
6	智能控制箱及二次回路	端子箱防水防潮条件是否满足要求，端子箱是否锈蚀，二次接线是否松动，接地网是否符合要求，电缆封堵是否良好	2 次/年	—
7	空开、硬压板	各功能开关、方式开关(把手)、空气开关、硬压板投退状态核对	2 次/年	—
8	备份文件	更换式检修中心与现场备份文件进行一致性比对	1 次/年	2 次/年
9	直流支路绝缘检查	通过在线检测仪对保护及控制直流各支路进行绝缘检查	1 次/年	—
10	封堵情况检查	封堵严密，无漏光，防火墙、防火涂料符合要求，无破损脱落	1 次/年	—
11	红外测温	利用红外成像对继电保护及二次回路进行检查(重点检查交流电流、交流电压二次回路接线端子、直流电源回路、连接器连接处)	2 次/年	—

3. 芯片化保护运维方式

通用系列芯片化保护设备运维方式与现有的智能变电站继电保护装置运维方式保持一致。基于无液晶面板、就地安装和设备管理单元操作三个因素，高防护系列芯片化保护装置的运维方式使用更换式检修运维方式。

4. 更换式检修

1)更换式检修项目

更换式检修项目一般分为更换式检修中心检验项目和现场检验项目，具体如表 8.18 所示。

表 8.18　更换式检修项目

序号	设备类型	更换式检修中心检验项目	现场检验项目
1	高防护系列芯片化保护装置	装置信息及外观检查、工作电源检查、模数变换系统检验、开关量输入检验、输出触点及信号检查、整定值的整定及检验、软压板检查、事件记录功能检查、纵联保护通道检验、SV 及 GOOSE 检验	与设备管理单元及监控后台的配合检查、整组试验、反措落实，按照当时的负荷情况检验相关回路的正确性
2	设备管理单元	绝缘检验、通电检查、工作电源检查、设备管理单元检验(就地化继电保护备份文件双机一致性检查、信息查看、运行操作、报告查询、定值整定、定值单打印、调试菜单、备份管理、通信检查、操作权限、事件记录功能)	通电检查、设备管理单元检验(就地化继电保护备份文件双机一致性检查、信息查看、运行操作、报告查询、定值整定、定值单打印、调试菜单、备份管理、通信检查、操作权限、事件记录功能、反措落实、按照当时的负荷情况检验相关回路的正确性)
3	连接器及预制缆	预制电缆绝缘检验、预制缆线芯一致性检查、预制光缆光衰检验、连接器检查(电流回路自封、色带、接口防尘盖检查)	预制电缆绝缘检查、整组试验、反措落实、铅封检查、按照当时的负荷情况检验相关回路的正确性
4	高防护系列芯片化保护专网设备	交换机配置文件检查、交换机以太网端口检查、交换机生成树协议检查、交换机 VLAN 设置检查、交换机网络流量检查	光纤回路正确性检查、光纤回路外观检查、交换机网络流量检查，与就地化继电保护的通信检查，与设备管理单元及监控后台的配合检查，反措落实

2) 一次设备停电情况下，更换式检修安措

(1) 线路保护装置退出。

①运维人员退出该线路第一套保护出口硬压板。

②运维人员退出 220kV 母线第一套保护跳该间隔出口硬压板。

③运维人员退出订阅该线路保护 SV、GOOSE 数据的保护装置(母线保护、站域保护等)对应的 SV、GOOSE 接收软压板。

④运维人员投入该间隔线路第一套保护检修压板。

⑤检修人员将该间隔线路第一套保护 CT 二次回路短接并断开，PT 二次回路断开。

⑥运维人员断开该间隔线路第一套保护装置直流电源。

⑦检修人员断开该线路第一套保护连接器，并将接口两侧连接器防尘盖扣紧。

(2) 线路保护装置安装。

①装置安装前，检修人员检查更换式检修中心出具的报告和压板确认单，并确认该线路第一套保护检修压板已投入。

②检修人员按照“先挂后拧”的原则安装该线路第一套保护。

③检修人员安装并紧固该线路第一套保护连接器。

④检修人员恢复该线路第一套保护装置直流电源。

⑤检修人员检查该线路第一套保护与设备管理单元、监控后台通信正常，无非预期的异常报文，同时检查与之相关联的运行装置无异常信号。

⑥运维人员核对装置保护定值正确。

⑦检修人员将该线路第一套保护 CT 二次回路和 PT 二次回路恢复正常。

⑧运维人员退出该间隔线路第一套保护检修软压板。

⑨运维人员投入订阅该线路保护 SV、GOOSE 数据的保护装置(母线保护、站域保护等)对应的 SV、GOOSE 接收软压板。

⑩运维人员投入 220kV 母线第一套保护跳该间隔出口硬压板，投入该线路第一套保护出口硬压板。

3) 一次设备不停电情况下，更换式检修安措

(1)线路保护装置退出。

①运维人员退出该线路第一套保护出口硬压板。

②运维人员退出订阅该线路第一套保护 SV 数据的装置(站域保护等)。

③运维人员退出订阅该线路保护 GOOSE 数据的保护装置(母线保护等)对应的 GOOSE 接收软压板。

④运维人员退出该线路两侧第一套纵联保护。

⑤运维人员投入该保护检修压板。

⑥检修人员将该间隔线路第一套保护 CT 二次回路短接并断开，PT 二次回路断开。

⑦运维人员断开该间隔线路第一套保护装置直流电源。

⑧检修人员断开该线路第一套保护连接器，并将接口两侧连接器的防尘盖扣紧。

(2)线路保护装置安装。

①装置安装前，检修人员检查更换式检修中心出具的报告和压板确认单，并确认该线路第一套保护检修压板已投入。

②检修人员按照“先挂后拧”的原则安装该线路第一套保护。

③检修人员安装并紧固该线路第一套保护连接器。

④检修人员恢复该线路第一套保护装置直流电源。

⑤检修人员检查该线路第一套保护与设备管理单元、监控后台通信正常，无非预期的异常报文，同时检查与之相关联的运行装置无异常信号。

⑥运维人员核对装置保护定值正确。

⑦检修人员将该线路第一套保护 CT 二次回路和 PT 二次回路恢复正常。

⑧运维人员退出该间隔线路第一套保护检修软压板。

⑨运维人员投入该线路两侧第一套纵联保护。

⑩运维人员投入订阅该线路保护 GOOSE 数据的保护装置(母线保护、站域等)对应的 GOOSE 接收软压板。

⑪运维人员投入订阅该线路保护 SV 数据的保护装置(母线保护、站域保护等)。

⑫运维人员投入该线路第一套保护出口硬压板。

4) 雨雪天气更换式检修现场方案

高防护系列芯片化保护装置被下放安置到现场(室外)一次设备附近，这些二次电气设备的调试检修工作随之只能在露天进行，遇到雨、雪、浓雾、酷暑等恶劣天气，将给现场的设备维修管理人员带来很多不便乃至困难。因此，需要使用移动式检修屋确保在正常和各种恶劣天气下顺利对室外的保护控制设备进行现场调试或及时抢修设备缺陷或处理故障。检修屋的功能特征如下。

(1) 检修屋为可折叠式主框架结构，由多根玻璃钢和连接组件组成，且可折叠式主框架外侧罩有外罩篷布，外罩篷布采用阻燃防水涂层布。

(2) 为适应不同的屏柜的长度和高度，检修屋可遥控调整自身整体高度(四根支撑立杆的高度可分别调整)；电动控制部分采用分体控制，每根推杆带有单独可拆卸的控制器，控制器内置锂电池，外配有充电器，工作结束及时对锂电池进行充电。

(3) 检修屋内设置有充电式 LED 照明灯。该照明灯是可移动式的灯具，检修时用作照明，并且随屋提供带过电压保护的插座。

(4) 检修屋内可安装排风扇，排风扇可拆卸。

(5) 检修屋可随屋提供支撑杆，防止风速较大时检修屋脱离屏柜，也可在泥地面打钢钎固定。

(6) 寒冷季节时，检修屋内可提供移动式 PTC 加热装置。

5. 修改定值

1) 就地修改定值

(1) 操作准备。

①检修人员检查待执行整定单编号、间隔名称与定值单内容一致，定值单内容完整，无模糊和污渍。

②运行人员在后台系统上将该保护装置的“远方/就地软压板”置为就地状态，然后退出登录。

(2) 操作过程。

①检修人员以具有修改定值权限的用户登录到设备管理单元。

②检修人员在设备管理单元上确认要修改定值的保护装置与设备管理单元通信正常。

③检修人员在设备管理单元上进入要修改定值的保护装置的菜单界面，并核对整定单上的名称及编号与实际所要修改定值的设备对应一致。

④检修人员在设备管理单元上召唤保护装置定值，并与原整定单比较，确认原定值正确(防止误召其他间隔)。

⑤检修人员在设备管理单元上修改保护装置定值，修改完成后，选择“下装”，根据系统提示输入具有修改定值权限的用户名和密码，确认后，系统自动下装新定值。

⑥检修人员在设备管理单元上再次召唤保护装置定值，查看设备管理单元的定值自动比对界面，与运行人员共同核对定值，确认定值修改成功。所有定值项应与整定单一致。

⑦检修人员将修改后的定值打印出来，用于存档。

⑧检修人员退出具有修改定值权限的用户登录。

⑨运行人员在设备管理单元上将该保护装置的“远方/就地软压板”置为远方状态。

2)远方修改定值

(1)操作准备。

①检修人员检查待执行整定单编号、间隔名称与系统内定值单内容一致，定值单内容完整，无模糊和污渍。

②在远方系统(包括监控系统、保信主站、运维主站)上进行修改定值操作之前，需确认在智能管理单元将该保护装置的“远方/就地软压板”置为远方状态，否则不允许操作。

(2)操作过程。

①检修人员以具有修改定值权限的用户登录到远方系统。

②检修人员在远方系统上确认要修改定值的保护装置与远方系统之间通信正常。

③检修人员在远方系统上进入要修改定值的保护装置的操作界面，并核对整定单上的名称及编号与实际所要修改定值的设备应一致。

④检修人员在远方系统上召唤保护装置定值，并与原整定单比较，确认原定值正确(防止误召其他间隔)。

⑤检修人员在远方系统上修改保护装置定值，修改完成后，选择“下装”，根据系统提示输入具有修改定值权限的用户名和密码，确认后，系统自动下装新定值。

⑥检修人员在远方系统上再次召唤保护装置定值。在系统的自动比对界面或打印定值进行核对，所有整定项应与新整定单一致。

⑦运行人员在远方系统上(不一定和检修人员处在同一地点)召唤保护装置定值，确认所有整定项应与新整定单一致，并与检修人员签字确认。签字可由双方当面签字或通过电话(录音)确认后，双方互相代签。

⑧检修人员将修改后的定值打印出来，用于存档(如果上面一步已经打印，此步可省略)。

⑨检修人员退出具有修改定值权限的用户登录。

6. 切换定值区

1)就地切换定值区

(1)运行人员在后台系统上将该保护装置的“远方/就地软压板”置为就地状态。

(2)运行人员以具有切换定值区权限的用户登录到智能管理单元。

(3)运行人员在智能管理单元上确认要切换定值区的保护装置与智能管理单元通信正常。

(4)运行人员在智能管理单元上进入要切换定值区的保护装置的菜单界面，并核对名称及编号与实际所要切换定值区的设备一致。

(5)运行人员在智能管理单元上召唤保护装置定值区号，确认当前运行定值区正确无误。

(6)运行人员在智能管理单元上修改(或选择)新的定值区号，修改完成后，选择“下装”，根据系统提示输入具有修改定值权限的用户名和密码，确认后，系统自动将保护切至新定值区。

(7)运行人员在智能管理单元上再次召唤保护装置定值区号，确认定值区切换成功。

(8)运行人员在智能管理单元上召唤保护装置定值，查看智能管理单元的定值自动比对界面，确认定值区切换成功。

(9)运行人员将切换后的定值区的定值打印存档。

(10)运行人员退出具有切换定值区权限的用户登录。

(11)运行人员在智能管理单元上将该保护装置的“远方/就地软压板”置为远方状态。

2)远方切换定值区

(1)在远方系统(监控系统、调度主站)上进行切换定值区操作之前，需确认智能管理单元上将该保护装置的“远方/就地软压板”置为远方状态，否则不允许操作。

(2)运行人员以具有切换定值区权限的用户登录到远方系统。

(3)运行人员在远方系统上确认要切换定值区的保护装置与远方系统之间通信正常。

(4)运行人员在远方系统上进入要切换定值区的保护装置的操作界面，并核对名称及编号与实际所要切换定值区的设备一致。

(5)运行人员在智能管理单元上召唤保护装置定值区号，确认当前运行定值区正确无误。

(6)运行人员在远方系统上修改保护装置定值区号，修改完成后，选择“下装”，根据系统提示输入具有修改定值权限的用户名和密码，确认后，系统自动将保护切至新定值区。

(7)运行人员在远方系统上再次召唤保护装置定值区号，确认定值区切换成功。

(8)运行人员在远方系统上召唤保护装置定值，通过远方系统定值自动比对界面或打印纸质定值单核对定值的正确性，确认定值区切换成功。

(9)运行人员将切换后的定值区的定值打印存档。

(10)运行人员退出具有切换定值区权限的用户登录。

8.5　芯片化保护应用

8.5.1　工程应用情况

在芯片层面，目前国产继电保护 SoC 芯片已在继保自动化、配网自动化、计量自动化、微网新能源等多个领域完成装置研制及验证工作，研究成果应用于北京四方继保自动化股份有限公司、国电南京自动化股份有限公司、长园深瑞继保自动化有限公司、威胜电子股份有限公司等主流电力终端厂商，相关装置应用于港珠澳大桥澳门侧、珠海侧 110kV 变电站，滇西北至广东±800kV 特高压直流输电工程新松换流站、东方换流站工程等重点工程。

在装置层面，通过实地考察和具体分析，芯片化保护装置试点应用综合考虑了各个备选站点的投产工期、建设模式、站内情况、站内规模、已有的技术支持等情况，先后在广东佛山、广西钦州、贵州贵阳等地选取不同气候和环境特征的变电站进行芯片化保护装置的试点应用，充分验证户外无防护就地化安装的芯片化保护对潮湿、盐雾、污秽、雷雨等恶劣户外运行条件的适用性，并于 2019 年建成广东佛山 110kV 三洲变芯片化保护整站示范工程，对芯片化保护整站技术方案开展工程验证工作。鉴于试运行及示范工程运行情况良好，2020 年先后建成广西梧州 220kV

翡翠变和贵州贵阳 500kV 醒狮变芯片化保护试点工程，验证芯片化保护装置在高电压等级变电站各种实际运行工况下的性能以及适用性。本节以 110kV 三洲变项目为例进行说明。

8.5.2　典型整站示范应用

8.5.2.1　整站示范变电站介绍

广东佛山 110kV 三洲变改造前为无人值班常规综合自动化变电站，主控楼设继保室，二次设备集中组屏布置。

广东佛山 110kV 三洲变 110kV 侧为单母线隔离开关分段带旁路接线，采用户外软母线，瓷柱式断路器单列中型布置。10kV 侧为单母线分段接线，采用户内金属铠装移开式高压开关柜双列布置，主接线如图 8.17 所示。

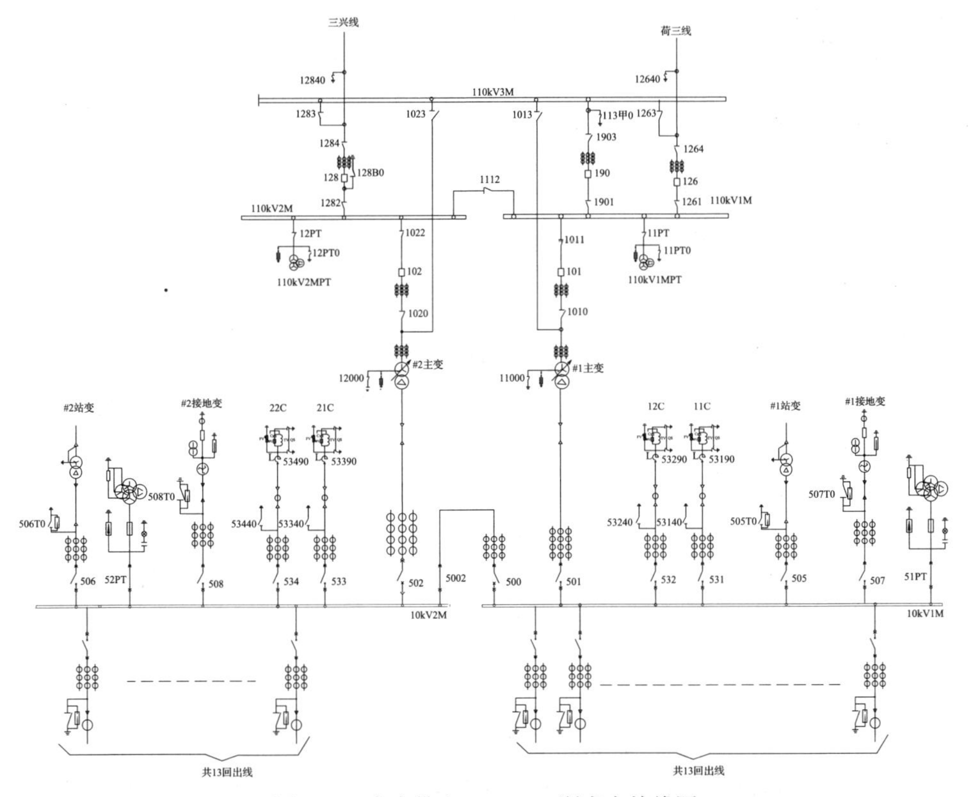

图 8.17　广东佛山 110kV 三洲变主接线图

110kV 三洲变 110kV 配电装置采用户外常规布置方案，110kV 电气主接线采用单母线隔离开关分段带旁路接线，站内现有 2 台主变(#1 主变、#2 主变)，每台主变低压侧设 13 条 10kV 馈线、2 组电容器，全站共设 2 台站用变、2 台接地变，另配置独立 10kV 分段开关。表 8.19 为 110kV 三洲变一次规模。

表 8.19　110kV 三洲变一次规模

设备类型	单位	数量
主变(双卷变)	台	2
110kV 线路	条	2
110kV 旁路	条	1
110kV 分段	个	1
10kV 分段	个	1
10kV 馈线	条	26
无功补偿	组	4
站用变	台	2
接地变	台	2

8.5.2.2　整站示范工程实施方案

1. 实施范围及原则

(1)在沿用站内原有一次设备的前提下，新增合并单元、智能终端等过程层设备，按智能变电站原则进行三洲变改造。

(2)更换站内计算机监控系统设备：监控主机、远动装置、网络交换机及间隔测控装置。

(3)新增过程层设备：合并单元、智能终端以及过程层网络设备。

(4)更换站内保护装置：主变保护、110kV 线路和旁路保护以及 10kV 间隔保护测控装置。

(5)更换站内故障录波装置。

(6)沿用站内原有计量表计及电能采集装置。

(7)沿用站内原有交、直流设备：380V 低压配电屏、直流电源系统以及不间断电源(UPS)设备。

2. 监控系统

计算机监控系统由站控层、间隔层和过程层组成，站控层网络采用双星型冗余网络结构，过程层网络为每套保护、测控冗余配置双网。间隔层设备按间隔配置，实现各个间隔过程层实时数据信息的汇总，完成各种保护、自动控制、逻辑控制功能的运算、判别、发令，完成各个间隔及全站操作联闭锁以及同期功能的判别，执行数据的承上启下通信传输功能，同时完成与过程层及站控层的网络通信功能。过程层设备按间隔配置，实现设备运行状态的监测、控制命令的执行等。

1) 站控层设备配置

站控层新配置监控主机 2 台，#1、#2 监控主机分别配置单显示器，均在监控台就地布置。

2) 间隔层设备配置

测控装置按间隔单套配置，10kV 按保护测控一体化配置；110kV 间隔测控装置独立配置；主变各侧及本体测控装置独立配置；配置 4 台全站公用测控装置。

配置常规的 110kV 和 10kV 电压并列装置各一台，用于站内计量表计及其他需采集常规交流电压的设备。

3) 过程层设备配置

过程层设备主要包含合并单元、智能终端，具体配置原则如下。

(1) 主变各侧智能终端按双套配置；主变本体智能终端按双套配置(其中一套集成非电量保护功能)。

(2) 三洲变 110kV 侧为单母隔离开关带旁路接线，110kV 线路、旁路及分段合并单元、智能终端按单套配置；10kV 侧分段配置双套保护测控装置。

(3) 110kV 母线 PT 智能终端按单套配置，并配置双套 110kV 母线合并单元。

(4) 主变各侧及本体、110kV 线路、分段、PT 等合并单元和智能终端均按间隔组柜，布置于相应配电装置场地。

4) 网络设备配置

(1) 110kV 电压等级过程层网络为每套保护、测控冗余配置双网。

(2) 110kV 电压等级按多间隔共用配置过程层交换机。

(3) 10kV 电压等级不配置独立的过程层网络。

(4) 主变保护、智能录波器跨不同电压等级的过程层网络。

5) 控制方式

本期工程控制范围与原有控制方式保持一致。

6) 防误闭锁

本期工程不改变原有防误闭锁方式。

7) 同期

本期工程不改变站内原有同期点和同期方式。

8) 测量

本站不设常规测量仪表，电流、电压、有功、无功、频率、温度的测量由间隔测控单元完成，并实时传送至监控系统。

9) 通道要求

本期工程改造期间站内原有远动装置和保信子站装置仍在运行，相关通道仍需保留；本期新配置的智能远动装置新增通道需求如下。

(1) 远动自动化通道：三洲变至佛山地调要求 1 路调度数据网、1 路专线通道，至佛山地调备调要求 1 路调度数据网通道。

(2) 保信子站通道：三洲变至佛山地调要求 1 路调度数据网通道。

3. 继电保护及安全自动装置

1) 主变压器保护

配置双重化的主、后一体化变压器电气量芯片化保护和一套本体非电量保护，非电量保护与本体智能终端采用一体化装置，非电量保护采用就地直接电缆跳闸，信息通过本体智能终端上送过程层 GOOSE 网。

2) 110kV 线路及旁路保护

每回 110kV 线路、旁路配置一套芯片化光纤电流差动保护。

3) 10kV 馈线、电容器、站用变、接地变保护

本期工程更换站内 10kV 间隔(馈线、电容器、站用变、接地变)保护。

前期 10kV 馈线、电容器、站用变、接地变保护均集中组屏安装在继保室内，本期工程采用原屏、原位更换的方式：厂家按现状进行屏内反配线，外部回路尽量不做改动，沿用前期外部电缆。

4) 10kV 分段保护及备自投

本期工程更换前期 10kV 1M、2M 分段开关的分段保护及备自投装置，独立配置分段保护测控装置和分段备自投装置。

4. 保信子站系统

本期工程改造后采用智能远动机，不再单独设保信子站装置，另设独立保信 C1 网和 C2 网，本期工程更换的设备通过保信 C 网交换机接入保信子站系统。

5. 故障录波

本期工程更换原有常规故障录波装置，配置一套智能故障录波装置，含 1 台录波管理单元和 2 台采集单元。

6. 时间同步系统

本期工程新增一套独立的时间同步系统，主备式配置，独立组屏 1 面。站

内站控层设备采用简单网络时间协议(simple network time protocol，SNTP)对时方式，间隔层设备采用 IRIG-B(DC)码对时，过程层设备采用光纤 IRIG-B 码对时。

8.5.2.3　整站示范工程组屏方案

1. 二次设备布置

1)继保室二次设备布置

为减少本期改造施工量，缩减停电时间，本期 10kV 间隔保护测控装置采用原屏改造方案；其余新更换设备均另外组屏安装。保护测控装置布置图如图 8.18 所示。

图 8.18　广东佛山 110kV 三洲变芯片化保护测控装置三宫格组屏图

2)10kV 高压室二次设备布置

本期工程新增 1 面变压器低压侧智能控制柜，布置于 10kV 高压室，用于安装主变低压侧智能终端。

3)110kV 及主变配电装置场地二次设备布置

本期工程拆除原 110kV 间隔端子箱，在 110kV 配电装置场地每个间隔新增 1 面智能控制柜(包括 110kV 分段间隔)，用于安装间隔合并单元、智能终端等过程层设备，且智能控制柜集成间隔端子箱功能；主变场地每台主变新增 1 面智能控制柜，用于安装主变本体智能终端。

2. 组屏方案

广东佛山 110kV 三洲变芯片化保护整站示范工程组屏方案如表 8.20 所示。

表 8.20　广东佛山 110kV 三洲变芯片化保护整站示范工程组屏配置方案

序号	设备名称		单位	数量
(一)	计算机监控和自动化系统			
1	主机兼操作员工作站	监控主机兼操作员工作站	台	2
		24 寸液晶显示器	台	2
		后台软件	套	1
2	站控层网络交换机柜	以太网交换机	台	8
		屏柜	面	1
3	过程层 A1、A2 网交换机柜	过程层延时可测交换机	台	6
		光纤配线箱	台	4
		屏柜	面	1
4	过程层 B1、B2 网交换机屏	过程层延时可测交换机	台	4
		光纤配线箱	台	2
		屏柜	面	1
5	远动通信柜	智能远动机	台	2
		通信管理单元	台	1
		双机双通道切换装置(含通道防雷)	台	2
		屏柜	面	1
6	设备管理单元柜	设备管理单元	台	2
		液晶显示器	台	1
		鼠标键盘	套	1
		多计算机控制器	台	1
		屏柜	面	1
7	五防工作站	独立五防主机	台	1
		五防闭锁单元	套	1
		五防钥匙及锁具	套	1
8	智能录波器柜	管理单元	台	1
		智能采集装置	台	2
		以太网交换机	台	2
		液晶显示器	台	1
		鼠标键盘	套	1
		运维软件	套	1
		屏柜	面	1

续表

序号	设备名称		单位	数量
9	同步时钟系统柜	时间同步装置	台	4
		光纤配线箱	台	2
		屏柜	面	1
10	公用测控柜	常规公用测控装置	台	3
		数字化公用测控装置	台	1
		屏柜	面	1
11	母线及 110kV 分段测控柜	110kV 母线测控装置	台	2
		110kV 分段测控装置	台	1
		10kV 母线测控装置	台	2
		屏柜	面	1
12	10kV 备自投柜	10kV 备自投	台	1
		屏柜	面	1
13	主变保护测控柜	芯片化主变保护	台	4
		芯片化主变测控	台	6
		三宫格屏柜	面	2
14	110kV 线路、旁路保护测控柜	芯片化线路保护	台	2
		芯片化旁路保护	台	1
		芯片化测控装置	台	3
		光纤配线箱	台	1
		三宫格屏柜	面	1
15	110kV 及 10kV PT 并列柜	110kV PT 并列装置	台	1
		10kV PT 并列装置	台	1
		屏柜	面	1
16	10kV 电容器及分段保护测控柜	芯片化电容器测控保护装置	台	4
		芯片化母联保护测控装置	台	2
		打印机	台	1
		屏柜	面	1
17	打印机和控制台		套	1

续表

序号	设备名称		单位	数量
（二）	10kV 分散装置			
1	10kV 芯片化线路保护测控装置		台	26
2	10kV 芯片化站用变保护测控装置		台	2
3	10kV 芯片化接地变保护测控装置		台	2
（三）	过程层设备			
1	主变变高压侧智能控制柜	合智一体装装置	台	4
		光纤配线箱	台	4
		户外柜	面	2
2	主变低压侧智能控制柜	合智一体装装置	台	4
		光纤配线箱	台	4
		户外柜	面	1
3	主变本体智能控制柜	本体智能终端	台	4
		光纤配线箱	台	4
		户外柜	面	2
4	110kV 线路、旁路、分段智能控制柜	合智一体装装置	台	4
		光纤配线箱	台	4
		户外柜	面	4
5	110kV 母线智能控制柜	合并单元	台	2
		智能终端	台	2
		光纤配线箱	台	4
		户外柜	面	2

8.5.3 应用成效与分析

1. 提高数据交互效率与性能

继电保护 SoC 芯片集成了自主设计开发的片上电力专用算法硬件单元，在数据高速采集、交互方面性能有明显提升。以继电保护装置为例，芯片化保护装置充分利用电力专用算法硬件单元并行处理效率高的特点，将原来由 CPU 实现的

SV 解析、滤波、插值等任务改为由片内电力专用算法硬件单元实现，提升报文处理效率；以高集成度的单一芯片实现装置功能，减少交互环节，缩短保护动作时间，速动段动作时间较常规的数字化保护装置缩短了 5ms，提升了保护装置整组性能。

2. 提升装置集成度与可靠性

芯片化保护装置以高集成度的多核异构 SoC 芯片技术为基础，以单一芯片实现装置功能，改变了传统装置多板卡实现模式，装置元器件数量及板卡数量大大减少。常规数字化保护装置元器件数量一般为 6000～10000 个，芯片化保护装置元器件数量约为 800 个。元器件数量和板卡数量的减少、装置接口的简化，使得装置故障率大幅降低，装置可靠性得到提升。芯片化保护装置采用微型化技术，实现了保护装置壳体的小型化，外形尺寸缩小为 120mm×100mm×50mm，装置体积缩小至现有装置的 1/40；采用高防护、抗干扰技术，装置防水防尘等级达到 IP67，实现了户外敞开式无防护安装。

芯片化保护装置自投运以来，经历了高温、刮风、下雨、寒潮等极端天气，在变压器、GIS 开关线路等复杂电磁环境下运行，表现出良好的稳定性能，未出现误动、拒动、误告警现象，保证了变电站的安全稳定运行。

3. 实现核心芯片自主可控

继电保护 SoC 芯片成果为“中国电力芯”的体系架构定义了一个完整的样本，打造了以自主 IP、自主指令集、国产核和国产操作系统为核心的自主芯片开发生态系统，实现了工控级 CPU 设计和制造的全链条自主可控，相关技术可行性和关键指标都经过了工业级的多轮严格考验，芯片架构、功能、性能符合保护装置整体特性，整体能效比高，可支撑继电保护等高可靠、高安全装置的研发工作。成果涵盖的数据处理、电气计算和网络通信等专用算法，已固化为芯片 IP，无须外置进口 FPGA 芯片，并且在典型应用场景下，功耗特性优于当前主流进口芯片，具有较高的经济性。

4. 提升装置安全防护等级

继电保护 SoC 芯片内嵌安全模块，可实现安全启动以及数据国密 IPSec 网络层信道加密和应用层报文信源认证双重加密传输，该方式属于硬加密方式，在安全性能方面安全可控，在新站或新建系统可以与配网终端装置统一采购，不存在维护界面不清、价格昂贵的问题。因此，基于内嵌安全模块的主控芯片实现电力终端，无论是安全性能还是成本造价方面都存在巨大优势，可以从根源上有效保证终端主控芯片信息交互的安全性，从设备硬件层面为电力系统提供信息安全保障。

参 考 文 献

[1] 丁毅, 陈新之, 潘可, 等. 基于电力专用多核异构芯片架构的低压保护测控装置设计[J]. 南方电网技术, 2020, 14(1): 58-64.

[2] 崔浩, 许军, 张小康, 等. 智能变电站的电子式互感器数据同步算法研究综述[J]. 电工电气, 2018(7): 1-9.